中国科学院科学与社会系列报告

2010高技术发展报告

2010 High Technology Development Report

● 中国科学院

科学出版社
北京

内 容 简 介

本书是中国科学院面向公众、面向决策人员的系列年度报告——《高技术发展报告》的第十一本。全书在综述2009年高技术发展动态的同时，以新材料、新能源技术为主题，着重介绍新材料、新能源技术发展趋势、产业化动态、产业创新能力与国际竞争力、高技术与社会等社会普遍关注的重大问题，提出促进中国高技术与产业发展的思路和政策建议。

本报告有助于社会公众了解高技术特别是新材料、新能源技术发展动态，可供各级领导干部、有关决策部门和社会公众参考。

图书在版编目（CIP）数据

2010高技术发展报告/中国科学院编著．—北京：科学出版社，2010.3

（中国科学院科学与社会系列报告）

ISBN 978-7-03-026785-6

Ⅰ.①2… Ⅱ.①中… Ⅲ.①高技术－技术发展－研究报告－中国－2010 Ⅳ.①N12

中国版本图书馆CIP数据核字（2010）第022600号

责任编辑：侯俊琳　牛　玲　胡升华 / 责任校对：郑金红

责任印制：赵德静 / 封面设计：无极书装

科学出版社 出版

北京东黄城根北街16号

邮政编码：100717

http://www.sciencep.com

中国科学院印刷厂 印刷

科学出版社发行　各地新华书店经销

*

2010年3月第 一 版　开本：787×1092　1/16

2010年3月第一次印刷　印张：19　插页：2

印数：1—8 000　字数：380 000

定价：46.00 元

（如有印装质量问题，我社负责调换〈科印〉）

总体策划

曹效业　潘教峰

课题组成员

组　长　穆荣平

成　员　任中保　张久春　宋河发

　　　　杜　鹏　赵夫增　陈　芳

审稿专家

（按姓氏笔画排序）

王昌林　王春法　李喜先

肖云汉　吴贵生　曹南燕

谢思深

提高自主创新能力，支撑战略性新兴产业的发展

（代序）

路甬祥

温家宝总理2009年11月3日在对首都科技界发表的重要讲话中提出要“把建设创新型国家作为战略目标，把可持续发展作为战略方向，把争夺经济科技制高点作为战略重点，逐步使战略性新兴产业成为经济社会发展的主导力量”。当今世界，经济竞争、社会进步、国家安全和人民富裕都高度依赖科技发展，科技已成为推动经济增长、引领社会发展的主导力量。如何提高自主创新能力，攻克与战略性新兴产业相关的科技问题，为培育和促进我国战略性新兴产业的发展提供强有力的科技创新支持，是我国科技界的一项重大战略科技任务。我们要认清形势，认清发展战略性新兴产业的重要意义，根据国情世情和科技发展与产业发展规律，遴选出我国战略性新兴产业的重点，采取有力措施，推动我国战略性新兴产业的发展。

近现代以来的历史表明，科技的突破性进展乃至革命，会催生和带动战略性新兴产业的发展，极大提高社会生产力，乃至从根本上改变社会生产方式；会极大提高生活质量，从根本上改变人的生活方式，进而改变世界的经济与政治格局。

全球性经济危机往往催生重大科技创新突破乃至科技革命。经济危机是社会生产、分配、消费之间矛盾日益尖锐的产物。一些传统产业难以为继，一些新兴产业又应运而生，特别是一些具有广泛影响和带动作用的战略性新兴产业有可能萌生和发展。例如，1857年的世界经济危机后，电力和电气产业成为带动世界经济发展的战略性新兴产业；1929年的世界经济危机以及第二次世界大战后，电子、航空航天和核能等战略性新兴产业带动了战后世界经济的发展。20世纪80年代，美国为了克服经济危机，及时启动了“信息高速公路计划”，计算机、无线通信、计算机网

络、软件业成为战略性新兴产业，催生了信息化社会。

科技革命往往催生产业革命，并引发社会重大变革。1819 年法拉第电磁感应现象的发现，1840 年麦克斯韦方程的建立，成为电气革命的知识基础，发展出电力、电气等新兴产业群，推动人类社会从蒸汽时代进入电气时代。20 世纪初，量子力学的建立特别是半导体物理和材料的发展，申农、图灵和冯·诺依曼现代计算机理论和模型的突破等，成为第二次世界大战后电子技术革命的物质和知识基础，发展出电子、信息等新兴产业，推动人类社会从电气时代进入电子时代，进而跨入信息时代。新的科技革命将引领人类进入绿色、智能、普惠、再生循环和可持续的新时代，为生产力发展打开崭新的空间，引发产业结构的新一轮变革，催生战略性新兴产业并成为社会新的支柱产业。

2008 年国际金融危机以来，世界主要国家都将希望寄托于科技的革命性突破，以推动产业结构的优化升级、培育战略性新兴产业，力争在新一轮科技发展与经济增长中抢占先机，这将加快新科技革命到来的步伐。

2009 年 4 月，美国总统奥巴马在美国国家科学院年会的演说中提出，要重塑美国在科学技术的领先地位，为未来 50 年的繁荣奠定科学技术基础，为此承诺将美国研发投入提高到占 GDP 3% 的历史最高水平。2009 年 9 月，奥巴马政府出台了《美国创新战略：驱动可持续增长和高质量就业》，阐释了在清洁能源、电动汽车、信息网络和基础研究方面的新战略。2006 年，欧盟推出了《创建创新型欧洲》报告，提出要形成激励创新的市场，增加科研和创新投入，并把电子医疗、药品、运输与物流、环境、数字产业、能源和安全作为重点发展领域。2007 年，日本政府发布了《日本创新战略 2025》报告，提出了医疗与健康、环境、水与能源、生活与产业、区域社会、拓展领域等方面的技术创新需求和时间表，旨在建设国民健康、安全、舒适、丰富多彩的创新型社会，在世界上赢得重要的影响力和一定的领导力。2009 年，为应对日渐疲软的经济环境，日本政府紧急出台了宏观性的指导政策“数字日本创新计划”纲要，将其作为未来 3 年中优先实施的政策。

工业化以来，以大规模耗用自然资源和生态环境为代价促进经济发展的模式难以为继，化石能源、原材料价格的大幅攀升以及全球气候变化等问题日趋严峻，以大规模耗用化石能源为基础的传统社会生产与生活方式不可持续，经济社会的发展对于科学技术提出了新的要求，强烈呼唤着新的科技革命。根据我国和世界的发展，根据科技发展的规律，在下列领域有可能发生重大科技创新突破。

在能源与资源领域，人类必然从根本上转变无节制耗用化石能源和自然资源的发展方式，迎来后化石能源时代和资源高效、可循环利用时代。这就要求在一些基本的科学技术问题上取得突破。例如，质能转化及其本质，光能转化与光合作用机理，可再生能源存储、稳定、高效分布式利用系统，高效制氢与存储技术，地球系统及其演化，深部地球和大陆架资源成因及探矿原理，不可再生资源的高效、清洁和可循环利用，水资源的可再生性维持机理及高效利用，生物资源及仿生资源科学等。

在信息领域，无论是集成电路、磁盘存储器、高性能计算机还是互联网，几乎所有现有的信息技术到2020年前后都会遇到难以继续发展的重大障碍，呼唤信息科学原始性突破和信息技术革命性突破。例如，新的网络理论，超级网络计算新结构，网络安全与智能管理，人机交互，语言文字图像识别、转换与合成，虚拟现实，海量数据挖掘与管理，光电子、量子、基因计算等新一代计算技术，自旋电子器件等量子器件，集计算、存储、通信于一体的新一代芯片技术等。

在先进材料领域，未来材料科学与技术的重要突破可能发生在：材料组织结构与性能关系，极端条件下材料性能演化规律和机理，材料实时原位宏量的分析测试与表征；新型能源材料、信息材料、生物材料、仿生材料，结构功能复合材料等的设计、制备和应用；材料的全寿命成本及其控制技术，材料绿色制备和低成本高效循环再利用技术，材料近终型连续加工技术，材料器件一体化技术，智能可控加工技术等。

在农业领域，农业必然进入生态高效可持续的时代，不仅将继续发挥其保障食物安全和国民经济发展等传统功能，还将担负起缓解全球能源危机、提供多样化需求和优良生态环境等新使命。这就要求在一些基本的科学技术问题上取得突破。例如，生物多样性演化过程及其机理，高效抗逆、生态农业育种科学基础与方法，营养、土壤、水、光、温与植物相互作用的机理和控制方法，耕地可持续利用科学基础，全球变化农业响应，食品结构合理演化等。

在人口健康领域，21世纪中叶，全球人口可能达到90亿，人类必须控制人口增长，提高人口质量，保证食品、生命和生态安全，攻克影响健康的重大疾病，将预防关口前移，走一条低成本普惠的健康道路。这就要求在一些基本科学技术问题上取得突破。例如，营养、环境、行为对生理与心理健康的影响，基因的遗传、变异与作用机理，疾病早期预测诊断与干预的科学基础，干细胞与再生医学，生殖健康与早期诊断及修复，老年退行病延缓和治疗的科学基础等。

一些重要的基本科学问题孕育着重大突破。在宇宙演化方面，对暗物质、暗能量、反物质的探测，将使人类极大地深化乃至从根本上改变对宇宙的认识。在物质结构方面，人类正在进入“调控时代”，可能实现对构成物质的原子、分子甚至电子的调控，进而在光/电/热高效转化、光合作用、光催化，能量储存与传输，信息储存、传输与处理等领域产生新的突破。在生命起源与进化方面，合成生物学的出现打开了从非生命的化学物质向人造生命转化的大门，为探索生命起源和进化开辟了把生命看作一个复杂动态系统、从整体论的角度进行解读的崭新途径。意识的本质是当代最具挑战性的基本科学问题，人类将不断深化对思维和认知活动规律的认识，一旦突破，将形成全新的知识体系，并引发认识论的重大突破，进而引发科学技术领域的群发性突破。

在建设创新型国家和实现现代化的历史进程中，我国既面临着新科技革命和战略性新兴产业兴起的难得机遇，又面临着能源、资源、生态环境、人口健康、空天海洋、传统与非传统安全等诸多方面的严峻挑战。能否以科技为支撑，有效应对这些挑战，将在很大程度上影响甚至决定我国现代化建设的进程。

要抢占科技的制高点，推动我国战略性新兴产业的发展，需要通过设立战略性先导科技专项等方式，集中力量突破一批影响现代化全局的战略性科技问题。

“后 IP”网络的新原理新技术研究和试验网建设。在继承现行互联网开放中立的基础上，解决网络科学、体系结构、广域泛在网络实验平台和低成本高效泛在网等核心问题，解决基于 TCP/IP 互联网的安全性固有缺陷，力争用 15 年时间，使我国在未来网络升级换代和向泛在社会的过渡中赢得优势。

高品质基础原材料的绿色制备。通过揭示材料组分、组织结构与性能的关系，在节约资源能源和低污染的工艺技术、材料设计与工艺控制原理与技术、材料低成本循环与研发废弃材料低成本回收、高值化再应用技术和环境友好材料领域取得突破，获得综合性能更强、更可靠、更低成本、更少消耗与污染的新一代材料技术，争取在 2020 年前后，全面达到或接近国际先进水平。

资源高效清洁循环利用的过程工程。通过揭示资源高效清洁利用的物质转化、循环的多尺度机制、调控方法和工程优化放大原理，突破绿色过程工程的核心技术，创建新工艺、新流程、新设备和集成技术。建立产品绿色设计与全生命周期评价新方法，突破资源循环与环境控制技术和产品可拆卸易回收技术。进行生态工业多尺度设计、工程示范与技术集成，建立一体化的生产系统。力争在 20 年内，建立满足我国发展需要的污染源头控制和物质循环利用的绿色过程工程技术体系。

泛在感知信息化制造系统。研究面向制造系统需求的泛在感知技术、泛在制造信息采集技术和处理模式、海量制造信息的处理方法，解决多维信息的时空聚合与多源多率信息的融合及制造信息的高效挖掘等，研究泛在信息感知空间下新的制造模式及平台技术，力争经过 10 年的努力，取得技术和应用的突破，逐步建成新一代信息化制造系统。

艾级（10^{18}）超级计算技术。艾级超算面临功耗、效率、易用性三大挑战，不但需要在原理上有重大突破，而且需要在集成电路、体系结构和编程模型等方面有重大变革。艾级超算将为科学研究提供强大的计算能力，并将推动许多重大工程问题的解决。

农业动植物品种的分子设计。挖掘动植物种质中的优异基因资源，克隆控制重要性状的功能基因群并阐明其互作网络，建立与重要农艺性状关联的育种分子模块，通过对模块的选择和组装进行品种的分子设计，建立规模化、标准化和工厂化的分子设计育种技术体系和设施。力争用10年时间，使我国农业生物技术进入国际先进行列。

深部矿产资源勘探与开发。勘探和开采深部矿产资源将为经济社会发展提供新的基础。需要揭示矿床形成深度及其控制因素、矿化规律、矿床保存条件及建立成矿模型，突破深部地球化学提取技术、深部物探和钻探技术，建立深部矿床的勘察评价方法和三维可视化模型。到2040年，使我国主要区域地下4000米以内变得“透明”，为深部勘探提供理论和技术支持。

新型可再生能源电力系统。发展高效硅基太阳能电池、开发新概念电池与储能技术，突破塔式电站总体系统设计技术、兆瓦级风电系统中的控制与变流技术、新型能源与大电网的并网耦合技术、基于先进储能的分布式电力及微型电网技术，加快可再生能源规模化开发利用，建立兆瓦级、吉瓦级风力发电和太阳能发电电站，形成太阳能、风能、生物质能等互补的综合利用基地。到2020年前后，争取实现分布式发电规模化，微网和电力系统形成规模示范。

深层地热发电技术。地热能分为水热型和干热岩型，后者的热能是前者的1000倍，因此，干热岩型的地热能的开发与利用是未来发展的重点。需要揭示深层复杂地质结构中的流体力学、热力学与结构力学特性，突破深层地热能储量评估技术、先进钻井技术和中低温双工质地热发电技术等。力争10年左右突破关键技术，再用30年时间使深层地热能在我国能源结构中占有重要位置。

新型核能系统。积极发展核电已成为我国重要能源战略之一，随着我国以铀235为核燃料的核电规模的发展，核乏料的处理和再利用成为关系环境和资源的重大问题。要前瞻部署先进增殖堆技术加速器驱动次临界系统（ADS），力争在2020年前后，突破ADS系统的单元关键核心技术，建立原理验证装置，实现中尺度技术集成，建设工程示范次临界堆。我国铀资源贫乏，钍资源丰富，应加快部署实现钍资源核能利用的关键核心科技问题。在2020年前建成工程化钍基反应堆原型装置，掌握关键技术和集成。继续重视核聚变研究，加快研制稳定、连续与长寿命运行的核聚变能源装置。

海洋多维实时观测与研究网络。建设多维海洋实时观测与研究网络，包括天基对海观测、水下固定与机动观测、深海工作站及新一代海洋综合考察船等；建设海天陆一体化信息综合处理系统，包括海洋基础数据库、海洋环境与动力过程模型和虚拟现实及可视化平台等；进一步提高我国海洋开发与利用能力，包括海洋资源开发、海洋生态管理、航海安全和海洋作战环境与海洋灾害预警等。2020 年前，使我国对海实时观测与研究网络覆盖我国全部领海和经济专属区。

干细胞与再生医学。干细胞研究是当今世界生命科学领域的热点与重点，再生医学有望成为继药物治疗、手术治疗之外的治疗新模式。需要认识干细胞自我更新机制的分子机理，突破干细胞大量繁殖的技术瓶颈，解决干细胞定向分化、体细胞重编程、组织与器官移植免疫排斥、干细胞安全植入路径以及活体准确观测等关键问题。我国在 iPS 细胞（诱导性多能干细胞）全能性证明方面已经率先取得突破，必须抓住干细胞研究快速发展的机遇，争取用 10 年左右的时间，使我国在更多方向上乃至整体进入国际先进行列。

重大慢性疾病早期诊断与系统干预。早期诊断和系统干预是重大慢性疾病有效、经济的治疗方法。需要在监测重大慢性病发生发展的分子标记物、最接近人体的动物慢性病模型、中国人群的基因多态性及相应的代谢特征等关键技术上取得突破。在系统干预方面，需要在基于中医药的药物干预和基于营养科学的营养干预的新技术新方法上取得突破，建立全民健康数据管理系统。争取用 20 年时间，在重大慢性疾病的早期诊断与系统干预上进入世界先进行列。

近年来，科技对产业发展的支撑引领作用不断增强。展望 21 世纪第二个十年乃至更长时间，全球将进入空前的创新密集和产业调整振兴时代。在此过程中，科技竞争、产业技术竞争将更加激烈，世界多极化、经济全球化发展的同时，国与国之间的贸易壁垒、技术壁垒更加突出，知识产权将成为一国保护自身产业发展利益、抑制他国产业发展的重要手段。我国仍将处于重要的战略机遇期，将从经济大国走向经济强国，从制造业大国走向制造业强国，从科技大国走向科技强国。在国际金融危机冲击下，我国加快了扩内需、调结构的步伐，培养与发展战略性新兴产业成为全社会的共识和经济发展的重点。战略性新兴产业的发展将更多地依靠自主创新、依靠政产学研的紧密结合，依靠中国特色国家创新体系。为此，要着重做好以下工作。

要提升战略眼光，提高战略决策能力。持续开展政治、经济、科技的战略研究，准确把握世界发展大势，正确判断国内发展态势，前瞻思考未来发展走势，理清发展的关键环节和问题，形成全方位、多层次、多领域的战略研究体系。建立与健全重大决策的咨询机制和程序，建设服务宏观决策的国家科学思想库和决策支持系统。

着力提高产业技术的自主创新能力。国家竞争力的基础是经济实力，具体是其产业的全球竞争力与产业技术的自主创新能力。当今世界，产业的全球竞争力主要源自产业技术的自主创新能力。目前，我国产业技术的自主创新能力与发达国家相比仍有较大差距。为进一步增强我国整体竞争力，必须着力提升我国的产业技术自主创新能力。

从国情出发，在调结构、扩内需、促增长的关键时期，首先应着力培养企业的技术创新能力，运用信贷、税收、优惠扶植政策等经济杠杆，鼓励企业建立自己的研发队伍与基础设施条件，鼓励企业运用国内自主研发的技术，同时限制企业盲目引进国外技术，依法处罚企业无偿占用甚至剽窃他人知识产权。

其次，中央和地方政府应从战略需求和急迫需求两个层面，动员组织企业、研究机构及大学的力量开展产业技术专项攻关，并给予必要的投入，以培育和提升企业的自主创新能力。

其三，运用项目支持、税收优惠、奖励激励等扶植政策，推进研究机构与大学加快研究成果转移转化，激励科研人员为企业服务、进入企业或自主创办企业，解决企业现实与长远的技术问题，解决科技与产业两张皮问题。

通过以上三个方面的措施，建立中国特色的产学研结合机制，快速提高我国产业技术自主创新能力，与我国拥有全球最大市场的优势结合，使我国企业真正具有强大持续的全球竞争力，促进我国的经济实力再上新的台阶，促进我国整体竞争力质的提高。

着力夯实科技与教育基础。科技与教育是产业技术自主创新能力的坚实基础。在创新型国家建设中，企业、研究机构和大学的职能不同，作用不同，不能相互替代，更不能相互割裂。

在我国调结构、扩内需、促增长的关键时期，大学在全面履行高等教育职能的同时，应面向企业的人才需求，面向培育发展战略性新兴产业的人才需求，加强实用工程人才、技术转化人才、经营管理人才和创业人才的培养。研究机构在履行各自定位的同时，要加强技术集成与工程化研究，促进科技成果转化成为国内企业、特别是广大中小企业易接受、可应用、出效益的成果，切实填补从原始科技创新到商品之间实际存在的技术鸿沟。

科技和教育关系长远，关系未来。要切实加强基础研究和高技术前沿的探索，厚实科学基础；要加强科学普及，大幅提升全民科学素质，在全社会形成尊重科学、崇尚创新的风尚；要切实加强科教基础设施建设，加快建设开放共享的国家科技创新平台。

着力打造宏大的科技创新队伍。我国人口众多，将沉重的人口压力转化为丰富高效的人力资源，是提升国家整体竞争力的根本。

当前我国的基础教育和高等教育，在创新性人才培养方面，远不能适应创新型国家的需要，这在很大程度上制约了我国科技创新的发展，制约了产业技术创新能力的提高。应从教育体制改革入手，将创新教育作为素质教育的核心贯穿于各级教育的全过程，革除应试教育的弊端，加强与创新人才培养相关的课程设置和教学内容，创新教学方式和评价方式。

中国的快速发展提供了世界上最为广阔的创新创业舞台和最为多样的创新创业机会，海外人才回国势头已成，要系统设计和调整优化大规模引进海外人才和智力的计划和政策体系，以提供发展机会和创新舞台为主，按需引进人才和智力。

要立足国内，坚持在创新实践中培养造就宏大的具有全球竞争力的创新人才队伍，科研机构、大学和企业都要为创新人才的成长搭建舞台，要切实革除论资排辈的弊端，重点加强青年创新人才的培养，给予他们更大的支持，提供更好的舞台和发展机会，使他们在创新实践中培养才干，提高能力，迅速成长。建立科研机构、大学和企业人员的有序流动机制，在全社会形成“人尽其才、才尽其用”的环境和氛围。

中国的现代化是人类历史上前所未有的大变革，科学技术是中国现代化、实现科学发展与和谐发展的最重要动力。在这一伟大进程中，中国的科技工作者承担着光荣而伟大的历史使命。只要坚持以科教兴国为己任，以创新为民为宗旨，脚踏实地，目光高远，勇于创新和善于创新，中国的科技工作者一定会为国家的富强、人民的幸福，为中华民族的伟大复兴做出更大的贡献。

前　言

2009年可能成为世界和我国高技术发展的重要转折点。金融危机将世界经济拉入衰退的泥潭。为摆脱危机的影响，实现经济持续健康发展，世界主要国家均致力于寻找新的经济增长点，培育发展新兴产业。节能环保、生物医药、生命健康、新材料、新能源、航空航天等领域都显示出了巨大的发展潜力，成为各国竞相争夺的焦点。我国在继续推进实施国家中长期科技规划纲要的同时，提出了发展战略性新兴产业的目标，新材料、新能源等战略高技术领域迎来了重要的发展契机。

《高技术发展报告》是中国科学院面向决策、面向公众的系列年度报告之一，每年聚焦一个主题，4年一个周期。《2010高技术发展报告》主题为“新材料技术、新能源技术”，分为7章。第一章“2009年高技术发展综述”，系统阐述了2009年国内外高技术研究进展。第二章“材料技术新进展”，介绍了高性能镁合金、新型陶瓷材料、先进高分子材料、复合材料、纳米材料、超导材料等方面的最新研究进展。第三章“能源技术新进展”，介绍了洁净煤技术、先进核能技术、燃料电池技术、智能电网、分布式能源技术等方面的最新研究进展。第四章“能源和材料技术产业化”，介绍了太阳能光伏发电、风力发电、生物质能源、液晶显示、纳米材料等技术国内外产业化进程。第五章“产业国际竞争力评价”，对我国制造业创新能力演进进行了监测，并对高技术产业国际竞争力进行了评价。第六章“高技术与社会”，对技术的社会风险、新能源政策的社会意义、纳米技术的治理、伦理视角下的技术政策等公众关心的问题进行深入剖析。第七章“专家论坛”，国内知名专家就实施创新型国家建设、“十二五”国家创新基地建设、中长期能源战略、新能源汽车、低碳经济、物联网发展等问题发表重要观点。

《2010高技术发展报告》是在中国科学院路甬祥院长亲自指导和众多两院院士及其他专家的热情参与下完成的。报告由中国科学院副秘书长曹效业研究员和潘教峰研究员总策划，中国科学院规划战略局和中国科学院学部咨询委员会对报告的提纲和内容提出了许多宝贵意见。中国科学院规划战略局陶宗宝、毛军、刘剑等同志在报告完成过程中给予了慷慨的支持和帮助。报告的组织、研究与编撰工作由中国科学院科技政策与管理科学研究所承担。

中国科学院《高技术发展报告》课题组

2010 年 2 月 1 日

目　　录

Contents

第一章

2009年高技术发展综述

2009 年高技术发展综述

任中保

（中国科学院科技政策与管理科学研究所）

2009 年，世界经济经历了 60 年来最大的衰退。金融危机引发全世界对经济发展模式、生产生活方式进行反思，各主要国家积极致力于寻找新的经济增长点，以实现经济持续发展。科学技术和创新被认为是全球脱困的首要途径，各主要国家纷纷加大新能源、生物、信息、纳米材料等高技术领域的投入，这必将对未来世界高技术发展产生深远的影响。我国在应对金融危机的过程中，将科技作为促进经济平稳、较快发展的重大举措，将培育和发展战略性新兴产业作为重大任务，对抢占战略高技术领域和高技术产业制高点将起到积极作用。

一、信息技术

信息技术无疑是 20 世纪创新速度最快、通用性最广、渗透性最强的高技术领域，对世界经济持续增长产生了重大影响。中国科学院在发布的报告《创新 2050：科技革命与中国的未来》中认为：在信息领域，无论是集成电路、磁盘存储器、高性能计算机还是互联网，几乎所有现有的信息技术到 2020 年前后都会遇到难以继续

发展的重大障碍，呼唤信息科学原始性突破和信息技术革命性突破。换句话说，未来 10 年内，信息技术领域呼唤新的革命性突破。

1. 计算机技术

超级计算机是世界高新技术领域的战略制高点，是体现科技竞争力和综合国力的重要标志。2009 年 10 月 29 日，我国首台千万亿次超级计算机——“天河一号”在湖南长沙亮相，其一天的计算量相当于一台英特尔双核 CPU、主频为 2.5GHz 的计算机连续工作 160 年；存储量相当于 4 个国家图书馆藏书量之和；可以为全国 13 亿人民每人存储 1 张高清晰照片；系统总重量相当于 19 个“神舟”飞船……[1]“天河一号”在“第 34 届全球超级计算机 500 强”中排名第 5 位，创下了中国超级计算机的最高排名[2]，实现了我国自主研制超级计算机能力从百万亿次到千万亿次的跨越，使我国成为继美国之后世界上第二个能够研制千万亿次超级计算机的国家。2009 年 5 月，日本富士通公司为超级计算机开发出了新的中央处理器“Venus”，采用 45 纳米级半导体技术，每秒能进行 1280 亿次运算，比英特尔公司最快的中央处理器还要快 2.5 倍。2009 年 12 月，IBM 公司宣布“Blue Waters”（蓝水）超级计算机将采用 32 个内核的 Power7 处理器芯片，并将于 2011 年在美国伊利诺斯大学投入使用，它将是全球可以公开使用的最大的超级计算机。2009 年 2 月 4 日，IBM 公司推出名为“红杉系统”（Sequoia System）的超级计算机，运算能力相当于 200 万部手提电脑，每秒可以进行 2 万兆次运算，定于 2011 年付运给美国能源部。

在电子计算机的各项性能逼近物理极限之时，世界各国科学家都积极投入到光子计算机、量子计算机、生物计算机等新型计算机的研发之中。美国耶鲁大学的研究人员采用双量子比特超导芯片成功进行了简单的基础运算，研制出世界上首个固态量子处理器，朝着实现研制量子计算机的梦想又迈出了重要的一步[3]。2009 年 11 月，世界首台通用编程量子计算机在美国面世，该计算机采用量子逻辑门技术来处理数据，可处理两个量子比特的数据，但该计算机的整体准确率仍然很低[4]。2009 年 12 月，美国耶鲁大学与韩国光州科学技术研究院合作，利用单个苯分子制成了世界上首个分子晶体管，有可能在未来的分子计算机上得到实际应用[5]。

2. 通信与网络技术

TD-SCDMA（时分同步码分多址）标准把我国带入 3G（第三代移动通信）时代。在移动通信历史上，技术标准的竞争历来是非常激烈的，当中蕴涵着巨大的经济利益和产业利益。作为我国提出的第三代移动通信标准，TD-SCDMA 是我国电信史上重要的里程碑。2009 年 1 月 7 日，我国政府正式向中国移动通信集团公司颁发

了 TD-SCDMA 业务的经营许可，标志着我国依靠自主创新进入了 3G 时代。据统计，2009 年中国 3G 建设总投资达到 1435 亿元，建设基站数量达到 28.5 万个，中国移动的 TD-SCDMA 网络已扩展到 38 个城市。截至 2009 年 5 月底，我国移动电话用户数已达到 6.8 亿，为 TD-SCDMA 标准推广应用提供了潜在市场，并带动了相关企业发展。

AVS（信息技术先进音视频编码）标准促进我国音视频产业实现“由大变强”战略转型。历经 8 年实践，“数字音视频编解码技术标准工作组”探索出了“技术、专利、标准、产品、应用”相互促进的“大团队、大循环”创新模式，研发出 50 多项自主专利技术，制（修）订了数字音视频的压缩、解压缩、处理和表示等共性技术标准，具有复杂度低、方案简洁、性能与国外同类标准相当等特点。2009 年 10 月，国际电信联盟正式将 AVS 列为网络电视支持的视频标准，成为国际三大主流标准之一。AVS 对高分辨率数字广播、高密度激光数字存储媒体、无线宽带多媒体通信、互联网宽带流媒体等产业发展将产生重要影响，将成为支撑自主数字视听产业健康发展的重要力量。

我国掀起了物联网发展热潮。“物联网”也叫传感网，是指将各种信息传感设备，比如射频识别装置、红外感应器、全球定位系统、激光扫描器等装置与Internet 结合起来而形成的一个巨大网络。发展物联网的目的是让所有的物品都能够远程感知和控制，并与现有的网络连接在一起，形成一个更加智慧的生产生活体系。2009 年 8 月 7 日，温家宝总理在无锡考察物联网产业发展时，要求加快发展物联网。2009 年 9 月 11 日，中国传感网国家标准工作组正式成立，这对我国攻克物联网关键共性技术、制订国家标准起到了重要的推动作用，为产业发展奠定坚实技术基础。

我国建成世界首个全通型量子通信网络。2009 年 8 月，中国科学技术大学的科研团队，利用自主研发的光量子程控开关，成功研制 5 节点的星型量子通信网络，实现全功能运行，建成中国第一个可实际应用的量子通信网络，也是全球首个城域量子通信网络。量子保密通信技术基于量子力学原理，能确保两地之间密钥分配的绝对安全性，在国家安全、金融等信息安全领域有着重大的应用价值和前景，这一成果标志着我国在城域量子网络关键技术方面已经达到了产业化要求。

3. 半导体技术

高速芯片研制取得重要进展。硅芯片问世已有 61 年，业界认为硅芯片的运算速度已经走到了尽头。但 2009 年的几项研究成果证明，利用新材料和硅片的组合，能极大地提高数据处理能力。2009 年 5 月，卡尔斯鲁尔大学开发出一种有机材料，利用其具有的前所未有的高光学质量和传输光学信号的能力，成功研制出目前世界上

最快的超速硅芯片，这种芯片可以同时处理 260 万个电话数据，其运算速度是目前纪录保持者英特尔芯片的 4 倍。这一超速芯片内的光通道缝隙只有 0.1 微米，是头发丝直径的 1/700，它使新型有机材料具有超速光信号传输性能。2009 年 6 月，美国科学家证实碲化铋可大大提高计算机芯片的运行速度和工作效率。使用现有半导体技术，碲化铋即可允许电子在室温条件下无能耗地在其表面运动，这将给芯片的运行速度带来飞跃，甚至可能会成为以自旋电子学为基础的下一代全新计算机技术的基石[6]。

忆阻器可能改变半导体产业。由于晶体管缩小导致功耗增加，且难以安排所有必需的互联，在一个芯片上集成更多的晶体管已变得越来越困难。忆阻器是一种有记忆功能的非线性电阻，由于结构更简单，更易在一个芯片上进行高密度封装，因此基于忆阻器的内存芯片开发成为半导体产业重要的发展方向，其密度要比目前基于晶体管的芯片至少高出一个数量级（10 倍）。2009 年 4 月，美国密歇根大学的科研人员发出了一种由纳米级忆阻器构成的芯片，能存储 1000 比特的信息。该技术易于扩展以存储更多数据，为通用内存的开发提供了可能，给仿生逻辑电路带来了希望，有可能改变半导体产业[7]。

4. 信息储存与显示技术

信息储存向体积更小、容量更大、寿命更长方面发展。数据呈爆炸式增长，全球每天约有 15 千兆字节的数据产生，2010 年全球编码信息数据库每隔 11 小时就会增加一倍。有效存储和管理数据成为未来信息技术领域需要着重解决的问题，缩小存储器体积、提高储存量、延长存储寿命是信息存储技术发展的三个重要方向。在缩小存储器体积方面，英国诺丁汉大学的科学家发现，将两根碳纳米管套在一起将能够最终产生使用二进制编码保存信息所需的“1”或“0”状态，可以用来生产低成本、小体积的存储器元件，且具有耗电量极低、记录信息高速的特点。在提高信息储存量方面，美国通用电气公司的研究人员利用显微全息存储技术，制造出储容量可达 500GB 的光盘，是目前 DVD 光盘的存储容量 100 倍左右。目前的 DVD 光盘一般仅将信息存储在光盘表面，而显微全息存储技术利用三维的全息图来编码信息，将全息图刻入光盘表面以及内部，大大提高数据存储能力。在存储寿命极限方面，当前磁性记录存储技术大约为 10 年，胶卷拍摄的照片大约能够保存 60 年，提高信息储存时间一直是科学家们努力的方向，能永久保存数据的存储器问世有可能彻底解决此问题。2009 年 5 月，美国加利福尼亚大学伯克利分校的科学家开发出了一种技术，将只有几十亿分之一米宽的铁单晶放入一个空的纳米管的内部，发现在碳纳米管内部移动的铁晶体能够永久地保存计算机数据。该项技术若能够取得商业成功，

对成熟的电子存储器产业将是一个威胁[8]。

信息显示技术向更加人性化方向发展。追求优良的视觉体验、在恶劣环境下可靠工作、节约物理空间等消费要求，使显示器件不断向高亮度、高分辨率、大信息量、平板化、柔性化及集成化方向发展。美国伊利诺伊大学厄本那－香槟分校的科研人员在一层薄薄的胶片上制造了发光二极管，并使用一种特殊的冲压技术将这些无机的发光二极管沉积于玻璃、塑料或橡胶表面，从而制造出大尺寸、可弯曲、透明的显示屏[9]。2009 年 3 月，德国德累斯顿技术大学研究人员利用首创的指尖触摸感应芯片，开发出了可供盲人使用的显示屏。显示屏的核心是一种塑料聚合物芯片，其大小犹如一张电话卡，上面有 4000 多个微型执行元件。这些元件的强度可以变化，软如人体的皮肤，硬如塑料片，盲人借助于这种显示屏的触摸，可以感觉到不同东西的表面构造。以色列一家公司开发出一种能将手机图像投射到屏幕或墙壁上放大欣赏的投影装置。这种图像投影技术可用于医学领域，现已开发出一种血管观察器，借助它可更清晰地观察患者血管系统的图像，避免静脉注射或抽血时用针头找血管的痛苦。

二、现代生物技术

生物产业被视为继电子信息产业之后，最重要的高技术产业。近年来，生物产业呈现出爆炸式增长态势。国家发展和改革委员会调查数据显示：2006～2008 年，生物产业总产值年均增速达到 23%，出口年均增长 22%，利润年均增长 23%。2008 年，全国生物产业实现总产值 11 340 亿元。有预测显示，2020 年生物产业将可能超过信息产业规模，具有改变产业格局的潜力。正是在强大市场潜力的驱动下，世界生物技术领域创新成果不断涌现，成为最活跃的高技术研究领域。

1. 干细胞技术

利用干细胞治疗重大疾病的相关研究高度活跃。胚胎干细胞是近年来生命科学基础研究领域的重要课题，对未来医学发展具有决定性影响。胚胎干细胞应用于重大疾病治疗方面的研究取得了实质性进展。英国剑桥大学研究人员确认一种名为“Nanog”的蛋白质是干细胞具有发育成各种类型细胞能力的“总开关”，无论是在胚胎干细胞还是诱导多功能干细胞中，它都起着关键作用[10]。英国纽卡斯尔大学的研究人员调制出一种化学物质和维生素构成的“鸡尾酒”，在这种“鸡尾酒”的培养下，人体干细胞转变成精子，首次实现利用胚胎干细胞培养人造精子，为治疗男性不育带来希望，但同时也引起了巨大的道德和伦理争议[11]。德国科学家发现鼠脑

中存在可修复受损大脑的干细胞，为探寻阿尔茨海默病（老年痴呆症）等脑部疾病的医治方法提供了新思路，目前正研究鼠脑损伤自我修复过程在人身上是否也能实现[12]。美国加利福尼亚大学欧文分校的研究人员利用人类胚胎干细胞使颈脊髓损伤的实验鼠恢复了运动能力，这一方法将有望在临床上用于治疗人体颈脊髓损伤[13]。法国科学家首次成功地利用人类干细胞制造出了一块完整的表皮，该成果可缩短重度烧伤患者等待皮肤移植手术的时间，减小感染的几率，从而挽救病人生命[14]。

诱导多能干细胞（induced pluripotent stem cells，iPS 细胞）研究热潮不减。自 2006 年日本京都大学 Shinya Yamanaka 首次从小鼠成体细胞中获得功能与胚胎干细胞类似的 iPS 细胞之后，世界上掀起了一股 iPS 细胞研究热潮。iPS 细胞是经过基因“重新编排”回归到胚胎干细胞状态的体细胞，它们具有类似胚胎干细胞的分化能力，且绕开了胚胎干细胞研究一直面临的伦理和法律等诸多障碍，因此在医疗领域的应用前景非常广阔。但由于未能培育出完全由 iPS 干细胞发育而来的活体动物，其全能性一直备受争议。2009 年 7 月，我国科学家首次利用 iPS 细胞，通过四倍体囊胚注射得到存活并具有繁殖能力的小鼠，从而在世界上第一次证明了 iPS 细胞的全能性。虽然培育出的 27 只实验鼠中有些死亡或身体出现异常，但最终用来配对的 12 只小鼠都成功育出健康的后代[15]。此外，iPS 转化效率过低是困扰其广泛应用的瓶颈，每 1 万 ~ 10 万个细胞中只有 1 个细胞转化为多能干细胞。2009 年的一些重要研究成果大大提高了 iPS 细胞转化效率。来自不同国家的 5 个科研小组同时报告，通过阻断一个名为“p53”的基因的路径，可以将皮肤细胞转化为 iPS 细胞的成功率提高至 10% 左右，大约是原有转化率的百倍[16]。日本京都大学研究人员在利用人体皮肤细胞培养 iPS 细胞时，把培养环境的氧浓度从通常的 21% 降到 5%，发现 iPS 细胞的生成效率可提高到原来的 2.5 ~ 4.2 倍[17]。我国科学家裴端卿研究发现，维生素 C 能够将 iPS 转化效率提高到 10%，研究成果受到高度关注[18]。

2. 重大疾病治疗技术

甲型 H1N1 流感病例防治受到全世界瞩目。截至 2009 年 12 月 18 日，全球甲型 H1N1 流感死亡人数已超过 1 万人。在抗击甲型 H1N1 流感过程中，科学技术发挥了至关重要的作用。2009 年 5 月 6 日，加拿大科学家完成了 3 个甲型 H1N1 流感病毒样本的基因测序工作，为研制疫苗打下基础。2009 年 5 月 9 日，华南理工大学的科研人员研制出可在任意现场对甲型 H1N1 流感患者进行筛查的免疫试纸条试剂盒，对甲型 H1N1 流感病人筛查起到了重要作用。2009 年 6 月 15 日，日本东京大学医科研究所的河冈义裕教授及其同事，通过电子显微镜拍摄出甲型 H1N1 流感病毒的样貌。2009 年 9 月 3 日，北京科兴生物制品有限公司生产的甲型 H1N1 流感病毒裂解

疫苗“盼尔来福.1”，获得由国家食品药品监管局颁发的药品批准文号，成为全球首支获得生产批号的甲型 H1N1 流感疫苗。值得注意的是，中药在甲型 H1N1 流感治疗中也发挥了重要作用。2009 年 12 月 17 日，我国开发出名为“金花清感方”的中药。临床验证结果表明，该药方可缩短患者的发热时间，改善患者呼吸道症状，治疗甲型 H1N1 流感效果明显，且治疗费用低廉，药费仅为使用“达菲”治疗的1/4左右。

艾滋病和癌症防治取得重要进展。艾滋病一直是困扰医学界的一个重大疾病，2009 年世界在艾滋病防治方面取得了重要成果。美国和泰国研究人员开发出一种新型试验疫苗，可使人体感染艾滋病病毒的风险降低 31.2%。这是世界上第一种具有一定免疫效果的艾滋病疫苗。尽管其免疫效果还很有限，但它实现了免疫效果从无到有的跨越，给人类抗击艾滋病这一“世纪瘟疫”带来了新希望。美国研究人员发现了帮助艾滋病病毒在人体内传播和复制的基因——*tRNALys*，这项成果将有望应用于开发治疗艾滋病的新药或疫苗。加拿大研究人员使用树突状细胞作为媒介，使人体的其余免疫系统能够对侵入的艾滋病病毒进行识别和攻击，刺激人体免疫系统对抗艾滋病病毒，开发出新型艾滋病治疗方法，并首次临床试验获得成功。癌症防治一直是医学界的一件大事。英国科学家发现了一种名为 *UTX* 的基因，其变异后能够引发多种癌症，10% 的多发性骨髓瘤病例和约 8% 的食道癌病例与变异的 *UTX* 基因有关[19]。美国和日本的科学家发现了一种有助于防止肝损伤的蛋白质“开关”——TAK1，其作用范围包括炎症、纤维化和癌症，有助于开创肝病及肝癌治疗的新局面。美国研究人员研发出一种新型化合物——SHetA2，可有效触发癌细胞凋亡机制，直接作用于癌细胞中的异常成分，导致癌细胞凋亡，防止肿瘤形成，而且不损害正常细胞。癌症复发一直困扰着医学界，乳腺癌和肝癌的复发率高达 40% 和 70%。香港中文大学冯明钊教授领导的研究团队首次揭示癌症复发之谜：癌细胞在药物作用下，若不被彻底消灭，24 小时内即死灰复燃，但若用药至癌细胞解体，药物的毒性却足以致命。[20]

3. 基因工程与技术

农业基因资源发掘和基因组测序取得重要进展。农业基因资源是农业科学及其产业的根本和基础，是实现农业持续和跨越式发展，维护国家粮食、生态安全和农村稳定的战略性资源。发掘农业基因资源，对于农业基础研究和动植物育种都有重大意义。水稻产量由分蘖数、穗粒数、粒重等多种农艺性状决定，其增产研究也是涉及多个基因和环境综合作用的复杂问题，目前对水稻产量形成的分子基础的认识还非常有限。中国科学院遗传与发育生物学研究所傅向东研究员等经过 5 年的研究

发现，水稻中“*DEP*1”基因能促进细胞分裂，使得稻穗变密、枝梗数增加和每穗籽粒数增多，从而促使水稻增产[21]。武汉大学生命科学学院何光存教授领导的研究团队，应用图位克隆法分离得到抗褐飞虱基因 *Bph*14，这是首例水稻抗虫基因，为少打农药、减少粮食损失，发展环境友好型和资源节约型农业做出重要贡献[22]。李家洋院士领导的研究团队发现并解析了决定稻米食用和蒸煮品质的基因调控网络，有助于开发口感更好的稻米品种[23]。我国科学家发起的黄瓜基因组、马铃薯基因组测序工作取得了重要进展，绘制出了黄瓜基因组精细图和马铃薯基因组序列框架图，将对黄瓜和马铃薯的遗传改良、基础生物学研究以及对植物维管束系统的功能和进化研究发挥重要的推动作用[24]。美国研究完成了玉米的全基因组测序工作，是目前已测序的植物中基因数量最多的品种，这一成果有望用于培育更高产的玉米品种[25]。兰科植物（兰花）是植物界最大和进化程度最高的家族之一，是生物多样性和进化研究以及生物保护的旗舰和理想模式类群，具有极高的科研、生态、观赏、文化和药用价值。我国科学家宣布完成的“兰花基因组框架图”为研究和保护兰花开辟了新途径。

人类基因组测序取得了丰硕的成果。我国科学家运用第二代测序技术和自主研发的基因组组装工具，对“炎黄一号”基因组——首个亚洲人个人基因组进行了进一步的深度测序和拼接，发现人类基因组中除原先公认的单核甘酸多态性、插入删除多态性和结构性变异以外，还存在着种群特异甚至个体独有的 DNA 序列和功能基因，进而提出了“人类泛基因组”的概念[26]。开发高质量、低成本的基因组测序方法能帮助研究人员对成百上千个某种疾病患者的完整基因组序列进行分析，从而获得对这种疾病的深入了解，最终找出预防和治疗的方法。美国科学家公布了对 3 个完整人类基因组序列分析的结果，测序成本为 1726 ~ 8005 美元，把人类基因组测序带入低成本时代[27]。美国科学家通过将人类基因组分成数百万个片段并重新排列组合，成功描绘出清晰度和分辨率最高的基因组三维图像，这有助于科学家探索基因组的形状，而不仅仅是其 DNA 含量对人类进化和疾病的影响[28]。

濒危物种基因测序和转基因研究取得重要进展。2009 年 12 月，由青海大学和深圳华大基因研究院共同发起并承担的藏羚羊基因组序列图谱在青海大学医学院宣告绘制完成，这是世界上第一部绘制完成的高原濒危物种全基因组序列图谱。2009 年 12 月，我国首次绘制完成大熊猫基因组精细图，填补了大熊猫基因组及分子生物学研究的空白，将从基因组学的层面上为大熊猫的保护、疾病监控及其人工繁殖提供科学依据。美国研究人员发现 *FOXP*2 基因在人类语言功能形成过程中发挥着核心作用，为进一步揭示人类掌握语言的机制奠定了基础[29]。转基因研究不再局限于植物，我国科学家和美国科学家组成的联合研究小组利用脑区特异性的转基因技术，

将具有学习记忆作用的 *NR2B* 基因成功地在老鼠的前脑高量表达，构建了第一只转基因“聪明大鼠”。在各项测试中，该老鼠表现出学习记忆能力强的特性，这为改善人脑的学习记忆功能提供了理论指导依据[30]。

三、新材料技术

材料工业是国民经济的基础性产业，具有规模大、贡献大、带动强等特征。新材料产业具有技术高度密集，研究开发投入强度大，产品附加值高，生产与市场国际性强，应用范围广，发展前景好等特点，其研发水平及产业化规模已成为衡量一个国家经济社会发展水平、科技和国防实力的重要标志。21 世纪以来，特别是金融危机之后，主要国家将新材料产业作为新的经济增长点，纷纷加大研发投入，成为后危机时代各国角逐的焦点领域。

1. 纳米材料

纳米能源材料成为重要发展方向。美国斯坦福大学的科研人员将由银和碳纳米材料制成的特殊墨水，涂在纸张上制成了“纸电池”[31]。该电池具有质量轻、成本低、寿命长等优点，为轻型、高效的新型能源存储带来希望之光。美国路易斯安那理工大学开发出一种纳米技术，能将参与反应的多种酶固定成几种酶，并且这些酶能重复多次使用，大大降低了将秸秆等农林废弃物转化成生物燃料的生产成本[32]。德国科学家利用纳米技术将普通锂离子电池缩小并封闭到一张纤维素纸张上，开发出了“可印刷”的电池。该电池厚度不到 1 毫米，重量不到 1 克，除了纤巧和柔软特性外，与传统电池相比还具有制造成本较低、不含汞、对环境无污染等优势，具有引起电池领域革命的潜力。

纳米器件研究高度活跃。美国诺福克大学的研究人员研制出名为“Spaser”的纳米激光器，可将功率超过 200 纳瓦的光束聚焦为一个直径仅为 35 纳米的光点，从而使每平方厘米面积上的数据存储量达到 1.55 太比特，为制造速度超快的放大器、逻辑元件和微处理器提供了可能[33]。新加坡科学家对位于原子轴上的纳米齿轮及扫描隧道显微镜尖端间的电子连接进行操控，实现了对纳米齿轮旋转的良好控制，解决了无序运动的难题，为纳米机器人和纳米机械装置研制奠定了重要的基础[34]。美国加州理工学院的科学家开发出了仅有百万分之一米大小的纳米电子机械系统（NEMS）谐振器，有效简化了分子质量测量的程序，可实时测定单个分子的质量，为生命科学研究仪器的开发做出了重要贡献[35]。美国莱斯大学的科研人员利用氯磺酸对碳纳米管进行自然分解，制造出规则排列、长度达几百米、厚度仅为 50 微米的

碳纳米管，解决了长度限制问题，为其用作电力传输线或结构性材料奠定了重要的基础[36]。

纳米结构研究取得重要进展。美国杜克大学和马塞诸塞州立大学的研究人员通过调整一种液体溶液的磁性，首次将磁性和非磁性物质组合成了复杂的纳米结构，可用于制造先进的光学设备、包装设备、数据存储和生物工程设备等[37]。中国科学院苏州纳米所与美国亚利桑那州立大学合作，利用 DNA 自组装技术，制备得到了一系列由金纳米粒子和量子点组成的离散纳米结构，有助于支撑未来杂化器件的设计和制造研究[38]。

2. 无机非金属材料

石墨烯研究掀起新高潮。石墨烯是由单层碳原子紧密堆积成二维蜂窝状晶格结构的一种碳质新材料，是构建其他维度碳质材料的基本单元，具有优异的电学、热学和力学性能，可望在高性能纳米电子器件、复合材料、场发射材料、气体传感器及能量存储等领域获得广泛应用。英国科学家用纯净的石墨烯和氢制备出石墨烷，将高度导电的石墨烯材料变成了有绝缘特性的石墨烷，为制备其他基于石墨烯的化学衍生物提供了思路[39]。美国斯坦福大学的研究小组将碳纳米管黏附到一个聚合物薄膜上，用经过电离的氩气来蚀刻每个纳米管的每一个条带，得到宽度仅为 10 ~ 20 纳米的石墨烯带，并制造出了基本的晶体管，在电子工业领域显示出广泛应用的前景[40]。莱斯大学的研究小组使用高锰酸钾和硫酸的混合物，沿着轴心打开纳米管，得到了宽度约为 100 ~ 500 纳米的石墨烯带，可用于制造太阳能电池板、可弯曲的触摸显示屏以及轻薄、导电的纤维[41]。中国科学院化学所研究人员在用化学气相沉积法制备石墨烯的过程中通入氨气作为氮源，得到了氮掺杂石墨烯样品[42]；他们又利用模板法实现了对石墨烯形状的控制，大规模地制备了石墨烯带，并制备了石墨烯带的纳米机电原型器件[43]。

半导体元器件相关材料研究取得重要进展。美国研究人员开发出新的半导体墨水，可以用来制造廉价的电子标签以帮助零售商跟踪其商品，还可以用以生产更复杂、更有用的可弯曲显示屏和新传感器技术[44]。德国马普生物化学及等离子物理研究所和西班牙巴斯克研究所的科研人员开发出了一种红外线纳米近场显微镜，对一块试验钻石施以不同强度的压力，利用纳米显微镜跟踪材料在压力下产生的纳米张力场的变化，纳米近场显微镜拍摄的图片成功地显示了这一测量方法的可靠性。该方法为研究半导体材料的物理性能以及测量纳米级半导体元器件的性能提供了新的可能，有助于完善现代半导体材料结构的设计，定向提高电子元器件的性能，并使未来的计算机芯片更加小型化。2009 年 7 月，中德联合研究小组首次证明把钴元素

掺入由氧化锌制成的纳米导线，能使纳米导线具有内禀磁性，这对研制运算速度快且能耗低的新型磁性半导体材料具有重要意义[45]。

3. 金属材料

全球掀起了以铁基超导为焦点的新一轮超导材料研究热潮。2008 年初，日本科学家宣布发现了一种基于铁砷层面的新型超导材料 LaFeAsO1-xFx，其超导转变温度高达 26 开尔文；中国科学家随后通过元素替换，迅速将超导转变温度提高到 50 开尔文以上，突破了“麦克米兰”极限（麦克米兰曾经断定，传统超导临界温度最高只能达到 39 开尔文），至此全球掀起了铁基超导材料研究的高潮。日本科研人员开发出一种可以很简单地制造出铁系超导材料的方法：在一根直径 6 毫米的铁质细管中填入硒碲化合物，将其拉长，封入石英玻璃管中进行热处理，制造出由铁、硒、碲构成的超导体线材，该方法大大推进了新型超导材料的实用化进程。浙江大学的科研人员发现铁基超导材料钡铁砷在低温的上临界磁场具有“各向同性”的特征，即该材料的超导上临界磁场不依赖于外加磁场的方向，首次在二维层状的超导材料中报道了三维的超导特性[46]。

金属纳米材料研究取得重要进展。金属纳米线具有优异的电、光、磁与热学性能，在微电子、光电子、催化与传感器等领域具有诱人的应用前景，但其制备过程不仅复杂繁琐，而且会造成一定的环境污染。中国科学院固体物理研究所的科研人员发明了一种简单、经济、绿色、普适的金属纳米线制备方法，将一面蒸金、周围带铝的阳极氧化铝模板浸泡在金属氯化物的水溶液中，借助原电池原理，便可在氧化铝模板的纳米孔道里形成相应金属的纳米线，实现了单一金属纳米线的成分、异质纳米线的段数与成分以及纳米线形貌的可控生长[47]。山东大学的研究组以简单的脱合金方法制备出具有三维双连续结构的纳米多孔铜，然后在低温下通过原位置换反应成功制备了一系列管道状纳米多孔双金属合金催化材料，并发现这些新型纳米结构材料具有优越的电催化特性，这是目前最为简单、高效而且环境友好的高比表面积双金属纳米催化剂的制备方法之一，有望在燃料电池技术中得到应用[48]。此外，该研究组在一维金属纳米结构的调控方面也取得了重要研究成果，他们以一维银纳米线为模板，首先对材料表面进行金化学修饰，然后通过控制原子互扩散和脱合金过程，成功制备出一系列新型纳米多孔金属纳米管，并发现它们具有特异的光学特性和增强电制化学发光效应[49]。

四、先进能源技术

国际金融危机之后，世界围绕着全球气候变化和发展低碳经济的博弈更加激烈。

无论是气候变化还是低碳经济，其本质都是能源问题，提高化石能源的使用效率和开发新能源将成为影响国际竞争力的重要因素。在强大的国际压力下，世界主要国家都将新能源开发作为摆脱金融危机、实现经济持续发展的重要举措，纷纷加大新能源和清洁能源技术的投资，掀起了新一轮的能源技术开发浪潮。

1. 太阳能

提高太阳能转化效率的研究取得重要进展。美国加州大学通过在铝箔上生长直立的纳米柱制成新型太阳能电池，并将整个电池封装在透明的胶状聚合物内制作出可弯曲的太阳能电池。该太阳能电池的光电转换率可达6%，生产成本可低至单晶硅太阳能板的1/10，大大拓展了太阳能的开发前景[50]。美国西北大学的研究小组采用脉冲激光沉积法，在不改变有机薄膜太阳能电池半导体层结构的前提下，在正极上涂布了厚度为数纳米至数十纳米的氧化镍，将单元转换效率由原来的3%~4%提高到了5.2%~5.6%，大大提高了太阳能转化效率[51]。以色列一家太阳能公司研发出一种彩色太阳能电池板，能够吸收太阳光光谱中不同颜色太阳光的光能，因此其在工作的时候可以不用正对太阳，并且能够达到最高20%的转换率，是目前市场上供应的普通太阳能电池板转换效率的两倍。

太阳能在生产生活中的应用向前推进。美国迅力光能公司开发出了一种制造大型可卷曲太阳能板的技术，可在不锈钢薄板上形成薄膜非晶硅太阳能电池，每个太阳能模块大约1米宽、5.5米长，这些重量轻、可卷曲的电池板很容易集成到建筑物的屋顶和外立面，也可用于车辆外体，大大拓展了太阳能的应用领域。2009年6月，瑞士探险家贝特朗·皮卡尔在瑞士迪本多夫军用机场展示了名为“太阳驱动”的太阳能飞机，这是世界上第一架设计为可昼夜飞行的太阳能环保飞机。该飞机的机翼上装有1.2万对太阳能电池板，为机上4台电动机供电。飞机白天飞行时，可将多余的太阳能电力储备到高性能蓄电池中供夜间飞行使用，由此实现昼夜飞行。

太阳能电站建设掀起了新高潮。2009年5月，澳大利亚计划投资14亿澳元（约合10.5亿美元）建造世界最大的太阳能发电站。2009年7月，德国20家大公司成立联合投资财团，计划投资4000亿欧元在北非沙漠地带建造世界上最大的太阳能电站。联合投资财团的目标是未来欧洲约15%的电力能够由沙漠太阳能电站来供应，该巨型太阳能电站项目预计将耗时10年，需投资4000亿欧元。2009年8月，我国规划建设的第一个光伏并网发电特许权项目——甘肃敦煌十兆瓦光伏发电项目奠基，该项目总投资2.03亿元，年均发电1805万千瓦时，上网每千瓦时电价为1.09元。

2. 风能

风力发电技术创新进入高潮期。2009年2月，广西银河艾万迪斯风力发电有限

公司采取直驱永磁技术，自主研制出功率达 2.5 兆瓦的风力发电机组——AV928 机组，此为国内功率最大的风力发电机组。2009 年 7 月，世界第一台兆瓦级半直驱风力发电机在深圳成功下线，其技术性能指标和经济效益指标远远超过国内外现有同类风力发电机，在 10% ~250% 额定功率范围内，可提升发电效率 90%，风力发电的时间达到国家标准的 1.5 倍以上。2009 年 8 月，由西安船舶设备工业公司开发的 1.5 兆瓦风电机组在陕西柴油机重工有限公司下线，该机组属于变速恒频双馈机型，额定功率 1500 千瓦，具备抗低温、抗风沙、抗雷击等特点，将成为我国大型风场的新型主力机型。2009 年 11 月，国家稀土永磁电机工程技术研究中心与力德风力发电（江西）有限责任公司研制出我国第一台具有自主知识产权的 2.0 兆瓦永磁直驱风力发电机，标志着我国永磁直驱风力发电技术达到世界领先水平。2009 年 12 月，我国建成第一个千万千瓦级风电基地——酒泉风电基地，其装机突破 200 万千瓦，实现调试并网发电。

海上风力发电成为重要方向。2009 年 9 月，英国能源和气候变化部拨款数百万英镑支持发展海上风力发电，并力争建造世界上最大的风力发电机，其单个叶片长度超过 70 米。同月，德国联邦交通部计划在德国北部的波罗的海和北海建造 40 个海上风力发电场，总发电量可满足 1200 万户家庭的供电需求，并能提供 3 万个就业岗位。德国海上风力发电的中期目标是到 2030 年达到 2.5 万兆瓦。2009 年 7 月，德国建造了第一座海上风力发电装置，发电功率为 5 兆瓦，并计划再建造 11 座类似的风力发电装置，建成后每年生产的电力可供 5 万户居民使用。2009 年 8 月，挪威国家石油海德罗公司（StatoilHydro）建成世界首个海上漂浮式风力发电站，风力发电机高 65 米，重达 5300 吨，发电量为 2.3 兆瓦[52]。该风力发电机可用于水深 120 ~ 700 米的海域，而且还可以放置到离岸更远的地方，大大增强了海上风能的开发能力。

3. 核能

核聚变研究在波折中前进。计算机模拟研究发现，由于国际热核聚变试验堆（ITER）在设计上存在严重缺陷，其核聚变所产生的超过 10 亿℃的高温等离子对反应堆内壁的破坏作用远远超乎想象，为避免反应堆内壁熔化，必须更好地绝缘等离子体，因此需要有更强大的脉冲磁场来约束，并改变反应堆内部结构设计。ITER 要弥补这一设计上的缺陷，正式投入核聚变试验的时间至少要从 2018 年推迟到 2026 年，计划预算费用也会增加。2009 年 4 月，耗资达 35 亿美元的美国“国家点火装置”正式开始进行相关实验。在受控实验室条件下，“国家点火装置”将进行聚变点火和热核燃烧实验，实验结果将为美国国家核安全管理局提供相关武器生产条件

的实验手段。“国家点火装置”是目前世界上最大和最复杂的激光光学系统，用于在实验室条件下实现人类历史上的第一次聚变点火。该装置计划于 2010 年最终实现聚变反应，届时 192 束矩形激光束将在 30 英尺的靶室中实现会聚，其中靶室内含有直径为 0. 44 厘米的氢同位素靶丸。发生聚变反应时，温度可达到 1 亿℃，压力超过 1000 亿个大气压。2009 年 6 月，我国的受控核聚变实验装置——中国环流器二号 A 装置，首次实现了偏滤器位形下高约束模式运行，标志着我国磁约束聚变能源开发研究综合实力与水平得到了极大提高。

核电站建设掀起新高潮。2009 年 4 月，俄罗斯部署 2030 年前俄罗斯核电发展计划，将新建核电站装置 26 座，核电在国家电力总产量中的比例将达到 25% ~ 30%。近年来，我国新开工建设核电站 8 个，核准规模 3140 万千瓦，在建核电规模 2067 万千瓦，占世界在建核电机组的 30% 以上，成为世界在建核电规模最大的国家。2009 年 2 月，世界上首座在建的 AP1000 核电站——浙江三门核电站一期工程核岛工程合同签字仪式在北京举行，标志着世界上首座 AP1000 核电站全面进入工程建设阶段。该核电站建成后将能提供 250 万千瓦供电能力、年均 175 亿千瓦时发电量，预计到 2015 年能承担浙江全省 3. 3% 电力负荷、4% 全社会用电量。2009 年 12 月，我国三代核电 AP1000 自主化依托项目——中国电力投资集团公司山东海阳核电项目一期工程正式开工。山东海阳核电一期工程建成后，年发电量达 175 亿千瓦时，将极大优化山东电源结构，缓解电力紧张局势。2009 年 5 月，俄罗斯波罗的海造船厂开始建设世界首座浮动核电站项目，这一低功率浮动核电站将于 2012 年交付使用，不仅能提供电能、热能，还能淡化海水，最低使用寿命为 38 年，主要应用于俄北部及远东等地区的供电、气田开发等。

4. 其他能源

氢能。以色列魏茨曼研究所的科研人员发现了一种将水分解出氢的独特方法。他们将钌元素金属络合物与水混合，氢原子和氧原子间的键合被打破，一个氢原子不再与其有机部分相连，而剩下的氢原子和氧原子（—OH 基）仍束缚在金属络合物中；当水溶液被加热到 100℃时，氢气就从络合物中释放出来，而—OH 基则被添加到金属络合物中[53]。法国国家科研中心的科学家们对普通电解槽进行改进，加装传感器，在电解过程中加大水中的压力，获得高效制氢新方法。美国珀杜大学的研究人员利用金属氢化物的粉末吸收氢气，并发明了一种新型热交换装置，研制出一种可实现为汽车快速“加氢”的新技术，以该技术为核心的新型存储系统可在 5 分钟内给汽车加满足够行驶 500 千米的氢燃料。美国海军研究实验室研制出氢动力燃料电池无人机——“离子虎”，在试验飞行中，持续飞行时间达 23 小时 17 分钟，

创下燃料电池无人机的飞行时间新纪录。

生物质能。美国大陆航空公司一架以生物燃料作为部分燃料的飞机进行了试飞，这是首次以取自藻类等植物的燃料作为飞机燃料。俄罗斯首个使用废物生成的生物瓦斯发电的小型热电站在莫斯科正式启用。该热电站能够将废水生成瓦斯，并保证净化设备的功效和生态安全，是目前俄罗斯境内唯一完全使用生物瓦斯发电的热电站。巴西农牧业研究院发现，一种可大面积种植的棕榈树可作为提炼生物柴油的油料作物，这种棕榈树耐受贫瘠的土地，可在牧场和丛林地带种植，且产油量高、种植简单、赢利明显，适合小生产者开发。美国联合环境和能源有限责任公司开发出了将水藻油转换成生物柴油的新方法，该方法经济且环境友好，比现有方法减少 40% 的成本，且生产过程不产生废水。伊利诺斯大学利用玉米作物中的“光泽 15”（*Glossy*15）基因及转基因技术，开发出了一种理论上可以大量生产生物质的玉米作物。

五、空 间 技 术

空间技术水平是国家综合实力和科技实力的客观反映，发展空间技术对国民经济和科技事业有极强的带动作用。2009 年，世界空间技术发展成果卓著，“开普勒”天文望远镜将人类寻找外星生命的触角延伸到太阳系外，月球上发现水为人类建立月面基地大有帮助，“战神”火箭试射为美国重返月球奠定了坚实的基础，环境和灾害监测卫星频频升空充分表明了人类对气候变化和环境污染的高度关注。

1. 行星际空间观测

美国和欧洲在太空望远镜研制方面成绩卓著。2009 年 3 月，美国“开普勒”太空望远镜在美国卡纳维拉尔角空军基地发射升空，开启飞行器寻找太阳系外寻找类地行星的新篇章。在为期至少 3 年半的任务期内，“开普勒”太空望远镜将对天鹅座和天琴座中大约 10 万个恒星系展开观测，通过观测行星的“凌日”现象，寻找类地行星和生命存在的迹象。“开普勒”太空望远镜是世界首个探测太阳系外类地行星的飞行器，其优势是所携带的设备十分灵敏，能够检测到更小、更冷、更适宜生命生存的外星“地球”。截至 2009 年底，“开普勒”太空望远镜已经找到了 5 颗太阳系外行星。2009 年 5 月，欧洲空间局发射升空“赫歇尔”和“普朗克”。“赫歇尔”是迄今为止人类发射的最大远红外线望远镜，其反射镜与能够探测远红外线和亚毫米波光线的设备同步，可以拍下数十亿光年之外的星系照片。“普朗克”探测器将用来研究大爆炸发生后最初的 37 万年间所遗留下来的辐射，其探测精度能达到之前空间探测器的 3 倍。

我国在天文望远镜研制方面取得重大突破。2009年6月，全球口径最大的大视场望远镜和光谱获取率最高的望远镜、国家重大科学工程——大天区面积多目标光纤光谱天文望远镜（LAMOST）项目在中国科学院国家天文台兴隆观测基地顺利通过国家发展和改革委员会组织的国家竣工验收。LAMOST是我国自主创新设计、在技术上极具挑战性的新型大视场兼备大口径的光学天文望远镜，视场为5度，口径大于6米，单次观测最多可同时获得4000个天体光谱。2009年12月，中国科学院紫金山天文台施密特型近地天体望远镜通过专家组验收鉴定。该天文望远镜具备口径大、视场大、探测能力强等特点，采用施密特型光学系统，改正镜口径1.04米，球面反射主镜1.2米，观测水平在国际同类望远镜中居前列。2009年12月，我国在贵州省平塘县开始架设全球最大单口径射电望远镜——500米口径球面射电天文望远镜（FAST），该天文望远镜犹如一只巨大的“天眼”，将探测遥远、神秘的“地外文明”。

哈勃望远镜引起全球关注。2009年5月，美国“亚特兰蒂斯”号航天飞机从佛罗里达州肯尼迪航天中心发射升空。在随后的十几天里，航天飞机上的7名宇航员对哈勃空间望远镜进行了第5次维修，为它更换了相机、电池、陀螺仪、对接环、光谱仪等设备。这次升级维修将使哈勃望远镜的服役期至少延长至2014年。由于美国的航天飞机将于2010年退役，这次维修也将是对哈勃望远镜的最后一次维修。

2. 月球探测

美国重返月球计划迈出重要一步。2009年6月，美国将“月球勘测轨道飞行器”和“月球坑观测和传感卫星”（LCROSS）的探测器送入太空，标志着“重返月球”战略计划迈出重要一步。“月球勘测轨道飞行器”携载有七大科学仪器，将绕低极地轨道（距月球表面50千米）运行，执行为期一年的勘测任务。“月球勘测轨道飞行器”的主要任务是搜寻月球表面适宜将来载人探测器登陆的地点、勘测月球资源、观察月球辐射环境以及测试新的探月技术。“月球坑观测和传感卫星”将在绕月飞行数月后利用运载火箭的第二级，在月球表面实施两次撞击，在地表之下寻找月球水冰存在的线索。“月球勘测轨道飞行器”已经发回了6次“阿波罗”任务登月点的照片。2009年10月，“半人马座”火箭和LCROSS探测器先后撞击月球南极附近的凯布斯环形山，在月球上发现了水分子，这对于未来人类重返月球并建立月球基地具有重要意义。

我国月球探测的一期工程画上了圆满句号。2009年3月1日，“嫦娥一号”卫星在控制下成功撞击月球，完成了既定使命。“嫦娥一号”上搭载了一台三线阵电荷耦合器件（charge coupled deice，CCD）推扫式相机，能够在85秒内获得月球表

面同一物体前视、正视和后视三个不同视角的图像数据。2009 年 9 月，我国科学家通过三线阵数字摄影测量处理，绘制出了目前国际上精度最高的全月球三维数字地形图。该全月球三维数字地形图是目前国际上覆盖全月球、平面与高程的分辨率最高、数据精度最高的月球三维地形数据，将极大地促进月表形貌的特征、规律与成因的研究，推动月球构造与区划的科学厘定，深化对月球地质及其演化历史的认识，并为后续月球探测工程的科学目标设计、有效载荷配置、关键技术要求和工程保障条件等奠定重要基础。

3. 运载技术

“战神”火箭研发为美国实现重返月球和首登火星梦想迈出重要一步。在美国“新太空探索计划”中，“战神”系列火箭、“奥赖恩”载人航天器及“牵牛星”月球登陆器是三大支柱，宇航员将乘坐“奥赖恩”飞往国际空间站，随后乘坐“牵牛星”登陆月球，完成任务后乘坐“奥赖恩”返回地球。2009 年 10 月，“战神 I-X”火箭在肯尼迪航天中心点火发射，整个试射只有 2 分钟的时间，其“身上”的 700 多个传感器记录了“战神 I-X”在飞行中的表现。“战神 I-X”继承了冯·布劳恩、戈达德及其他科学家的火箭设计，在此基础之上又使用了更轻的合成材料、更先进的发动机以及性能得到大大改善的电脑，稳定性和性能得到了最优化。

铝冰新型混合燃料为火箭提供更大推力。自从第一颗人造卫星发射升空，50 多年来火箭推进剂几乎没发生过任何变化。美国科学家研制出一种名为 ALICE 的铝－冰火箭推进剂可能改变目前的局面。ALICE 是一种由纳米铝粉和结成冰的水组成的新型混合物，通过铝和水之间产生的化学反应产生动力。由于使用直径为 80 纳米（比人类发丝的直径小 500 倍）的纳米级别的铝粒子，ALICE 能排出更多铝。这种铝粒子非常小，因此它比大粒子的燃烧速度更快，产生的推动力也更大，或许还能使火箭在推进过程中更易控制。普渡大学和美国宾州州立大学的科研组利用 ALICE，在 2009 年 8 月份进行的一项飞行试验过程中，成功把一枚火箭发射到 1300 英尺（396.24 米）高空。ALICE 将使火箭发射变得更加环保，甚至使飞船有可能在月球或火星等遥远的地方补充燃料。

4. 人造卫星和全球导航定位

环境和灾害监测卫星发射成为热点。2009 年 12 月 7 日，全球 192 个国家的谈判代表齐聚哥本哈根召开 COP15 会议，商讨《京都议定书》一期承诺到期后的后续方案，全世界人民的眼光再次被吸引到气候变化上。在卫星研制和发射方面，2009 年最为活跃的同样是环境监测和灾害预报。2009 年 1 月，日本发射成功世界首颗温室

气体观测卫星——“呼吸”号，该卫星上搭载有高精度的温室气体监测传感器，其监测通道多达 1.85 万个，主要使命是从太空中观测地球上 CO_2 的浓度分布。2009 年 2 月，美国“嗅碳”卫星发射失败，它是美国第一颗专门用于监测全球 CO_2 情况的卫星，主要用于观测地球大气中 CO_2 的水平，进一步了解人类在温室气体排放、导致全球气候变化方面所扮演的角色。2009 年 3 月，欧洲地球重力场和海洋环流探测卫星发射升空，该卫星装备了多套灵敏度极高的探测设备，获得的数据将有助于科学家更深入地了解地球的内部结构，对人类研究海洋和气候变化也将有所帮助。2009 年 3 月，我国国家国防科技工业局将环境与灾害监测预报小卫星 A 星、B 星正式交付民政部和环境保护部投入使用。该小卫星星座系统主要用于满足环境与灾害监测预报业务的需求，实现大范围、全天候、全天时动态环境与灾害监测。2009 年 4 月，“中国遥感卫星六号”进入太空，该卫星主要用于国土资源勘查、环境监测与保护、城市规划、农作物估产、防灾减灾和空间科学试验等领域。2009 年 11 月，欧洲航天局研发的全球首颗土壤湿度和海洋盐度观测卫星顺利升空，该卫星能每 3 天绘出一幅地球土壤湿度图，每 30 天绘出一幅海水含盐量图，为土壤湿度和海洋盐度的变化过程及对地球天气影响的研究、气候变化及极端自然现象准确预测、了解地球冰层情况奠定了坚实的基础。

“北斗”卫星导航系统建设迈出重要步伐。卫星导航定位系统是重要的空间基础设施，它综合了传统天文导航定位和地面无线电导航定位的优点，相当于一个设置在太空的无线电导航台。目前，我国所用的各种导航定位设备都依赖美国的 GPS 系统进行导航定位服务。自 2000 年以来，我国陆续发射了 3 颗“北斗导航试验卫星”，建成了“北斗”导航试验系统，在测绘、电信、水利、交通运输、渔业、勘探、森林防火和国家安全等诸多领域发挥着重要作用。随着中国“北斗”卫星导航系统的建成，我国在卫星应用方面将摆脱对国外卫星导航系统的依赖，并带动一大批高技术产业，形成新的经济增长点。2009 年 4 月，我国第二颗“北斗”导航卫星顺利进入预定工作轨道，该卫星可以有效避免遭受电磁干扰和攻击，实现无源定位，定位精度可以精确到“厘米”之内，对北斗卫星导航系统建设具有十分重要的意义。

参 考 文 献

[1] 新华社．中国成功研制千万亿次超级计算机“天河一号”．http：//www.gov.cn/jrzg/2009-10/29/content_1451703.htm［2009-10-29］．

[2] Top500 Supercomputer Sites. Tianhe-1，China's first Petaflop's scale supercomputer. http：//www.top500.org/blog/2009/11/13/tianhe_1_chinas_first_petaflop_s_scale_supercomputer.［2009-11-13］．

[3] DiCarlo L, Chowl J M, Gambetta J M, et al. Demonstration of two-qubit algorithms with a superconducting quantum processor. Nature, 2009, 460: 240 ~ 244 .

[4] Hanneke D, Home J P, Jost J D, et al. Realization of a programmable two-qubit quantum processor. Nature Physics, 2009, 6: 13 ~ 16.

[5] Song H, Kim Y, Jang Y H, et al. Observation of molecular orbital gating. Nature, 2009, 462: 1039 ~ 1043.

[6] Chen Y L, Analytis J G, Chu J H, et al. Experimental realization of a three-dimensional topological insulator, Bi2Te3. Science, 2009, 325 (5937): 178 ~ 181.

[7] Lu W, Xiong Y, Hassanien A, et al. A scanning probe microscopy based assay for single-walled carbon nanotube metallicity. Nano Letters, 2009, 9 (4): 1668 ~ 1672.

[8] Fischer K E, Alemn B J, Tao S L, et al. Biomimetic nanowire coatings for next generation adhesive drug delivery systems. Nano Letters, 2009, 9 (2): 716 ~ 720.

[9] Park S, Xiong Y, Kim R H, et al. Printed assemblies of inorganic light-emitting diodes for deformable and semitransparent displays. Science, 2009, 325 (5943): 977 ~ 981.

[10] Silva J, Nichols J, Theunissen T W, et al. Nanog is the gateway to the pluripotent ground state. Cell, 2009, 138 (4): 722 ~ 737.

[11] Nayernia K, Lee J H, Lako M, et al. In vitro derivation of human sperm from embryonic stem cells. Stem Cells and Development, 2009, ahead of print. http: //www. nature. com/news/2009/090707/full/news. 2009. 646. html [2009-9-7].

[12] Brill M S, Ninkovic J, Winpenny E, et al. Adult generation of glutamatergic olfactory bulb interneurons. Nature. Neuroscience, 2009, 12: 1524 ~ 1533.

[13] Sharp J, Frame J, Siegenthaler M, et al. Human embryonic stem cell-derived oligodendrocyte progenitor cell transplants improve recovery after cervical spinal cord injury. Stem Cells, Published Online. http: //www3. interscience. wiley. com/journal/122666108/abstract [2009-11-28].

[14] Guenou O T, Nissan X, et al. Human embryonic stem-cell derivatives for full reconstruction of the pluristratified epidermis: a preclinical study. The Lancet, 2009, 374 (9703): 1745 ~ 1753.

[15] Zhao X, Zhuo W L, Liu L, et al. iPS cells produce viable mice through tetraploid complementationnear. Nature advance, online publication, http: //www. nature. com/nature/journal/v461/n7260/abs/nature08267. html [2009-7-27] .

[16] Hong H, Takahashi K, Ichisaka T, et al. Suppression of induced pluripotent stem cell generation by the p53 - p21 pathway. Nature, 2009, 460: 1132 ~ 1135.

[17] Yoshida Y, Takahashi K, Okita K, et al. Hypoxia enhances the generation of induced pluripotent stem cells. Cell Stem Cell, 2009, 5 (3): 237 ~ 241.

[18] Esteban M A, Wang T, Qin B, et al. Vitamin C enhances the generation of mouse and human induced pluripotent stem cells. Cell Stem Cell, http: //www. cell. com/cell- stem- cell/fulltext/S1934-5909 (09) 00624-9 [2009-12-24] .

[19] Haaften G, Dalglieshl G L, Helen Davies, et al. Somatic mutations of the histone H3K27 demethylase gene UTX in human cancer. Nature Genetics, 2009, 41: 521 ~ 523.

[20] Tang H L, Yuen K L, Tang H M, et al. Reversibility of apoptosis in cancer cells. British Journal of Cancer, 2009, 100: 118 ~ 122.

[21] Huang X, Qian Q, Liu Z, et al. Natural variation at the DEP1 locus enhances grain yield in rice. Nature Genetics, 2009, 41: 494 ~ 497.

[22] Dua B, Zhang W, Liu B, et al. Identification and characterization of Bph14, a gene conferring resistance to brown planthopper in rice. PNAS, 2009, 106 (52): 22163 ~ 22168.

[23] Zhi T , Qian Q, Liu Q, et al. Allelic diversities in rice starch biosynthesis lead to a diverse array of rice eating and cooking qualities. PNAS, 2009, 106 (51): 21760 ~ 21765.

[24] Huang S, Li R, Zhang Z, et al. The genome of the cucumber, Cucumis sativus L. Nature Genetics, 2009, 41: 1275 ~ 1281.

[25] Feuillet C, Eversole K. Solving the Maze. Science, 2009, 326 (5956): 1071, 1072.

[26] Li R, Li Y, Zheng H, et al. Building the sequence map of the human pan-genome. Nature Biotechnology, Published online. http://www.nature.com/nbt/journal/vaop/ncurrent/full/nbt.1596.html [2009-12-7].

[27] Drmanac R, Sparks A B, Callow M J, et al. Human genome sequencing using unchained base reads on self-assembling DNA nanoarrays. Science. Published Online DOI: 10.1126/science.1181498 [2009-11-5].

[28] Erez L A, Nynke L, Louise W, et al. Comprehensive Mapping of Long-Range Interactions Reveals Folding Principles of the Human Genome. Science, 2009, 326 (5950): 289 ~ 293.

[29] Konopka G, Bomar J M, Winden K, et al. Human-specific transcriptional regulation of CNS development genes by *FOXP2*. Nature, 2009, 462: 213 ~ 217.

[30] Wang D, Cui Z, Zeng Q, et al. Genetic enhancement of memory and long-term potentiation but Not CA1 long-term depression in NR2B transgenic rats. PLoS ONE, 2009, 4 (10): e7486.

[31] Hua L, Choia J W, Yang Y, et al. Highly conductive paper for energy-storage devices. PNAS, 2009, 106 (51): 21490 ~ 21494.

[32] Guerin D. Tech researchers using nanotechnology in biofuel process to save money, environment. http://www.latech.edu/news/10082009-biofuel.shtml [2009-10-08].

[33] Noginov M A, Zhu G, Belgrave A M, et al. Demonstration of a spaser-based nanolaser. Nature, 2009, 460: 1110 ~ 1112.

[34] Manzano C, Soe W H, Wong H S, et al. Step-by-step rotation of a molecule-gear mounted on an atomic-scale axis. Nature Materials, 2009, 8: 576 ~ 579.

[35] Naik A K, Hanay M S, Hiebert W K, et al. Towards single-molecule nanomechanical mass spectrometry. Nature Nanotechnology, 2009, 4: 445 ~ 450.

[36] Davis V A, Vasquez A, Green M J, et al. True solutions of single-walled carbon nanotubes for assembly into macroscopic materials. Nature Nanotechnology, Published online, doi: 10.1038/nnano. 2009, 302 [2009-11-01].
[37] Randall M E, Son H S, Samanta B, et al. Magnetic assembly of colloidal superstructures with multipole symmetry. Nature, 2009, 457: 999 ~ 1002.
[38] Wang Q, Wang H, Lin C, et al. Photonic interaction between quantum dots and gold nanoparticles in discrete nanostructures through DNA directed self-assembly. Chemical Communications, 2010, 46: 240 ~ 242.
[39] Elias D C, Nair R R, Mohiuddin T M G, et al. Control of Graphene's Properties by Reversible Hydrogenation: Evidence for Graphane. Science, 2009, 323 (5914): 610 ~ 613.
[40] Jiao L, Zhang L, Wang X, et al. Narrow graphene nanoribbons from carbon nanotubes. Nature, 2009, 458: 877 ~ 880 (16 April 2009).
[41] Kosynkin D V, Higginbotham A L, Sinitskii A, et al. Longitudinal unzipping of carbon nanotubes to form graphene nanoribbons. Nature, 2009, 458: 872 ~ 876.
[42] Wei D C, Liu Y Q, Wang Y, et al. Synthesis of N-doped graphene by chemical vapor deposition and its electrical properties. Nano Letters, 2009, 9: 1752 ~ 1758.
[43] Wei D, Liu Y, Zhang H, et al. Scalable synthesis of few-layer graphene ribbons with controlled morphologies by a template method and their applications in nanoelectromechanical switches. Journal of the American Chemical Society, 2009, 131: 11147 ~ 11154.
[44] Yan H, Chen Z H, Zheng Y, et al., A High-mobility electron-transporting ploymer for printed transistors. Nature, 457: 679 ~ 686.
[45] Zhang Z H, Wang X, Xu J B, et al. Evidence of intrinsic ferromagnetism in individual dilute magnetic semiconducting nanostructures. Nature Nanotechnology. 2009, 4: 523 ~ 527.
[46] Yuan H Q, Singleton J, Balakirev F F, et al. Nearly isotropic superconductivity in (Ba, K) Fe2As2. Nature, 2009, 457: 565 ~ 568.
[47] Xu Q, Meng G, Wu X, et al. A generic approach to desired metallic nanowires inside native porous alumina template via redox reaction. Chemistry of Material, 2009, 21 (12): 2397 ~ 2402.
[48] Xu C, Wang L, Wang R, et al. Nanotubular mesoporous bimetallic nanostructures with enhanced electrocatalytic performance. Advanced Materials, 2009, 21 (21): 2165 ~ 2169.
[49] Gu X, Xu L, Tian F, et al. Au-Ag alloy nanoporous nanotubes. Nano Research, 2009, (2): 386 ~ 393.
[50] Fan Z, Razavi H, Do J, et al. Three-dimensional nanopillar-array photovoltaics on low-cost and flexible substrates. Nature Materials, 2009, 8: 648 ~ 653.
[51] Irwin M D, Buchholz DB, Hains A W, et al. p-Type semiconducting nickel oxide as an efficiency enhancing anode interfacial layer in polymer bulk-heterojunction solar cells. PNAS, 2008, 105 (8): 2783 ~ 2787.

[52] PhysOrg. World's first floating wind turbine opens in Norway. http://www.physorg.com/news171634899.html [2009-9-8].

[53] Stephan W K, Weiner L, Schwartsburd L, et al. Consecutive Thermal H_2 and Light-Induced O_2 Evolution from Water Promoted by a Metal Complex. Science, 2009, 324 (5923): 74 ~ 77.

Overview of High-tech Development in 2009

Ren Zhongbao

(Institute of Policy and Management, CAS)

In 2009, the world's economy has experienced the biggest recession in nearly 60 years. The whole world is reconsidering development model of economy, style of production and life in the world financial crisis. All the countries want to find a new economy growth approach for sustained development. Science, technology and innovation are considered the primary way for rescuing the world. Major countries have increased budget for new energy, biology, information, nano-materials, which are bound to impact the high-tech in the future. In the process of responding to the financial crisis, China foster strategic new industries form high-tech fields, and information technology, modern biological technology, new material technology, advanced energy technology, space technology will be different in future.

In the area of information technology, high-performance computer and technology standard of communication are the focus of competition. The Chinese National University of Defense Technology unveiled China's fastest supercomputer, which named Tianhe-1. Tianhe-1 is also the World Fifth fastest computer, which is able to do more than one quadrillion calculations per second theoretically at its peak speed. The induced pluripotent stem cell (iPS) is the hot spot of stem cells, which bring the new approach for treatment of major diseases. Prevention and treatment AIDS and cancer have achieved breakthrough, and gene technology has accelerated the process of plant and animal breeding. Nanometer material is the most activity area for innovation in the area of new material technology. Many new nanometer materials have been used to increase the conversion rate of solar energy, and hydrogen generation and storage. Graphene-a single-atom-thick sheet of carbon, is the research hot spot in material area, which be regarded to substitute for silicon, and have the potential to lead to an industrial revolution in semiconductor. Solar, nuclear and hydrogen are the hot spot for new energy development. The solar energy development focus on how to increase the conversion rate, many achievements are concentrated on solar energy materials. In the nuclear energy, many scientists try their best to explore how to use nuclear fusion energy. USA launched Kepler Space Telescope successfully, it is the first human tool that will be able to find planets capable of supporting life as we know it. The Large Sky Area Multi-Object Fiber Spectroscopic Telescope (LAMOST) has been completed, which will bring Chinese astronomy to a leading position in the large scale observations of optical spectra, and in the research field of wide field astronomy. NASA launched Lunar Reconnaissance Orbiter and LCROSS satellite, and found water on the moon.

第二章 材料技术新进展

2.1 高性能镁合金的研发与应用新进展

韩恩厚　陈荣石　唐伟能

（中国科学院金属研究所）

镁（Mg）合金是目前实际应用中最轻的金属结构材料，已逐步应用于航空、航天、国防工业、电子与通信行业，在生物、储氢、超导和半导体等领域也显示出了诱人的应用前景。自20世纪90年代以来，镁及其合金的研究、开发与应用已成为世界金属材料领域的研发和应用的重点。经过数年的努力，我国在镁合金的基础理论研究、合金设计和应用技术开发等方面均已取得了一系列的重要新进展。本文简要介绍近年来国内外镁合金材料的研发和应用新进展。

一、镁合金国际前沿热点及新进展

1. 高性能铸造镁合金

国际上最常用的AZ91系列镁合金具有良好的铸造性能、耐蚀性能及较高的室温强度，但韧性不足；而较广泛使用的AM60/50系列镁合金的塑性虽好，但室温强度不足；高稀土含量的镁合金成本又过高。因此，发展低成本、高强、高韧性的铸

造镁合金成为进一步扩大铸造镁合金应用领域的重要方向。为了提高 AZ91 系列镁合金的塑性和强度，科研人员研究了合金元素锶（Sr）、稀土（RE）、锑（Sb）等对该合金的影响，研究结果不能令人十分满意。经过努力，我国和澳大利亚先后开发出一种力学性能更好的新型高铝高锌压铸镁合金[1,2]，这种合金具有良好的压铸性能，其铸件表面更易于进行电镀和氧化处理。这种镁合金更适合做对表面质量和力学性能要求较高的家电和汽车等的零部件。

传统镁合金的高温力学性能和抗蠕变性能不足。而汽车动力系统、航空航天的结构部件的工作环境温度可达到约 250℃，因此，开发耐热镁合金成为突破镁合金在这些关键核心部件上应用的一个重点和难点。近年来，欧洲（尤其是德国）开发出了以 Mg-Gd（镁－钆）为基础、添加钪（Sc）和锰（Mn）元素的新型高蠕变抗力镁合金，其使用温度可达 300℃[3]。此外，最近国际上对较镁稀土合金相对便宜的 Mg-Sn 基的合金产生了浓厚的兴趣。研究发现，添加钙（Ca）等第三类元素，可使该系列合金表现出优秀的抗蠕变能力[4]，这为开发出更廉价的抗蠕变耐热镁合金带来了新的希望。

2. 先进变形镁合金

镁合金的塑性成形相对困难，因此，开发新型的变形镁合金和高质量的变形镁合金产品，是满足工业需求的重要发展方向。在高强度变形镁合金领域，日本一直保持着领先位置。Kawamura 等[5,6]通过快凝镁合金粉末中温挤压获得一种 $Mg_{97}Zn_1Y_2$（at%）的纳米结构的块体材料。室温下其屈服强度高达 600 兆帕，并约有 5% 的伸长率（图 1）。该合金的精细结构是由尺度在 50～200 纳米之间的两类晶粒组成：一类晶粒为密排六方（hcp）结构的镁基固溶体；另一类有非常细小的 6H 型（ABCBCB）原子堆垛，是一种长周期的有序结构[7]。这一领域进一步的发展目标是在保持目前获得的高强度的同时，提高其塑性，降低制备成本，实现工业化生产。

镁合金的塑性变形能力明显低于铝合金。其热加工速度慢和室温塑性差造成的高生产成本，使其难以被市场广泛接受。因此，开发具有良好塑性加工性能的新型镁合金一直是变形镁合金的研发重点。目前，国际上的热点是研究稀土元素铱（Y）、钆（Gd）等在镁合金变形过程中对基面织构的弱化作用。在此基础上，国外开发出了塑性较高的低合金化的新型镁合金，如德国 GKSS 开发的轧制 ZEK 合金，室温塑性可达 40%[8]。

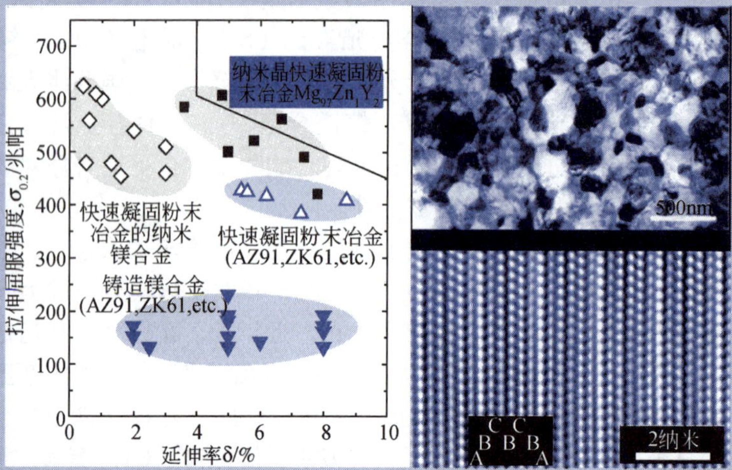

图 1　日本研发的具有优异力学性能的 $Mg_{97}Zn_1Y_2$ 纳米晶镁合金的力学性能（左图）及其纳米晶微观结构（右上图）和长周期 6H 结构（右下图）

3. 镁合金的腐蚀防护技术

目前改善镁合金耐蚀性的方法主要有三种[9]，表面处理技术是其中最有效的办法，它包括化学转化膜、阳极氧化、化学镀和电镀金属涂层。化学转化膜具有设备简单、投资少和处理成本低的优势，是最常用的镁合金表面处理方法。各国已开发出了多种用于镁合金防护的耐蚀性良好的磷酸盐无铬转化膜涂层，而早期开发的铬酸盐转化膜技术因为对人体有害已被禁止使用。目前镁合金微弧氧化技术越来越成熟，生成的陶瓷膜层具有综合性能优良、与基体结合牢固、对环境污染小等优点，已在工业上得到了一定的应用。化学镀和电镀具有阳极氧化和化学转化膜无法比拟的优势，如良好的电传导性和可焊性等，其防护作用在航天航空及军事等领域是其他材料无法替代的。而早期的镁合金化学镀镍工艺以 Dow 公司开发的传统浸锌镀氰铬法为代表，使用氰化物和六价铬等有毒物质，且工艺复杂繁琐，因而其应用受到了限制。

二、国内镁合金研究开发现状

我国镁合金的研究比发达国家起步晚。近年来，在各类镁合金项目资金的支持下，研究人员在镁合金材料基础和应用研究中取得了一些重要成果。

1. 高性能铸造镁合金

在锌和铝含量中等的范围内，我国开发出一种处于世界领先地位的低成本高强高韧 Mg-Al-Zn 系镁合金，它比 AZ91 合金具有更高的强度和延展性[1, 10]。通过变质处理、分级固溶和时效处理后，它具有更好的拉伸性能。例如，AZ64-0.1%Sb 的屈服强度在 160 兆帕左右，极限拉伸强度在 313 兆帕左右，伸长率达 6.7%（图 2）。采用该高强高韧镁合金试验制造的汽车轮毂（图 2），经国家级汽车行业评价中心检验，质量达到了国家汽车行业的检测标准。

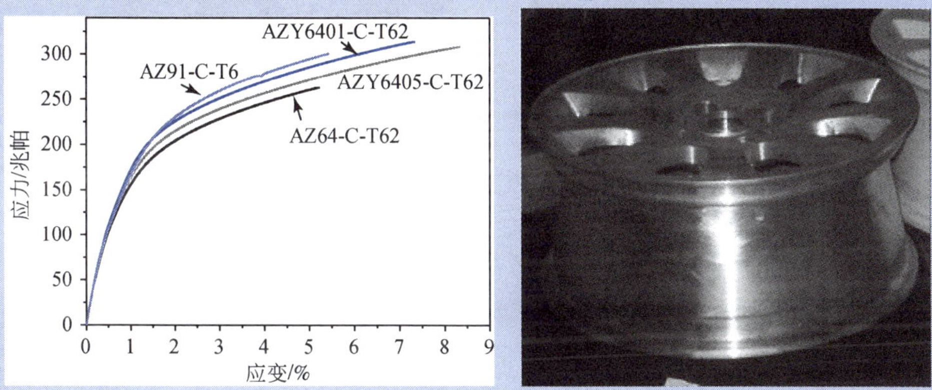

图 2 AZ64-Sb 合金与 AZ91 合金的拉伸性能和利用该系列合金开发的汽车轮毂

2. 高性能变形镁合金

我国已经开发出了一系列兼有高强、高铸造成形、高塑性成形性能和优秀的焊接性能的新型镁稀土合金。对 Mg-Y-Nd 合金蠕变行为的研究表明，当温度低于 300℃、应力≤100 兆帕时，它具有很好的抗蠕变能力，在 200℃下其稳态蠕变速率比商业 Mg-Zn-Ce 合金、AZ80 合金和 AM60 合金小三个数量级左右[11]。它们在汽车和航空航天工业将具有一定的应用前景。

在 ZK60 镁合金的基础上，通过添加适量稀土元素 Y，引入准周期排序结构准晶相（I 相），我国成功开发出了新型的高强韧性变形镁合金[12]。采用这种 I 相强化的 Mg-Zn-Y-Zr 合金，我国成功制造出大于 200 千克的大尺寸坯料，生产了航天用大型锻件和最终产品（图 3）。

为了获得更高强度的镁合金，我国开发出了变形 Mg-Gd-Y 合金，其室温抗拉强度超过 440 兆帕，弹性模量约为 45～46 吉帕，且具有很好的焊接性能和表面涂装性能[13]。

我国最近开发出一种高塑性、低各向异性、加工成型性能优异的 Mg-(1～2) Zn-1Gd 合金（ZG11、ZG21）[14]。该新型合金具有比国际上一直公认的变形合金 AZ31 更高的强度和伸长率（图 4），其轧制板材的最高伸长率可达 40% 左右，为国际最高水平。

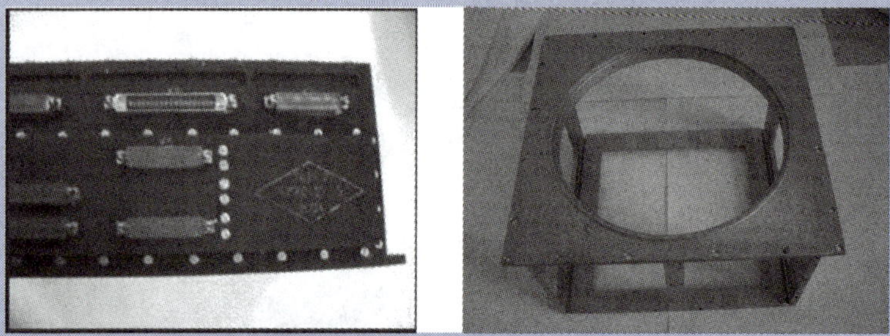

图 3　成功应用于航空航天领域的 I 相强化的镁合金电控箱产品和卫星使用器件

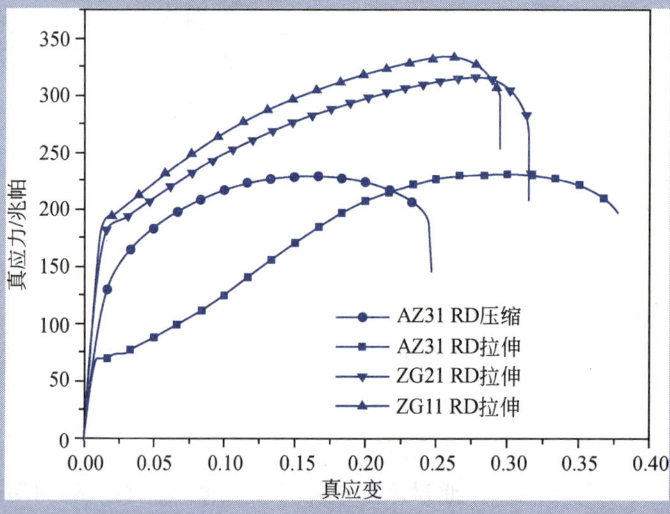

图 4　新型高塑性镁合金 Mg-(1～2) Zn-1Gd 与 AZ31 力学性能比较及该新型合金不同拉伸位向的力学曲线

3. 镁合金的表面处理技术

我国开发出了用于镁合金结构部件的锰系磷酸盐转化膜[15, 16]，该膜呈非晶态结构，与基体结合力强，在3.5% NaCl溶液中呈现出明显的钝化特性（图5），并具有自愈合功能。其耐蚀性优于传统的高锰酸盐、有机酸盐转化膜，与铬酸盐转化膜耐蚀性相当，已经通过美国和加拿大的应用评价，他们认为其耐蚀性处于国际上同类产品的最高水平。

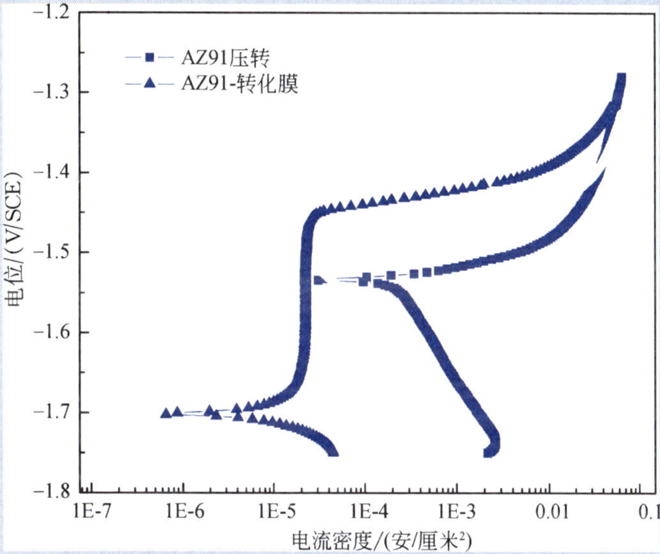

图5　锰系磷酸盐转化膜在3.5% NaCl溶液中的极化曲线

我国已开发出新型高耐蚀环保型的镁合金微弧氧化技术[17, 18]。采用该工艺氧化的AZ91HP镁合金具有很好的耐蚀性，经800小时的盐雾实验，试样表面几乎不产生腐蚀点。

针对直接化学镀镍工艺存在有毒物质的弊端和镀层防护能力有限等问题，我国开发出工艺简单、更环保的镁合金化学镀技术[19, 20]，镁合金经化学镀技术处理2小时后，其耐盐雾试验可达1000小时以上。目前这项技术已用于制造数百件在复杂苛刻条件下服役的航天工程的产品中。为适应腐蚀环境较严重的情况，科研人员在化学镀镍技术基础上，利用纳米粉改性技术得到了纳米复合镀层，再经化学复合镀2小时后，镁合金的耐盐雾试验可达2000小时以上[21]。为使镁合金能够在沿海及力学/化学交互作用等腐蚀环境更加苛刻的条件下使用，研究人员还开发出了由化学镀Ni-P

层、电镀 Ni 层及 Ni-P-ZrO_2（纳米）三种镀层组合而成的复合镀层技术[22]。该复合镀层技术充分考虑到三种镀层之间的电化学位差，采用这种技术生产的镁合金零部件产品具有镀层均匀、致密，各层之间结合力极好等特点，其耐盐雾实验大于 1000 小时。

三、中国未来研发镁合金材料与产品的几点建议

节约能源和资源、保护环境对人类社会的发展越来越重要。2009 年哥本哈根气候峰会的召开，让全世界对人类赖以生存的地球所面临的危险有了更清醒、更全面的认识。镁合金的应用可以降低能源的消耗，保护地球资源和环境。此外，原料资源丰富的镁合金可以替代原料日益枯竭的钢铁和铝合金材料。镁合金将得到更加广泛的应用。

我国的镁资源储量世界第一，原镁产量约占全世界的 80%，每年有大量原镁出口。然而，我国镁合金材料的开发和应用却起步较晚，且缺少深入、系统的研究。现有的镁合金存在强度较低、塑性变形能力较差、使用温度较低、耐腐蚀性较差等缺点；应用镁合金进行产品设计所需的系统的材料数据又不足。以上这些因素严重阻碍了镁合金在我国的推广和应用，使镁合金的实际工业应用远不及塑料、铝合金和钢铁。

为推动镁合金在我国的广泛应用，以及进一步提高我国镁合金材料的国际竞争力，使我国从出口原镁发展到出口具有高附加值的终极产品，我们提出如下建议。

第一，在以下几方面加大投入力度。

（1）开发熔体净化、晶粒细化、防氧化和阻燃等合金熔炼技术，以进一步稳定镁合金产品质量。

（2）开发新型特殊性能的铸造和变形镁合金系列，如高比强度或超高比强度的室温用镁合金、高耐热性、高耐腐蚀性的铸造镁合金和变形镁合金等。

（3）提高铸造成型技术水平，在新型高压铸造、低压铸造、砂型和熔模精密铸造、半固态成形技术等方面开展研究，开发能消除镁合金铸件铸造缺陷和提高力学性能及表面与内在质量的新工艺。

（4）加强镁合金塑性变形理论及应用研究，发展变形镁合金的相关理论，改善变形镁合金的加工性能，开发高效、低成本的成形加工新技术。

（5）努力开发完全绿色环保的镁合金表面处理技术。

（6）加强镁合金及其结构件服役寿命预测及可靠性设计的基础与应用研究。

第二，制定政策，推动镁合金的应用，近期可为节能减排做贡献，远期可解决材料资源枯竭的问题。应加强镁合金应用的设计开发能力，以最终应用为导向，努

力形成产品设计部门、材料研究和工艺部门以及生产企业有机结合的立体开发体系。

第三，加强镁合金系列化和镁标准体系建设，使我国从镁材料大国向镁材料强国转变。

参 考 文 献

[1] 马跃群，陈荣石，韩恩厚. 一种高强度高韧性铸造镁合金及其制备方法. 中国发明专利，专利号：ZL 2004 10020567. 1.

[2] Abbott T，Murray M，Dunlop G. AM-lite：a new magnesium diecasting alloy for decorative applications. Proceeding of Magnesium Technology，2006：481 ~ 485.

[3] Smola B，Mordike B L，et al. Structural aspects of high performance Mg alloys design. Mater Sci Eng. 2002，A324：113 ~ 117.

[4] Leil T A，Hort N，Kainer K U，et al. Microstructure，corrosion and creep investigations on MgSnCa alloys. Proceeding of 8th International Conference on Magnesium Alloys and their Applications (WILEY-VCH). 2009：52 ~ 61.

[5] Kawamura Y，Hayashi K，Inoue A，et al. Rapidly solidified power metallurgy $Mg_{97}Zn_1Y_2$ alloys with excellent tensile yield strengh above 600MPa. Materials Transaction，2001，42：1172 ~ 1178

[6] Inoue A，Kawamura Y，Matsushita M，et al. Novel hexagonal structure and ultrahigh strength of magnesium solid solution in the Mg-Zn-Y system. J Mater Res，2001，16：1894 ~ 1898.

[7] Abe E，Kawamura Y，Hayashi K，et al. Long-period ordered structure in a high-strength nanocrystalline Mg-1at% Zn-2at% Y alloy studied by atomic-resolution Z-contrast STEM. Acta Materialia，2002，50：3845 ~ 3856.

[8] Bohlen J，Nürberg M R，Senn J M，et al. The texture and anisotropy of magnesium-zinc-rare earth alloy sheets. Acta Materialia，2007，55：2101 ~ 2112.

[9] 宋光铃. 镁合金腐蚀与防护. 北京：化学工业出版社，2006.

[10] Ma Y Q，Chen R S，Han E H，Development of a high strength and high ductility magnesium alloy. Materials Science Forum，2005，(488) ~ (489)：265 ~ 268.

[11] 沙桂英，韩恩厚，于涛等. Mg-Y-Nd 合金的蠕变行为及其微观机制. 金属学报，2003，39 (10)：1025 ~ 1030.

[12] Chen R S，Tang W N，Xu D K，et al. Development of a high strength Mg-Zn-Y-Zr wrought alloy. Materials Science Forum，2007，(539) ~ (543)：1701 ~ 1706.

[13] Liu X B，Chen R S，Han E H. Effects of ageing treatment on microstructures and properties of Mg-Gd-Y-Zr alloys with and without Zn additions. Journal of Alloys and Compounds，2008，465：232 ~ 238.

[14] 闫宏，陈荣石，韩恩厚. 一种高塑性、低各向异性镁合金及其板材的热轧制工艺. 中国发明专利，申请号：200910011111. 1.

[15] 周婉秋，单大勇，韩恩厚等．镁合金无铬化学转化膜成膜溶液．中国发明专利，专利号：ZL 02 1 32772. 6.

[16] Zhou W Q, Shan D Y, Han E H, et al. Structure and formation mechanism of phosphate conversion coating on die-cast AZ91D magnesium alloy. Corrosion Science, 2008, 50: 329 ~ 337.

[17] 蒋百灵，张淑芬，吴国建等．镁合金微弧氧化陶瓷层显微缺陷与相组成及其耐蚀性．中国有色金属学报，2002，12（3）：454 ~ 457.

[18] Zhang R F, Shan D Y, Chen R S, et al. Effects of electric parameters on properties of anodic coatings formed on magnesium alloys. Materials Chemistry and Physics, 2008, 107: 356 ~ 363.

[19] 单大勇，周婉秋，韩恩厚等．镁合金上化学镀镍的方法．中国发明专利，专利号：ZL 02 1 44834. 5.

[20] Song Y W, Shan D Y, Han E H. High corrosion resistance of electroless composite plating coatings on AZ91D magnesium alloys. Electrochemica Acta, 2008, 53: 2135 ~ 2143.

[21] Song Y W, Shan D Y, Han E H. Study on electroless Ni-P-ZrO_2 composite coatings on AZ91D magnesium alloys. Surface Engineering, 2007, 23: 334 ~ 338.

[22] Song Y W, Shan D Y, Han E H. High corrosion resistance multilayer nickel coatings on AZ91D magnesium alloys. Surface Engineering, 2007, 23: 329 ~ 333.

R&D Progress on Magnesium Alloys

Han Enhou, Chen Rongshi, Tang Weineng
(Institute of Metal Research, CAS)

As the lightest structural metal material in the practical applications, magnesium alloys are attracting more and more interests of the transportation, electronics industry, etc. The significant progress has been made in the fields of fundamental theories, alloy composition design and industrial technologies due to the intensive research and development in the last decade. Magnesium has been used in the components of autos, aerospace, airplanes, electronics and so on. It is showing a promising application in biology, hydrogen storage, superconductivity and semiconductor. In contrast to rapid development of magnesium technologies and its applications, there are some problems which limited the wider application of magnesium alloys, including lower strength, poor deformability and poor corrosion resistance. The recent progress on the R&D activities and applications of magresium alloys in the world as well as in China has been briefly reviewed. The suggestions for next step are proposed.

2.2 新型陶瓷材料技术新进展

李龙士* 周 济
（清华大学材料科学与工程系）

新型陶瓷包括功能陶瓷和结构陶瓷两大类。功能陶瓷是具有特殊电、磁、光、热、化学或生物性质的陶瓷材料，主要包括铁电、压电、介电、半导、铁磁、导电和超导等陶瓷；结构陶瓷是具有高强度、高硬度、耐高温、抗蠕变、耐磨损、抗腐蚀等性能、可在极端条件下使用的陶瓷材料，主要包括氧化物、碳化物、氮化物陶瓷及其陶瓷基复合材料。目前，新型陶瓷材料已成为信息、能源、汽车、生物医学、航空航天、先进制造、军事、环境等高新技术领域的不可替代的重要材料基础。而其自身也已形成了一个产品种类繁多、市场规模巨大、高速增长的高技术产业。根据著名市场分析智库 Global Industry Analysts 的研究报告，到 2010 年，新型陶瓷产品的全球市场约为 482 亿美元[1]。

一、新型陶瓷材料的研究开发现状

由于新型陶瓷在许多尖端技术和国民经济各领域都具有战略意义，世界各国政府、产业界以及国防机构都投入大量的人力、物力和财力开展新型陶瓷的研发。从 2000 年起，美国先进陶瓷协会和美国能源部联合支持了为期 20 年的美国先进陶瓷发展计划，这个计划主要面向先进陶瓷工业界，旨在将基础研究、应用开发和产品使用几个环节有机地结合在一起，共同推动先进陶瓷材料的应用发展。目标是到 2020 年使先进陶瓷成为一种经济适用的首选材料，并广泛应用于工业制造业、能源、航天、交通、军事以及普通消费品等领域。此外，美国国家科学基金委员会、国防部、国家航空航天局、国家标准局，以及一些国家实验室等机构近年来对新型陶瓷材料也给予了重点支持，主要支持领域包括先进结构陶瓷、陶瓷能源材料、基于低温共烧陶瓷的无源集成技术、激光陶瓷和纳米陶瓷等。作为新型陶瓷强国，日

* 中国工程院院士。

本近年来一直将新型陶瓷看做是决定未来竞争力前途的高科技产业，不遗余力地加大投资力度，其生产的民用新型陶瓷产品，特别是陶瓷电子元件产品在相当长的时间里一直占据国际市场的主要份额。近年来，欧盟各国通过欧盟框架计划和各国的研究开发计划，在功能陶瓷与高温结构陶瓷两方面不断加大投资力度，已取得一些重要的研究成果，并在陶瓷燃料电池等领域居国际领先地位。

我国在新型陶瓷材料的研究方面有很好的研究基础。近年来，国家“863”计划、“973”计划、国家自然科学基金重大、重点项目等国家重要科研计划对新型陶瓷及其相关元器件技术的研究与开发给予了持续的支持。清华大学“新型陶瓷与精细工艺国家重点实验室”和中国科学院上海硅酸盐研究所“高性能陶瓷与微细结构国家重点实验室”等一批国家级先进陶瓷科研基地在国家的重点支持下，在电子陶瓷材料和高性能结构材料等领域取得一系列有影响的科研成果，在国际上占有重要地位。同时，通过产学研结合，加速研究成果的转化，提升了企业自主创新能力，有力地推动了我国新型陶瓷及其相关产业的发展[2,3]。

二、新型陶瓷材料的发展趋势

当代高新技术的迅猛发展对新型陶瓷材料性能及制备技术不断地提出新的要求，构成了新型陶瓷发展的主要驱动力，也决定了新型陶瓷的发展方向和趋势。

当代信息、能源、环境、航空航天以及军工等技术的发展对功能陶瓷材料提出了一系列新的挑战。随着电子信息产品进一步向微型化、薄层化、集成化、多功能化、高可靠和宽带化的方向发展，功能陶瓷元器件的多层化、多层元件片式化、片式元件集成化和多功能化成为发展的主流。为了满足这些器件要求的功能陶瓷的细晶化、电磁特性的高频化、低温共烧陶瓷技术等将成为发展新一代片式电子元器件的关键技术，因此新材料的研究与开发日益为人们所重视。在能源材料方面，新能源技术的进一步发展有赖于功能陶瓷材料及其制备技术的突破；在环保技术、仪器仪表、自动控制等领域，种类繁多、功能各异的传感器要求有更多、更高性能新型敏感陶瓷材料的出现。

结构陶瓷方面，近年来航天、航空、兵器、能源、激光、机械、汽车、冶金、化工等技术的发展，向材料在极端条件下的服役性能提出了越来越苛刻的要求。超高温、超低温、超大热流、超高压、超高腐蚀、超高辐射等极端条件已成为先进陶瓷必须面对的“常态”服役条件。新一代结构陶瓷材料不仅要具有优异的结构与力学性能，还必须在不损失材料力学性能的前提下能充分发挥其功能特性（如透/阻波、光学透明等），实现结构－功能一体化。

此外，新型陶瓷材料近年来也越来越多地进入生物医学领域，并受到广泛关注。生物陶瓷的发展趋势是具有更好的亲水性、可与细胞等生物组织表现出更好的亲和性等特点。作为生物硬组织的代用材料，生物惰性陶瓷的发展趋势是高化学性能稳定性和高生物相容性；而生物活性陶瓷材料的发展方向是通过表面修饰和多孔结构，实现与生物组织的完全结合，甚至被吸收并诱发新生骨的生长。

三、国内外新型陶瓷若干重要研究新进展

近年来国内外新型陶瓷材料的一些重要进展有以下几方面。

1. 高性能铁电陶瓷

铁电陶瓷在外场作用下呈现出的高介电常数、低介质损耗及优异的频率响应特性使其成为高比容电容器的最佳介质材料。多层陶瓷电容器（MLCC）是电子信息产品中最大的一类无源电子元件，全球市场容量每年超过 1 万亿只。近年来，国际上在该领域的主要进展是通过抗还原铁电陶瓷的使用，成功地实现了镍（Ni）电极替代贵金属内电极，大大降低了元件的成本并提高了其可靠性；我国则在无压烧结纳米/亚微米晶铁电陶瓷方面开展了系统的研究工作，取得了具有国际影响的重要成果[4]，推动了我国薄型化、内电极贱金属化、高性能 MLCC 产业的发展。

2. 压电陶瓷

压电陶瓷作为一种重要的换能材料，以其优良的机电耦合性能在电子信息、机电换能、自动控制、微机电系统以及生物医学仪器中得到广泛应用。为适应这些应用领域的需求，压电器件正向片式化、多层化和微型化方向发展。近年来，多层压电变压器、多层压电驱动器、片式化压电频率器件等一些新型压电器件不断研制成功，并广泛应用于电子信息等高技术领域。在新型材料方面，国内外无铅压电陶瓷的研制都已取得了较大的突破［压电常数 d_{33} 达到 400（皮·库）/牛以上］，未来有可能使无铅压电陶瓷在许多领域替代传统 PZT① 基含铅压电陶瓷，以推动绿色电子产品的升级换代。

3. 微波介质陶瓷

移动通信、空间技术、雷达、卫星通信和 GPS 等技术的发展导致了微波介质陶

① P 是铅元素 Pb 的缩写，Z 是锆元素 Zr 的缩写，T 是钛元素 Ti 的缩写。

瓷技术的突破。日本、美国等国家在微波介质陶瓷的系列化和新功能（捷变性、非线性）等方面取得一些突破，微波谐振器、滤波器、天线等微波介质器件等已开始走向片式化。我国系统研究了微波介质陶瓷新型材料体系与器件化关键技术研制成功了具有自主知识产权的系列化高性能微波介质陶瓷材料[5]，为发展具有我国自主知识产权的北斗定位导航系统的微波器件提供了关键材料。

4. 低温共烧陶瓷电磁介质

近年来，由于无源元件集成化的强大市场需求，低温共烧陶瓷技术（LTCC）的研发取得了重要突破，庞大数量的无源电子元件整合于同一基板内的梦想成为可能。我国在低温共烧陶瓷电磁介质方面取得了一系列重要突破，开发出了兼具优良工艺特性和物理特性的低介电常数 LTCC 介质材料系列和高性能低温烧结铁氧体材料[6]，并推动了国内片式电子元件及无源集成技术的发展，为移动通信、无线互联网、国防军工、汽车电子等产业的发展提供了核心元器件。

5. 多铁性陶瓷

多铁性材料是近年来备受关注的重要功能材料。这类材料表现出的铁电铁磁效应、磁电效应、巨介电与电子铁电性以及磁介电效应等独特的功能，使其具有十分重要的应用前景。世界上近年来出现的科研成果有：一大批新的铁电磁体物质的发现，磁电复合材料的开发，以及磁介电效应、巨介电效应和电子铁电体的发现。我国在复合型多铁性材料方面开展了有特色的基础研究，开发了铁电 - 铁磁块体复合材料和铁电 - 铁磁多功能复合陶瓷薄膜，并在基于磁电耦合的高灵敏的传感器的开发上取得了引人注目的研究成果[7]。

6. 高性能结构陶瓷

近年来，结构陶瓷材料一方面向高强度、耐高温、高韧性等方向发展，以满足航空航天和军用技术的要求，另一方面也向民用技术领域拓展。在民用技术领域，采用先进陶瓷切削刀具，可大幅度提高工效，节约能源，降低切削加工费用；利用陶瓷涂层，可提高发动机金属部件的耐高温性能，提高燃油的燃烧效率，降低能源消耗和有害气体的排放。新型粉体技术、成型技术、复合技术、烧结技术等的应用使结构陶瓷材料的性能大幅度提高。近年来发展起来的新型层状碳化物和氮化物陶瓷除具有高强、高韧、耐高温等特点外，还具有可加工、导电等新的性能，具有广阔的应用前景。

7. 透明陶瓷

透明陶瓷作为新一代高功率激光器介质，具有陶瓷的高强度、高硬度、耐腐蚀、耐高温等优点，工艺简单，且成本低，易实现批量化生产，可实现高掺杂浓度，是近年来发展较快的一类新型陶瓷材料。目前陶瓷激光器输出性能已与单晶具有可比性。近年来，我国在多种透明陶瓷的制备、表征及其应用等方面，已取得若干重大突破，如制备的 Nd: YAG 激光陶瓷已成功实现激光运转，尖晶石透明陶瓷等已应用于国防[8]。

8. 生物陶瓷材料

目前以羟基磷灰石陶瓷为代表的生物陶瓷已广泛应用于临床。近年来生物陶瓷材料又有了新的发展。磷酸三钙等可生物降解陶瓷能在体内逐步降解并随之被新骨替换。羟基磷灰石涂层可用作人工关节和牙种植体表面的生物活性涂层。

9. 能源技术陶瓷

新型陶瓷材料在固态氧化物燃料电池、锂离子电池、太阳能电池、钠硫电池中具有广阔的应用前景。此外，新型陶瓷材料在光电转换、热电转换、储能、核能以及风能技术中也有重要应用。

10. 新型陶瓷在环境技术领域的应用

近年来，新型陶瓷材料在环境技术领域中的应用范围迅速扩大。利用光催化陶瓷分解空气及水中 NO_x 和 SO_x 废气、氧化物、有机磷等有机污染物的方法，具有广谱抗菌，除臭，不产生二次污染，可重复利用等特点。此外，陶瓷催化材料在机动车尾气净化领域已实现产业化。

四、我国新型陶瓷材料技术与相关产业的前景及建议

我国在新型陶瓷方面有很好的研究基础和广阔的市场。未来若干年，随着信息技术、能源技术、航空航天、汽车工业以及国防军工等重大产业的发展，对新型陶瓷的产量、种类和性能的需求将迅速增长。值得注意的是，电子元器件的快速升级换代将对功能陶瓷介质的电磁性能、显微结构和制备工艺提出更为苛刻的要求；航空航天和国防军工等领域对结构陶瓷性能的要求也将越来越高。因此，作为若干国家重大产业核心材料的新型陶瓷材料的研究、开发及生产将在我国的经济和社会发

展中占有重要的战略地位。

为加速我国新型陶瓷材料的研究及其产业化，应当采取以下的重要措施。

（1）围绕国家重大产业的迫切需求，优先发展与电子信息、新能源等产业直接相关的功能陶瓷材料、元件、模块及相关技术。

（2）通过开展关键新材料的研制为相关产业提供核心技术；明确目标导向，大力开展航空、航天、军用新一代结构陶瓷材料的研发。

（3）增加国家重大研究开发计划中新型陶瓷的支持强度，加强新型陶瓷国家重点实验室等研究基地的建设。

（4）加强“产学研”结合，推动研究成果向企业转化，提升企业自主创新能力。

（5）加强新型陶瓷领域的基础研究，充分发挥科研的创新源头作用，努力创造出一批原创性成果，以占据新型陶瓷材料高新技术的若干制高点。

（6）加强创新型人才的培养。

参 考 文 献

[1] Global Industry Analysts Inc. Advanced Ceramics: A Global Strategic Bussness Report. http://www.strategyr.com/MCP-1001.asp. 2009.

[2] 国家自然科学基金委员会工程与材料科学部．学科发展战略研究报告（2006～2010）：无机非金属材料科学．北京：科学出版社，2006.

[3] 中国科学院先进材料领域战略研究组．中国至2050年先进材料科技发展路线图．北京：科学出版社，2009.

[4] Wang X H, Deng X Y, Zhou H, et al. Bulk dense nanocrystalline $BaTiO_3$ ceramics prepared by novel pressureless two-step sintering method. Journal of Electroceramics, 2008, 21 (1～4): 230～233.

[5] Zhao F, Yue Z X, Pei J, et al. Dielectric abnormities in $BaTi_{0.9}(Ni_{1/2}W_{1/2})_{0.1}O_3$ giant dielectric constant ceramics. Applied Physics Letters, 2007, 91 (5): No. 052903.

[6] Wang R, Zhou J, Zhao H J, et al. Oxyfluoride glass-silica ceramic composite for low temperature co-fired ceramics. Journal of the European Ceramic Society, 2008, 28 (15): 2877～2881.

[7] Nan C W, Bichurin M I, Dong S X, et al. Multiferroic magnetoelectric composites: Historical perspective, status, and future directions. Journal of Applied Physics, 2008. 103 (3): No. 031101.

[8] Jiang D L. Transparent Ceramics: One of the most important field of research and development of inorganic materials. Journal of Inorganic Materials, 2009, 24 (5): 873～881.

Recent Progress in New Ceramics Technology

Li Longtu, Zhou Ji
(Department of Materials Science & Engineering, Tsinghua University)

New ceramics is a large kind of advanced materials for high-technology. It is playing an important role in information technology, new energy, biotechnology, aeronautics and space technology, advanced manufacture, defense, and environmental technology, etc. New ceramics are paid much attention by both governments and industries in the world. Many progress in R&D of new ceramics has been made in recent years. In this report, the present situation and tendency of the science, technology and industrization of new ceramics is briefly reviewed; some significant progress in this area, such as high performance ferroelectric ceramics, piezoelectric ceramics, microwave dielectric ceramics, low-temperature cofired ceramics (LTCC), multiferroic ceramics, structure ceramics, and transparent ceramics, etc., is introduced; and suggestions for the development of new ceramic technology are proposed.

2.3　先进高分子材料研究新进展

杨振忠
（中国科学院化学研究所）

高分子材料已经在从人们的日常生活到尖端科技等各个方面发挥了重要作用。随着社会的快速发展，人类健康、信息、环境与能源、水安全等方面存在的问题引起了人们极大的关注。先进高分子材料在这些方面将发挥越来越重要作用。本文将分别介绍先进高分子材料的研究现状和发展趋势，并就该技术的发展提出相关的建议。

一、研究现状

1. 水处理膜材料

目前，中国可实际利用的全部淡水资源量为11 000亿米^3，人均可利用水资源量仅为900米^3，超过国际公认的严重缺水警戒线。实现水资源的再生和持续利用对于经济社会的可持续发展至关重要。采用高分子膜技术对工业废水和生活用水进行再生处理具有节能、操作简便、处理效率高、成本低等优点。根据不同的需求，水处理膜技术可分为：微滤、超滤、纳滤、反渗透。

（1）对于工业废水常采用超滤方法进行处理。有机超滤膜材料主要有纤维素类、聚砜类、聚丙烯酰胺类、聚偏氟乙烯类。研究热点集中于耐热、提高水通量和抗污染等方面。目前应用最广泛的材料是双酚A型聚砜，这类材料可以在100℃～150℃环境中长期使用，且可采用化学改性的方法，改善其抗污染性和水通量。例如，引入羟基、羰基或羧基后，水通量能提高近30%。

（2）海水淡化主要采用反渗透技术，该技术能耗低（约2.2千瓦时/吨纯水），占据市场50%以上[1]。目前广泛使用的反渗透膜材料是芳香聚酰胺和醋酸纤维素，膜组件主要采用薄层、复合结构，如全芳香聚酰胺管式或卷式膜，以及仍处于实验室研制阶段的中空纤维分离膜。

（3）悬浮物分离、制药行业的无菌过滤主要采用微滤，这种技术无需对过滤物进行预处理，可以直接处理具有高悬浮固体浓度的原水，去除细菌和病毒。

（4）纳滤最大的特点是具有荷电性，对无机盐有一定的截留率，其中对一价离子的截留率较低（50%～70%），对二价及多价离子的截留率则较高。因此，纳滤既能有效地脱除水中的有害物质，又能在一定程度上保留水中对人体有益的金属离子，在饮用水处理方面具有很高的应用价值。

在工业领域，陶氏化学公司在世界市场上占有最大份额。在国内，最大的水处理工程企业蓝星集团与日本东丽集团进行合作，已经在中国建立水处理膜生产基地，预计2010年4月投产，其生产规模将列中国第一。

2. 有机太阳能电池

与半导体电池和硅太阳能电池相比，有机太阳能电池是一类基于有机材料的光电转换器件，仅采用少量的有机化合物材料。它不涉及晶体硅的制备，不包含化合物半导体电池中镓、砷、硒等稀有材料，因此有望克服光伏发电技术通常遇到的高成本问题，已引起广泛关注。这类电池具有柔性、轻质、半透明的特质，为拓展其应用领域奠定了良好的基础。有机太阳能电池采用共轭高聚物和盘状液晶大分子以及一些具有自组装能力的小分子作为电子给体材料；其受体材料多采用具有出色电荷传输能力的富勒烯或在吸收光子方面具有突出表现的染料苝类材料。效率最高的柔性太阳能电池采用聚噻吩为给体材料，富勒烯衍生物如基于C_{60}或C_{70}的苯基丁酸甲酯（PCBM）为受体材料。在此类电池的基础上，Heeger教授研究组于2007年开发叠层电池，将吸收光谱互补的两个电池叠加，串联在一个电极基板上，效率可达到6.5%[2]。该方法采用溶液成膜工艺，易于量化制备，具有极大的应用前景。

美国Konarka Technologies是柔性太阳能电池的领军企业，已经量产厚度仅为100微米的有机薄膜太阳能电池Power Plastic，在2009年2月日本举行的第二届国际太阳能电池展上展出了利用卷对卷方式制造的有机太阳能电池模块，以及利用柔性特点封装于皮包中或作为电子纸的电源加以利用的试制品。电子行业的巨头英特尔公司也于2008年6月成立了生产有机薄膜太阳能电池的公司SpectraWatt，其首席执行官（CEO）威尔森表示，“每一家电子或半导体公司都在设法涉足太阳能”。

3. 建筑节能材料

（1）节能保温发泡材料。建筑节能成为当前经济和社会发展的一项极为紧迫的任务。传统的建筑保温材料主要是发泡材料，在保持发泡倍率不变的条件下，发泡材料的泡孔尺寸越小，材料的导热系数越低。气凝胶的发展使泡孔尺寸达到纳米级，使发泡材料的隔热性能得到极大提高，其导热系数可达到静止空气的导热系数的10%以下。美国国家航空航天局（NASA）Ames研究中心开发出硅酸铝耐火纤维复合气凝胶，并用于制造美国航天飞机的隔热瓦；德国BASF公司也开发了含有硅、铝和硼的烧结陶瓷纳米孔材料。

（2）相变储能材料。始于20世纪70年代的相变材料研究彻底改变了节能保温的方式，相变材料指物质发生相变时能够吸收或放出热量而该物质本身温度不变或变化不大的一种材料。目前相变材料的研究主要集中在以下几个方面。

1）相变材料的筛选、调节和热物性质研究。美国的DOW公司曾经对2万余种相变材料进行了筛选，确定了无机和有机相变材料两大类。

2）相变微胶囊研究。为解决固－液相变材料的液相流动性，发展了多种技术，如相变材料封装技术、多孔介质吸附定型化技术等。最有效的解决方法是相变材料的微胶囊化，即通过在相变材料表面包覆一层性能稳定的高分子膜而构成的具有核壳结构的复合相变材料。目前已经合成了多种形式的相变微胶囊，但由于微胶囊成本高，其应用和市场化受到限制。

3）相变材料的应用性研究。相变材料的应用性研究主要集中在与发泡材料、石膏、砂浆等材料的复合方面。储能控温建筑材料显示了非常明显的节能效果，例如，美国Wisconsin州的Madison（北纬43°）采用相变储能建材的120米^{2}的样板建筑物，每年降低能耗为15%；德国BASF公司已经使用相变材料建设了两栋办公楼，正在向工业化、实用化逼近[3]。我国的研究还处于起步阶段，清华大学在环境系的办公楼采用了封装有相变材料的地板。

4. 组织过程材料和药物控制释放载体

医用高分子材料已有40多年的研究历史，在很多方面已经获得了临床应用。组织工程支架材料（如骨、软骨、血管、神经和皮肤的修复材料，和肝、脾、肾、膀胱等的支架材料等）所采用的高分子的种类十分广泛，包含了天然高分子（如透明质酸、壳聚糖、纤维素）、合成可降解高分子［如聚乳酸（PLA），乳酸羟基乙酸共聚物（PLGA），聚已内酯（PCL）等］和其他非降解合成高分子（如聚偏氟乙烯、尼龙、涤纶等）。高分子药物控制释放体系主要由生物相容性高分子或可降解高分子合成的微胶囊、微粒、纳米颗粒、两亲聚合物组装结构以及可植入材料等组成。它们具有承载容量大、安全性能高的特点，可以简化给药方式，大大降低药物的毒副作用[4]。

与发达国家相比，我国在生物医学高分子研究方面起步较晚，但近十几年来随着人们对这一领域的重视，国内也有一批研究小组取得了令人瞩目的成果。在组织工程方面，早在1980年，中国科学院化学研究所就开展了聚内酯类医用生物降解高分子的研究，开发了我国第一个具有自主知识产权并被批准进入临床试验的可植入药物载体。在药物载体方面，中国科学院、武汉大学、复旦大学、南开大学等均较早开展了此项研究。近年来，中国科学院化学研究所紧密结合化学与生物技术，开展了多层次组分结构研究，计划通过模拟病毒和细胞外基质等生物物质的本体结构和表面性质，实现药物靶向识别与高效输送。

二、发展趋势

1. 用于水处理的高分子膜材料

采用膜分离方法进行水处理已经得到了广泛的应用，然而随着水资源的日益紧缺、环境标准的不断提高以及物质分离纯化和高效低成本的要求的提出，膜技术面临着巨大的挑战。其发展目前主要集中在技术集成和开发高性能膜组件两方面。在水处理过程中，各种膜分离技术各有优缺点，为达到合格水质标准，应实行多种技术的组合，如以国产超滤膜加反渗透为代表的双膜法，已经得到广泛应用。膜处理技术与其他处理工艺相结合也是研究热点之一。最近提出的将生物技术与膜分离方法联用的思路，可集成多种分离方法，有望把工农业废水以及含化学物质的污水经分离和杀菌直接获得饮用水[5]。开发高性能膜组件，系统研究膜组件在应用中的操作规范，是提高膜分离方法的处理能力的重要技术保障。

2. 有机太阳能电池

（1）设计新型给体材料。开发窄带宽材料，拓展材料在近红外波段的吸收，能够极大地提高入射光子的吸收效率。近来美国加州大学采用窄带宽共轭高聚物制备本体异质结电池，效率达到6.6%，刷新了单层有机太阳能电池的纪录[6]。此外，进行分子设计时还应考虑到：吸收入射光所形成的激子能够使电荷快速发生分离，减少界面上的能量损失；给/受体材料的能级需要满足一定的条件，应尽量降低最高占据分子轨道（HOMO）和提高受体材料的最低未占分子轨道（LUMO）；较高的电荷迁移速率，如具有 π-π^* 共轭或立构规整性。

（2）调控活性层形貌。通过在本体异质结内建立给、受体材料的双连续通道，可实现正、负电荷在通道内的快速传输；由于激子的扩散距离通常为几个纳米至几十纳米，所以只有当相分离尺寸在同一数量级，才能有效避免电荷复合。理想的薄膜形貌可以描述为在纳米尺度上的双连续结构。为此，应从涂膜溶剂的选择、薄膜后处理、添加剂等方面对薄膜形貌进行调控，以达到优化电池效率的目的。

（3）器件结构优化。传统电池的结构具有先天缺陷。聚（3，4-乙撑二氧噻吩）：聚苯乙烯磺酸盐（PEDOT: PSS）容易破坏有机层和氧化铟锡（ITO），引起金属铟向聚合物薄膜扩散，导致性能衰退；低功函金属容易被氧化，导致电阻增大。器件结构优化是有机太阳能电池的重要研究方向。例如，通过反转结构，用碳酸铯（Cs_2CO_3）将ITO改性，降低功函，作为阴极；阳极则采用功函较高、不宜被氧化的过渡金属氧化物如五氧化二钒（V_2O_5）、氧化钼（MoO_3），目前效率可达到4.2%。提高这类电池的效率方法之一是降低电阻，如将 Cs_2CO_3 电极在150°C退火处理转化为过氧化铯（Cs_2O_2）掺杂的氧化铯（Cs_2O）。

3. 建筑节能材料

（1）从相变微胶囊向高性能微胶囊转变。目前的研究主要集中在微胶囊包覆技术方面。现有的微胶囊壳层种类有限，因而需要发展微胶囊壳层功能化技术以解决微胶囊与基底材料的相容性问题。目前研究最多、最接近应用的微胶囊以有机物为主，热导率低［约0.1～0.4 瓦/(米·开尔文)］。为了发挥调控温度的作用，必须能够与环境及时交换热量，因而需要发展高导热系数微胶囊以调控与环境的热交换。

（2）从单纯隔热保温材料向储能/隔热保温复合材料转变。由于相变材料的储能作用只有在相对封闭的空间内才能够显示出显著的节能效果，因此它并不能完全替代发泡材料对建筑物与外环境的隔热作用。结合两者的优势，研究相变材料与发泡材料（特别是纳米泡沫）的复合技术，发展高性能的储能/泡沫隔热于一体的节能保温材料将是重要发展趋势。

（3）加强实际应用的研究。对于相变材料，其实际应用性能的研究十分缺乏，严重限制了其推广应用。应该开展以下的研究工作。

1）工程实用性研究。制备多种形式的相变材料或相变复合材料产品或建筑模块，在模拟的环境下测量相变墙体的有关热工参数，计算相变墙体的储/放热容量和速率，以此确定不同相变墙体的动态保温性能，并结合经济比较分析，确定最佳的相变材料含量和相变温度，为实际应用提供数据。

2）建立分析相变建筑构件性能的物理模型，在建筑热过程模拟程序中添加考虑相变储能建筑结构的模块，使相变建筑构件使用效果的计算具有通用性和可比性。尽管国外如 BASF 公司进行了一些研究，但是节能保温效能的分析研究结果一般未公开发布。我国还没有进行相关研究，因而应尽快开展应用研究，形成基础研究走向市场开发，市场发展促进基础研究的良性循环。

4. 生物医用高分子材料

（1）从天然高分子到合成高分子。生物降解型高分子根据来源可分为天然高分子和合成高分子。天然高分子虽然在安全性上具有突出的优点，但受其种类所限，人们必须大力开展可生物降解型高分子材料的设计与合成研究。此外，环境响应性高分子也是一类值得重点关注的医用材料。利用具有环境响应性的高分子，可以制备具有“靶向”释放和“智能”释放性能的药物载体。这些载体能够根据生命节律调节药物释放，以最大限度地发挥药物效能及降低毒副作用。

（2）从注重高分子本身的结构与性能到注重高分子材料的超分子结构与性能。高分子通过自组装或与其他物质复合能形成结构丰富的超分子结构。在生物医用材料方面，人们已经开始重视利用高分子链结构、分子内和分子间独特的相互作用和凝聚缠结特性等，构造具有多种形貌（球型、棒状、椭球等）和内部结构（均质、中空、多腔室、核/壳等）的高分子/药物多层次复合结构，这为系统研究医用高分子材料的超分子结构与其性能关系建立了模型基础[7]。

（3）从单一功能材料到多功能材料。目前大多数药物载体的特异性差、控制释放能力弱，需要发展多功能载体。组织工程也须根据不同组织、不同应用环境来设计材料。此外，还有载体的免疫原性以及长效安全性问题。因此，无论对于药物载体还是组织支架材料，今后的研究将会着眼于通过对材料结构的精确控制和多重复合，引入多种功能物质，使材料在作用过程中的各个阶段都具有较好的生物相容性和功能性。

三、展望与建议

根据以上的介绍和我国的实际情况，我们提出如下发展先进高分子材料的建议。

（1）注重纳米科学在高分子功能材料中的应用。我国纳米领域的研究与国际的差距不大，应将高分子科学与材料，纳米科学与材料，多相多组分材料的多层次结构调控，用于复合功能高分子材料的设计合成作为研究重点。

（2）注重多学科交叉。对于先进高分子材料领域的工作，只有综合多方面力量，密切展开跨学科多领域的合作，利用优势互补，才有可能使我国在这方面的研究和应用取得突破，为保护环境、节约能源和探索治疗威胁人类健康重大疾病的有效方法提供新途径。

（3）基础研究与应用研究并重。先进高分子材料研究的最终目的是将高分子材料推向市场，服务于社会，因此既要加深其关键基础科学问题的研究，同时也要着手材料的规模制备以及解决实际应用所面临的诸多问题，使实验室的成果能够成功转入市场。对于一些具有重大社会经济意义但尚处于萌芽时期的产业，应给予前瞻性的关注，积极开展产学研合作，并加大推广力度，推动拥有自主知识产权技术的产业化进程。

参 考 文 献

[1] Zhou Y, Tol R S J. Evaluating the costs of desalination and water transport. Wat Resour Res, 2005, 41 (W03003): 1 ~ 10.

[2] Kim J Y, Lee K, Coates N E, et al. Efficient tandem polymer solar cells fabricated by all-solution processing. Science, 2007, 317: 222 ~ 225.

[3] Velraj R, Seeniraj R V, Hafner B. Heat transfer enhancement in a latent heat storage system. Solar Energy, 1999, 65: 171 ~ 180.

[4] Uchegbu I F, Schatzlein A G. Polymer in Drug Delivery. London: Taylor & Francis Group, 2006: 1 ~ 5.

[5] Shannon M A, Bohn P W, Elimelech M, et al. Science and technology for water purification in the coming decades. Nature, 2008, 452: 301 ~ 310.

[6] Hou J, Chen H, Zhang S, et al. Synthesis of a low band gap polymer and its application in highly efficient polymer solar cells. J Am Chem Sci, 2009, 131: 15586 ~ 15587.

[7] Mitragotri S, Lahann J, Physical approaches to biomaterial design. Nat Mater, 2009, 8: 15 ~ 23.

Recent Progress in Advanced Polymeric Materials

Yang Zhenzhong
(Institute of Chemistry, CAS)

Within the recent century, polymeric materials have been extremely exploited in various fields from daily life to high technical industry, and the process has been made by continuous efforts in fundamental scientific research and industrial development. In the 21st century, while people are facing the most serious problems ever met in environmental deterioration, energy shortage as well as the increasing health concern, opportunities with challenges are brought to the polymer scientists and engineers in both fundamental research units and industry for developing new and clean materials with advanced properties. The polymers having potentials in the applications of water treatment, green energy storage and clinical cure have been especially focused.

In this mini review, the following fields are summarized: the current state-of-art in research and the progressive tendencies of advanced polymeric materials, especally water purification membrane, organic solar cell devices, phase-change material based energy saving hybrids and biocompatible polymers for drug delivery and tissue engineering.

2.4 复合材料技术新进展

黄伯云* 张福勤 卢安贤
(中南大学)

复合材料是由颗粒、晶片、晶须、纤维或功能性组分与金属、无机非金属、有机高分子等基体通过专门的成型工艺和制造方法组合而成的高性能材料。通过复合，可以大幅度提高材料的机械性能（如强度、韧性、硬度等），也可实现材料组元性能间的互补或“剪裁”（如减重、热膨胀系数、热导率、电阻率、介电性能的调节等），还可赋予材料新的功能或实现功能的转换（如调光、调热、传感及热－电、

* 中国工程院院士。

压-电、磁-热、磁-光性能间的转换等）。复合材料已被广泛应用于航天、航空、海防、交通、能源、电子、信息、环保、生物、医学、化工和机械等领域，在未来国际竞争中将发挥越来越关键的作用。复合材料按其基体化学组成的不同可分为金属基、无机非金属基和有机高分子基复合材料三大类，按工程应用可分为结构复合材料和功能复合材料两大类。本文将简要介绍近年来金属基复合材料、陶瓷基复合材料、树脂基复合材料和碳碳复合材料的国内外研发、应用现状和发展趋势。

一、复合材料领域的国际前沿热点及进展

1. 金属基复合材料

硬质工具是金属基复合材料最先得到应用的领域，这种由硬质陶瓷颗粒与金属黏结复合而成的硬质合金材料的问世引发了切削加工技术的革命。近年来，国际上各种新型结构的硬质工具材料不断涌现。例如，多层陶瓷涂层硬质合金使硬质合金刀具切削速度和寿命提高近10倍；高硬高强亚微米晶硬质合金用于微型钻具和铣削刀具，可提高加工精度和效率4~5倍；梯度结构硬质合金使钻探工具寿命延长近2倍；高韧性超粗晶粒硬质合金作为模具材料，极大地提高了模具的精度和寿命，使模具设计、制造和应用产生根本性变革。硬质工具材料的发展有力推动了材料切削加工和塑性成形、资源开采、工程建设与建筑等众多领域的技术进步，成为各国制造技术和装备工业竞争的制高点。

金属基复合材料结构件在航天、航空[1]、兵器、机器人、核反应堆等高技术领域都已获得惊人的发展。例如，挤压态碳化硅颗粒增强变形铝合金基复合材料成功用于波音777的PW4000系发动机上，碳化硅纤维增强钛金属复合材料用于波音787飞机推力连杆，碳化硅晶须增强的铝基复合材料薄板用于先进战斗机的蒙皮和机尾加强筋，钨纤维增强高温合金基复合材料用于飞机发动机部件，石墨/铝和石墨/镁复合材料用于卫星天线骨架和波导管，美国Excera材料集团新开发研制的陶瓷/金属复合材料已用于生产防弹装甲板。这些都说明，发达国家对这些材料开展的应用研究已相当成熟。

2. 陶瓷基复合材料

在陶瓷基体中复合连续纤维后，不仅可使材料的韧性和强度大大增强，而且还可改变材料的力-位移曲线形状，使其表现出类似于金属材料的断裂行为，而质量

又比金属材料轻很多。在这方面，美国、法国、德国和日本等技术发达国家竞相投入巨资，重点研究了碳纤维增韧碳化硅（Cf/SiC）和碳化硅纤维增韧碳化硅（SiCf/SiC）两类材料的多维整体复合技术，并已取得许多重要成果。这些成果中有的已经达到实用化水平，如超高速列车上的纤维增强碳化硅复合材料制动件，陶瓷基复合材料导弹头锥、火箭喷管、航天飞机结构件，M53-2 和 M88-2 发动机上的多维 Cf/SiC 复合材料外调节片，M53-2 发动机上的 2D-Nicalon/SiC 复合材料内调节片，推重比为 9~10 级的军民用发动机上的 C_f/SiC 和 SiC_f/SiC 复合材料燃烧室、涡轮外环、火焰稳定器、矢量喷管调节片、密封环等。预计连续纤维增韧的碳化硅基陶瓷复合材料可望在推重比为 15~20 级的涡轮发动机及发动机叶片、高速轴承、活塞、航天飞行器的防热体等方面获得实际应用，这是今后材料研究与开发的热点。

具有特殊功能及结构-功能一体化的陶瓷基复合材料的开发与应用研究也非常活跃，如多层复合铁电、压电陶瓷，微孔与陶瓷基体复合的低介电常数材料，电致变色材料与涂覆铟锡金属氧化物（ITO）的玻璃构造的调光调热智能窗，二氧化钛与玻璃复合的环保材料，铁磁性微晶体与陶瓷基体复合的治疗癌症材料，纤维与陶瓷复合的传感材料，碳纳米管与陶瓷复合的太阳能转换材料[2]，DNA 序列分析材料等。其中一些材料已获得实际应用，特别是由负热膨胀微系数微晶体与正热膨胀微系数玻璃相复合而获得的微晶玻璃，以其线膨胀系数近似于零及优异的光、热学性能均匀性而享誉全世界，广泛应用于激光陀螺仪、高能激光器、大型天文望远镜、精密数控机床、雷达天线罩等方面。

3. 树脂基复合材料

与传统的铝合金相比，树脂基复合材料制件可减重 40%，这对于减轻航空航天飞行器的自重、提高飞行速度和承载能力非常有利。美国波音公司的“梦想 787”（Dreamliner）飞机，是世界上第一款整个机身段采用树脂基复合材料的飞机，复合材料的用量占全机结构总重量的 50%，燃油效率可提高 20%；欧洲 A380 超大型客机的外翼、中央翼盒、垂尾、平尾、地板梁、后承压框等均采用树脂基复合材料，用量已达 32 吨左右，占全机结构总重的 22%，运行费用低于波音 747；现今的人造卫星上的展开式太阳能电池板、太空站和天地往返运输系统上的一些关键部件也多采用碳纤维树脂基复合材料作为主要材料。

叶片是风力发电装置的关键部件，约占整个风力发电装置成本的 20% 左右。目前国外采用真空辅助成型工艺已成功制备出大型风机叶片（叶片长度 >40 米）并实现规模化生产。LM 公司已开发出 56 米长的全玻纤复合材料风机叶片。随着新型的聚合物树脂基体以及高性能的玻纤、碳纤和芳纶增强体的采用，该类材料在汽车车身和底盘基座、汽车发动机汽缸、机械驱动轴、高速路高架桥承载梁、码头护栏等方面的应用将得到进一步的拓展[3]。

近年来，超级纤维 PBO（聚对苯撑苯并双噁唑）增强的复合材料，因其出色的理化性能也受到了各国研究人员的关注。

4. 碳碳复合材料

碳碳复合材料最初作为烧蚀型防热材料，用于固体火箭发动机喷管，使用温度为 3000℃。20 世纪 70 年代以后，作为非烧蚀型防热材料，成功用于美国 X-30、俄罗斯“暴风雪”等型号航天飞机的鼻锥帽、机翼前缘，使用温度为 1600 ~ 1700℃。更具挑战性的研究是碳碳复合材料在极端苛刻条件下工作的承力结构，这已成为当前研究的重点和热点，主要包括：①在高温氧化环境下长时间工作的承力结构，如高超声速飞行器的翼缘、燃烧室，其氧化环境使用温度在 1800℃以上、工作时间在 1000 秒以上。美国 X-43 采用碳碳复合材料，实现了大气层内 9.8 马赫的高超声速飞行[4,5]；②在辐射及温变环境下工作的承力结构，如大尺寸薄壁太空望远镜镜筒，要求在辐射和白昼温度交替变化的太空条件下，保持尺寸和性能的稳定，且使用寿命超过 10 年；③在高温腐蚀环境下工作的承力结构，如单晶硅炉热场部件等。此外，碳碳复合材料还是一种优异的航空刹车材料，它不仅重量轻、寿命长、热容大，而且工作更加可靠。新一代飞机，无论是民机还是军机，其刹车副多采用碳碳复合材料。

二、我国复合材料的研究和开发现状

1. 金属基复合材料

在硬质工具材料方面，根据制造技术和工程领域发展的需要，我国采用跟踪国际与自主创新相结合的策略，相继开发了多层陶瓷涂层硬质合金、高硬高强亚微米晶硬质合金、梯度结构硬质合金、高韧性超粗晶粒硬质合金、超硬复合材料工具等新型硬质工具材料，并实现了批量生产。但我国这种材料的整体研发水平与国际相比仍有较大差距，这种差距制约了我国相关领域的技术发展和丰富钨资源的高效利用。

在结构用高比强、高比模金属基复合材料方面，我国根据国防军工及高技术发展的需要，已开展了颗粒与纤维增强铝基、钛基、镁基、铜基等各类金属基复合材料的研发。其中，颗粒增强铝基复合材料的研究已形成了自身的特色。在铝基复合材料的复合和成形技术方面，我国已基本掌握了精密铸造、挤压成形、超塑成形、搅拌铸造、压力浸渗等技术，并达到了国际先进水平。至今，我国已经成功地浇注了铝基复合材料精密铸件，精密铸件的质量达到普通铝合金精密铸件的水平，已制成了飞机液压分油盖、卫星遥感镜身和镜盒；用粉末混合－半固态挤压方法成功地制备了 $SiC_p/2024Al$ 复合材料；研制出的粉末冶金 SiC_p/Al 复合材料，可制成各种管、棒、型材和零件，用于制造导弹和卫星的一些部件；用半固态压力浸渗法已成功地制备出混杂增强 $Al_2O_{3f}\cdot SiC_p/Al$ 复合材料；研制的压力浸渗铝基复合材料已制成卫星相机用光机结构件。目前，我国与先进国家在该材料的应用基础研究和开发方面仍有一定差距，特别是在铝基复合材料关键承力结构件的研究与应用方面差距较大。

2. 陶瓷基复合材料

我国在 C_f/SiC 和 SiC_f/SiC 方面的研究始于20世纪90年代。目前，全尺寸 C_f/SiC 飞机刹车盘已进入工程化阶段，卫星姿控发动机燃烧室喷管已通过高空台驾试车，固体火箭发动机导流管已通过无控飞行考核，航空发动机浮壁瓦片和矢量喷管调节片已通过航空发动机环境下的短时间考核。目前的问题是如何进一步提高陶瓷基复合材料的抗高温氧化性能和寿命。对特定组成的陶瓷、玻璃类材料进行热处理，使之析出纤维（晶须）状或柱状微晶体并形成交联网状结构，由此获得的原位生长纤维（或晶须、柱状晶）增强增韧的陶瓷基复合材料有可能在确保材料高强度、高韧性的前提下，显著提高材料的高温抗氧化性，同时使制备工艺大大简化，这方面的研究正在进行之中[6]。

在功能型陶瓷基复合材料方面，我国科研人员广泛开展了具有优异电、磁、光、热、声、力、化学、生物医学功能及特殊物理、化学、生物学效应的陶瓷基复合材料的研究，已获得了许多重要成果。但在材料制备技术、硬件条件及应用方面与先进国家相比还存在一定差距，还需要从国外进口很多材料。

3. 树脂基复合材料

我国树脂基复合材料在航空领域的应用已有20多年的历史，经过多年的努力，已达到了较高的水平。例如，我国多年来承担的波音飞机大型复合材料部件的生产，已通过了严格的国际考核。目前，我国军用歼击机复合材料用量已达到28%，军用直升机最高用量达54%，民用客机也达到15%～20%。军用飞机的机身、机翼壁板、机身尾段、平尾、垂尾、尾桨叶、方向舵等，民用客机的前主起落架舱门、内外侧副翼、方向舵、升降舵、扰流板、发动机整流罩、进气机闸等均使用了高性能复合材料，大大降低了飞机自重。在航天领域，导弹弹头和卫星整流罩、宇宙飞船的防热材料大量采用了碳纤维、高硅氧增强酚醛树脂；太阳能电池阵基板采用由聚酰亚胺薄膜、纤维/环氧树脂网格面板、加强件、边缘件及聚酰亚胺衬套包裹的铝蜂窝夹芯结构。我国的纤维缠绕成型技术已取得长足进步，部分产品指标处于国际领先水平，尤其是大口径塑料螺旋缠绕玻璃钢夹砂管已取得重大进展。目前，我国树脂基复合材料的产量仅次于美国，居世界第二位，但在高性能原材料、先进成型技术及装备、规模化制造等方面有待于进一步完善和提高，以适应产品低成本和高性能的需求。

4. 碳碳复合材料

我国碳碳复合材料的开发主要针对航空航天和冶金、化工等领域。在航空领域，已在碳碳航空制动材料方面取得突破性进展，攻克了高性能碳碳航空制动材料的制备方法、工艺装备、性能测试与评价等一系列技术难题，创立了材料性能测试和评价方法，建立了我国碳碳航空制动材料地面试验装置及规范和试飞标准，构建了我国自己的高性能碳碳复合材料制备工业技术平台，研制出的碳碳航空刹车副已成功应用于民用和军用飞机。在航天领域，在烧蚀型防热材料方面已取得突破性进展，解决了火箭发动机短时高温抗氧化问题及弹头短时超高速再入大气层问题。随着我国新一代战略导弹、航天飞机，特别是高超声速飞行器的发展，具有长时间高超声速飞行特征的飞行器将成为航天发展的重点。这就急需开发非烧蚀型防热材料，但目前我国碳碳复合材料技术尚不能满足这一需要，亟待突破高温长时间抗氧化技术这一瓶颈。在民用领域，我国已开发了单晶硅炉热场、工业炉发热体、高温紧固件等用材。

三、我国发展复合材料应重视的若干问题

综上所述，材料的复合化是当前世界科技领域的发展潮流，其技术和应用水平反映着一个国家的科技水平和综合实力。为加速我国高性能复合材料的发展，我们应高度重视以下若干方面。

（1）在高性能复合材料基础理论、设计理念和制备方法上进行深化、开拓与创新，加大力度推动现有高性能复合材料研发工作向纵深发展，加快低成本成型工艺研究和规模化制备技术研究，并积极开拓复合材料研究新体系和应用新领域。

（2）选择重点研究方向，增强科研硬件条件，鼓励系统基础研究，突破材料制备的关键技术（如高性能碳纤维和碳化硅纤维、氮氧玻璃纤维、纤维的表面改性、微裂纹自愈合、纤维多维编织、原位生长枝晶或柱晶的氧氮微晶玻璃、可代替透明

陶瓷和晶体的高结晶度透明微晶玻璃等)，获取技术原型，实现设计－材料－器件一体化和结构－功能一体化。

(3) 以载人航天与探月、大型飞机等国家重大专项需求为牵引，以满足当前建设和中长期发展需要为目标，紧跟国际发展新趋势，构建先进科研平台，培养和造就一支从事复合材料研究与应用开发的高水平人才队伍，自主创新，加速我国复合材料的发展。

(4) 和国外一样，我国新型复合材料的研究与开发，一方面要注重向高性能高质量方向发展，同时要努力进一步降低成本和价格。

参 考 文 献

[1] Roy D, Basu B, Mallick A B, et al. Understanding the unlubricated friction and wear behavior of Fe-aluminide reinforced Al-based in-situ metal-matrix composite. Composites Part A: Applied Science and Manufacturing, 2006, 37 (9): 1464~1472.

[2] Wijwardane S. Potential applicability of CNT and CNT/composites to implement ASEC concept: A review article. Solar Ener, 2009, 83: 1379~1389.

[3] 国家发展和改革委员会高技术产业司. 中国新材料产业发展报告. 北京: 化学工业出版社, 2008: 189~198.

[4] 杨亚政, 杨嘉陵, 方岱宁. 高超声速飞行器热防护材料与结构的研究进展. 应用数学和力学, 2008, 29 (1): 47~56.

[5] Smeacetto F, Salvo M, Ferraris M, et al. Erosion protective coatings for low density, highly porous carbon/carbon composites. Carbon, 2009, 47 (6): 1511~1519.

[6] Li X Y, Lu A X. The influence of cations on the propertiesof Mg-Y-Si-Al-O-N glasses. J Non-Cryst Solids, 2008, 354 (31): 3678~3684.

Current Progress in Composite Materials and Technologies

Huang Baiyun, Zhang Fuqin, Lu Anxian
(Central South University)

Composites are high-performance materials composed of grains, platelets, fibres or functional components with matrix of metals, inorganic non-metals and organic polymers. By means of synthetical route, mechanical properties, such as strength, toughness, hardness, can be substantially improved. Complementation or tailoring of properties among components, including decrease of weight and adjustment of thermal expansion coefficient, thermal conductivity, electrical resistivity and dielectric constant etc., can be realized. In addition, some new functions including light adjustment, heat adjustment, sound insulation, sensing etc., can be added into the materials. Furthermore, functional conversion between heat and electricity, pressure and electricity, magnetism and heat, magnetism and optics etc. , can also be achieved. As a result, composites have been widely used in aerospace, aviation, naval defense, transportation, energy, electronics, information, environment, biology, medicine, chemistry and machinery profession etc. It is obvious that composites will play an increasingly important role in international competition. Generally, composites are divided into metal matrix composites, inorganic non-metallic matrix composites and organic polymer matrix composites based on chemical composition of matrix. Or they can be divided into structural composites and functional composites according to engineering applications. This paper is an overview on present status and future development of metal matrix composites, ceramic matrix composites, resin matrix composites and carbon-carbon composites.

2.5 纳米材料研究的若干新进展

宋卫国 万立骏*

（中国科学院化学研究所）

纳米材料是在 1 ~ 100 纳米尺度范围的材料，是纳米科技的物质基础。根据材料的三维尺度是否分别处于纳米范围，可分为纳米颗粒、纳米线和纳米薄膜等。还有一类重要的材料，其总体尺寸超出纳米尺度，是把具有纳米尺寸的单元按照一定方式组装形成的，仍然保持着纳米结构单元的纳米尺寸效应，称为纳米结构材料，也包含在纳米材料中。纳米材料具有小尺寸效应、量子效应和表面效应等，在机械性能、磁、光、电、热等方面都显示出与传统块体大尺寸材料不同的特性和功能，因而在能源、环境、生物技术、医学和健康、催化和传感等领域有着十分广阔的应用前景。例如，加入碳纳米材料后的复合材料重量轻，强度高；纳米催化材料可以在缓和条件下完成反应，节约能源，减少排放；纳米复合仿生材料在骨骼修复中可以很好地与人体组织相适应；纳米材料制造的涂料，可以防污，自清洁；现代光电信息设备中几乎都有纳米材料的存在[1]。

近年来，世界主要国家都投入大量人力物力，开展了纳米材料研究。我国《国

* 中国科学院院士。

家中长期科学和技术发展规划纲要 2006—2020 年》中将“纳米研究”列为重大科学研究计划中的四大重点部署的发展方向之一，明确提出了“材料设计与制备的新原理与新方法”是研究重点。在新一轮的欧盟第七框架计划中，纳米技术也是重点支持的方向。美国的《21 世纪纳米技术研究开发法案》更以法案形式确定将长期稳定地支持纳米科技研究。近年来，包括我国在内，全球纳米科技研究取得了全面的进展，包括分子纳米结构、纳米结构表征技术、纳米器件、纳米加工、纳米生物、纳米材料等多方面。纳米科技研究的核心之一是纳米材料研究。本文将侧重于介绍纳米材料的性质和应用方面的国内外研究新进展。

一、纳米材料领域国际前沿热点及进展

1. 纳米结构材料

以量子点为代表的纳米颗粒材料（包括纳米贵金属颗粒、纳米氧化物颗粒等）的制备手段已相当成熟。目前的研究热点是对量子点的表面进行功能修饰，以适应其在成像、疾病诊断等方面的应用。另一个研究热点是通过有序可控地组装纳米颗粒、纳米线等结构单元，制备高级复杂结构，以获得功能优异的纳米材料。纳米组装结构和纳米结构单元的设计，组装单元间相互作用力的调控，组装结构的性能和

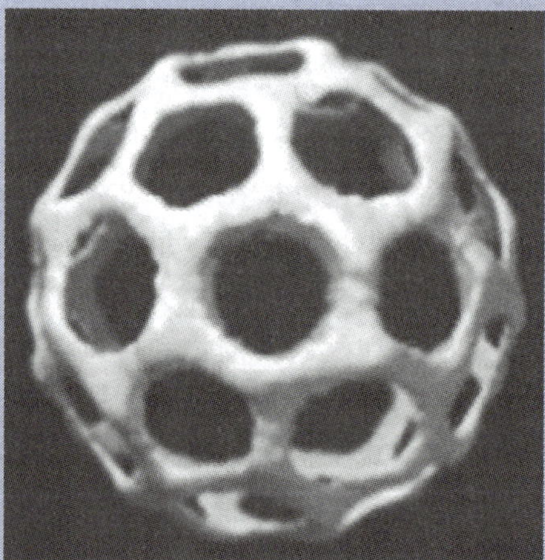

图 1　DNA 组装结构（Reprinted by permission from Macmillan Publishers Ltd：[Nature]. Copyright（2008））

应用等，都是纳米材料组装研究的热点和前沿。近年来纳米结构材料的组装取得了令人瞩目的进展，特别是以 DNA（脱氧核糖核酸）为结构单元的组装结构。图 1 是利用 DNA 分子的官能团，通过设计特定的 DNA 结构，制备类似富勒烯结构的 DNA 高级结构的电镜照片[2]。在此基础上，通过 DNA 高级结构的官能团位置的设计，可以设计构筑新纳米材料，如纳米金颗粒可控分散的纳米材料[2]。

2. 纳米光电材料

纳米材料具有块体材料所没有的光电性质，包括碳纳米管、石墨烯等在内的纳米光电材料一直是纳米材料研究的热点。基于纳米材料的场效应晶体管、光电开关、发光材料等可望在光电器件领域引起革命性的改变，使光电设备更精巧，更节能。例如，通过纳米手术刀技术，研究人员能够将金箔制成尺寸统一、顶端尖锐的纳米线材料，这种纳米材料在基于表面等离子谐振光电传感器的应用中，可望显著提高传感器的灵敏度[3]。

3. 纳米新能源材料

纳米能源材料在新能源研究中将发挥决定性作用。在光伏电池研究中，围绕纳米材料的量子效应以及光子/电子转换机理，开发的基于富勒烯的有机太阳能电池材料的光电转化效率日益提高，可望与硅基太阳能电池竞争。在燃料电池研究中，电极催化材料是研究核心之一，高活性、少用甚至不用贵金属的纳米催化材料将大大降低燃料电池的成本。在锂离子电池、超级电容器等二次电池研究中，电极材料也是研究热点，制备出的纳米结构高性能正负极电极材料，电子和离子导电能力高，结构稳定。例如，把纳米结构新型磷酸铁锂材料作为锂离子电池正极材料时，充放电时间只需 9 秒钟[4]。

4. 纳米环境材料

纳米结构材料在保护环境，消除环境有害物质等方面的作用愈发重要。近年来，采用纳米材料和纳米组装技术，对材料的形貌、性质、结构等进行调控，研究人员设计了新颖的纳米材料和适宜的表界面来选择性消除不同种类的目标污染物，在净化水、杀菌、清除有害物质等应用中都体现了优异的性能，这是其他非纳米材料很难实现的。例如，利用负载的纳米金颗粒吸收可见光从而产生的表面等离子体效应，可以在可见光照射下用金（Au）纳米粒子催化降解有机污染物[5]。

5. 纳米仿生材料

生命组织的精巧结构和功能已成为研究人员学习和研究的对象，模仿生命组织材料的纳米仿生材料是近年来研究的热点。自然界中生物体的结构和功能是通过简单到复杂、无序到有序的多级次、多尺度的组装而实现的，这正是仿生纳米材料所追求的。2005 年，《科学》（*Science*）杂志以“设计生命”（*Design for living*）为主题组织了一次专刊。中国的《国家中长期科学和技术发展规划纲要》中也将“智能材料与结构技术”列为新材料技术中的首要发展方向。模仿荷叶、动物毛发、鱼鳞、贝壳、蜘蛛丝、昆虫复眼等各种组织的结构性能的研究已有开展并不断深入。例如，在对贝壳结构的模仿上，利用层层组装技术得到的纳米结构产物的抗张强度足以和钢相比，成为一种超强超硬材料[6]。

6. 纳米医用材料

纳米材料在疾病诊断治疗方面已显示了奇异的效果。纳米材料可以作为药物治疗癌症。例如，修饰后的纳米金颗粒能够选择性地富集在癌组织上，通过光照，将光能转化为热能，原位杀死癌细胞[7]。基于富勒烯的纳米材料在癌症治疗上显示出特别优异的性能，它能够高效选择性地降低癌细胞的活力，而不影响正常细胞[8]。纳米材料还可以实现生命组织包括骨骼和神经的自修复。纳米材料在疾病检测中也可以发挥作用。金属内嵌富勒烯和氧化铁磁性纳米颗粒都可作为核共振成像的造影剂，能够极大地提高成像的速度和清晰度，提高疾病诊断的时效。纳米颗粒在疾病的早期诊断中也能够起作用，例如，通过与特定生物分子的结合，金纳米溶胶可以帮助人们尽早发现阿尔茨海默病（老年痴呆症）。

二、国内同类研究开发现状

我国纳米科技研究基本与国际同步。基础和应用研究力量集中在中国科学院的相关研究所、大学的实验室和高科技企业。几年来，在科技部项目（重大研究计划纳米专项，“973”计划，“863”计划项目等）、基金委各类纳米项目、中国科学院重要方向性项目等的支持下，我国研究人员在纳米材料相关的研究中，不仅跟踪、在某些领域甚至领导国际纳米材料的研究方向，并取得了一批具有原创性的重要成果。例如，中国科学院化学所研究人员开发了绿色纳米打印制版技术，其核心是基于微/纳结构亲/疏水可控转换原理，通过纳米结构材料的浸润性匹配，直接打印形成具有相反浸润性（超亲油/亲水）的图文区和非图文区。这项技术显著简化了印刷制版流程，减少了环境污染。纳米结构版材和纳米粒子复合转印材料等纳米材料发挥了关键作用。我国拥有该技术的全部知识产权，已获得专利十几项。

在纳米结构材料的可控制备方法的研究中，研究人员以材料性能为导向设计纳米结构单元，通过纳米结构单元的程序化组装，构筑纳米结构材料，从而实现从随机制备到可控制备的转变、从制备简单结构到组装构筑复杂高级结构的转变、从单一功能纳米材料到多重功能化集成纳米复合材料的转变。此外，微加工技术是纳米材料发展的必要手段。发展定向、定点、多维、大尺寸的自组装工艺，是制备具有特定结构、尺寸、形貌和功能的纳米材料的可靠途径。在发展宏量制备手段的基础上，可实现纳米材料的产业化。在这些可控方法的研究中，我国已取得了较大进展。

在纳米材料应用于生物医用领域的研究中，我国的研究进展主要集中在以下几方面：①生物矿化，即通过生物模板设计合成新型纳米材料；②组织与器官的修复用纳米材料；③药物定点定时定量释放纳米材料；④疾病早期诊断和治疗纳米材料等。

在仿生纳米材料方面，我国的研究重点是模仿生物体系的有机－无机复合组分，通过多尺度、多级次的组装形成特定的纳米结构，实现预计的材料功能，目前已在以下几个方面取得了进展：①应用在自清洁涂料、淡水采集、船舶防污、人造血管、智能催化等方面的浸润性调控的仿生智能材料；②应用在航空航天、国防、民用等领域的重量轻、强度高的纳米复合结构材料。

在环境相关纳米材料研究中，我国研究人员开展了以下几方面的研究，并取得了一定的进展：①廉价易得的用于检测和处理空气、水和土壤污染及有害废弃物的纳米材料，以取代贵重和稀缺的传统材料；②多通道传感器，利用具有选择性响应的纳米敏感材料，对多种目标分子进行检测；③可实现水中低浓度、高毒性、难降解有机污染物的高效选择性消减目的的纳米材料[5]；④相变消除矿渣中的铬离子的纳米材料；⑤去除水中重金属离子的纳米材料，如具有很高吸附容量的纳米结构金属氧化物材料，有助于提高水源被重金属离子污染地区人民的饮水安全[9]。

在能源领域的研究中，我国研究人员在多个方面进行研究并取得了一定的进展。在能量转化方面，重点开展了太阳能电池的研究：①开发了无机/有机杂化材料（如基于富勒烯与共轭聚合物的敏化材料、半导体光伏纳米薄膜材料）；②利用纳米减反结构和纳米结构材料，提高了硅基太阳能电池能量转换效率；③开展了燃料电池（包括质子燃料电池和甲醇燃料电池）的电极纳米催化材料的研究。在能量储存方面，开展了储氢纳米材料和锂离子电池电极材料的研究，后者可提高电池的容量、倍率性能和低温性能［如将锡纳米颗粒放置于空心碳球中的纳米材料（图2)，这种复合材料的空心碳球在空间上可保护锡纳米颗粒在充放电过程中结构不被破坏，显著延长了电极材料的使用寿命[10]］。在节能方面，研究了纳米涂层材料降低高压输电线路的污闪，以及纳米复合保温材料等。

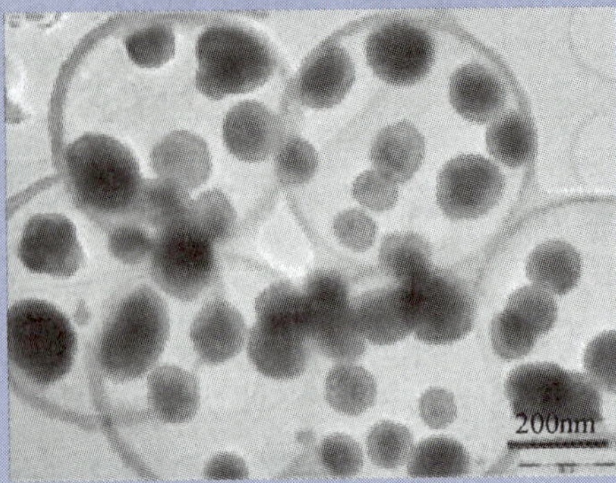

图2　纳米复合结构电极材料（Reproduced with permission from [10] Copyright 2008, Wiley-VCH Verlag GmbH & Co. KGaA.）

三、中国未来发展纳米材料的几点建议

我国纳米材料研究在基础科学研究方面已经跨入世界先进行列，在应用研究和产业化方面也将取得重要的进展，并将在能源、环境、健康等方面发挥重要作用。为进一步提高我国在纳米材料领域的国际竞争力，特提出如下建议。

（1）美国政府已通过《国家纳米技术发展规划》（*National Nanotechnology Initiative*, NNI），2010 年预算为 16 亿美元（自 2001 年计划启动，到 2010 年将合计投入 120 亿美元）。欧盟和日本在纳米科研方面的经费每年都在 10 亿美元左右。建议我国通过各类国家研发项目，支持原理性、原创性的基础和应用研究，努力取得若干突破性的研究成果。

（2）纳米材料独特的物理化学性质，需要更精确、快速、实时、原位的表征手段。纳米材料的优异性能，则需要适当的仪器设备来发掘和实现。因此，需要加强纳米材料研究中新原理、新方法和新技术的研究。

（3）在环境治理、化学电源、太阳能、健康等领域，若干高性能纳米材料的制备技术日益成熟，这些纳米材料在相应领域的应用和产业化，不仅能为国家经济发展提供新增长点，还能促进基础研究，推动纳米材料研究的进一步发展。因此，需要尽快实现部分纳米材料的应用和产业化。

（4）加强国际交流与合作。通过承办和参加国际学术会议和学术活动，加强与国际纳米材料学术界的联系和实质性合作。

（5）加强纳米材料国家标准的制定，并争取参与或负责相关纳米材料国际标准

的制定。

参 考 文 献

[1] National Nanotechnology Initiative. Application products: patting technology to use. http://www. nano. gov/html/facts/nanoscale. html [2009-11-10].

[2] Mao Chengde, Ye He, Tao Ye, et al. Hierarchical self-assembly of DNA into symmetric supramolecular polyhedra. Nature, 2008, 452: 198 ~ 201.

[3] George M W, et al. Fabrication of surface plasmon resonators by nanoskiving single-crystalline gold microplates. Nano Letters, 2008, 8 (9): 3023 ~ 3028.

[4] Gerbrand C, et al. Battery materials for ultrafast charging and discharging. Nature, 2009, 458: 190 ~ 193.

[5] Zhao J C, et al. Visible-light-driven oxidation of organic contaminants in air with gold nanoparticle catalysts on oxide supports. Angewandte Chemie International Edition, 2008, 47 (29): 5353 ~ 5356.

[6] Nicholas A K. Ultrastrong and stiff layered polymer nanocomposites. Science, 2007, 318 (5847): 80 ~ 83.

[7] Victor F P. Nanoparticle-mediated local and remote manipulation of protein aggregation. Nano Letters, 2006, 6 (1): 110 ~ 115.

[8] Zhao Y L, et al. Nanotoxicology: Are carbon nanotubes safe? Nature Nanotechnology, 2008, 3: 191 ~ 192.

[9] Wan L J, et al. Synthesis of hierarchically structured metal oxides and their application in heavy metal ion removal. Advanced Materials, 2008, 20 (15): 2977 ~ 2982.

[10] Wan L J, et al. Nanostructured materials for electrochemical energy conversion and storage devices. Advanced Materials, 2008, 20 (15): 2878 ~ 2887.

Progress in Nanomaterial Research

Song Weiguo, Wan Lijun

(Institute of Chemistry, CAS)

Nanomaterials, including nanoparticles and nanostructured materials, are essential part of nanoscience and nanotechnology. The preparations and applications of nanomaterials are attracting global interests and investments during the last decade. In recent years, significant progress has been made regarding nanomaterials' constructions and applications. Various synthesis methods were reported to produce nanomaterials of different morphologies, components, functionalities, sizes and properties. Among which, programmed assembly from nano building blocks and bio-inspired assembly of nanostructures are the frontiers of nanomaterial synthesis. These materials show superior abilities in many applications, including optoelectrical devices that are small yet powerful, bio-inspired materials with strong mechanical strength, medicine that can be delivered only to the targeted organisms, solar cell and fuel cell with higher efficiencies, and environmental materials that remove pollutants from air, water and soil, etc.

As one of the major strategic frontiers for science and technology development in China, nanomaterial related research is supported by several Chinese government agencies. Chinese researchers are actively involved in nanomaterial related research work, and are making significant progress, some of which are globally leading technologies. One excellent example is the green printing technology that is based on the wetability of nanomaterials. This technology can significantly reduce the chemical waste and simplify the printing process. These progress ensures that the future is bright for nanomaterials.

2.6 超导科学技术新进展

王楠林
（中国科学院物理研究所）

超导电性是一个对基础学科和高新技术的发展都有重大意义的研究课题。当今世界能源安全和环境保护受到前所未有的关注，降低能耗、减少污染成为人类社会共同的发展目标，超导材料的应用将在降低能耗、减少污染等方面发挥更加重要的作用。本文简要介绍超导现象、超导材料基础研究与应用研究的现状与部分新进展，并对未来超导科技的发展提出几点建议。

一、超导材料应用研究及其新进展

超导的发现距今已近百年。1911 年荷兰 Leiden 大学的 Kamerligh Onnes 在测量水银低温下的电阻时发现，温度在 4.2 开尔文①附近水银的电阻会突然消失。他认为水银进入了一个新的状态，称之为超导态，电阻突然消失的温度称为超导临界温度 T_c。之后，人们发现很多金属元素、合金、化合物在低温下均存在超导现象。除了零电阻现象外，超导体还有一个重要的特征，即完全抗磁性。超导体在温度高于

① 4.2 开尔文约为 −269.95℃。

T_c 时，其外加磁场可以自由穿过其内部；而当温度低于 T_c 时，超导体内部磁场则被完全排出。但是当外加磁场足够大时，磁场还是能够进入超导体内部，这时超导态被磁场破坏，相应的磁场称为临界磁场。依照超导和正常态之间界面能的正负把超导体分为第一类超导体（正界面能）和第二类超导体（负界面能）。实用的超导体均是第二类超导体，它具有两个临界磁场：一个是下临界磁场，这是指超过该临界值时磁场开始进入超导体，但穿透的磁通只是形成规则的点阵，磁通芯子部分是正常态，而其余部分依然保持超导态；另一个是上临界磁场，是指高于该磁场整个超导体会进入正常态。此外，即使没有磁场，超导体能够承载的电流也有上限，即所谓临界电流。超过这个上限，超导态也会被破坏。简单地说，超导体有临界电流是因为存在临界磁场，即通过超导体的电流在表面所产生的磁场达到了超导体的临界磁场。

本质上超导是宏观尺度的量子现象，超导体整体可由一个量子力学的波函数来描述，因而会呈现出特有的量子力学效应。例如，当两个超导体之间夹一层很薄的绝缘层形成一个夹心结构——称之为约瑟夫森结，则两侧超导体的波函数将有耦合，超导电流能够穿过绝缘层而不引起电压下降，就好像被两侧超导体夹住的极薄绝缘层也具有超导电性。特别重要的是磁场会影响超导电流的相位，使得通过约瑟夫森结的超导隧道电流具有量子衍射效应。

超导体所特有的现象和效应一方面具有广阔的实际应用前景，另一方面也成为推动凝聚态多体量子理论发展的主要动力。

超导体由于电阻为零，没有焦耳热的损耗，如果用其输电或做成发电机等，将会大幅度降低能耗、减少污染，因而效益巨大。遗憾的是，长期以来所有被发现的超导体的临界温度均很低，基本上都需要在液氦温区才可获得有效的应用。由于获得液氦的技术复杂，成本高昂，而氦资源又十分稀缺，超导的大规模应用受到严重制约。为了克服低温条件的限制，人们期望发现临界转变温度高的超导体。1973年，实验发现的最高临界温度超导体是 T_c 为23开尔文（约 -250℃）的 Nb_3Ge。临界温度最重要的突破是在1986年，Muller 和 Bednorz 在瑞士苏黎世的 IBM 实验室首先发现 La-Ba-Cu-O 体系超导临界温度可达35开尔文，这一发现很快在全世界掀起研究铜氧化物高温超导体的热潮，使得超导研究的形势骤然发生变化，T_c 很快被提高到135开尔文，在高压（30吉帕）下 T_c 甚至可达到164开尔文。

超导材料的应用通常分为强电和弱电应用。强电应用的物理基础是超导体的零电阻，主要指用超导材料做成的线材来承载大的电流。这方面目前最广泛的应用便是超导磁体。众多大学、研究所实验室每天都在用超导磁体产生超过10特斯拉的强磁场开展各种科学研究。如果用常规导体做磁体，要产生和维持这么大的磁场，需要消耗数量惊人的电能及冷却水，投资和运行费用巨大。此外，超导磁体也是大型粒子加速器弯曲和聚焦粒子、聚变反应堆约束带电粒子不可缺少的一部分。

超导磁体也已进入工业，并应用于人们日常生活。医用核磁共振成像仪是医院检测人体组织形态，判断人体组织是否发生病变的主要仪器。使用超导磁体的磁共振成像仪除了节省能源外，在成像清晰、稳定性方面也具有常规磁体不可比拟的优越性。目前医用的核磁共振成像仪的磁体基本上都是超导磁体。

最近几年，高温超导材料在强磁场技术方面的应用显著加快。2003 年，美国佛罗里达国家强磁场实验室把铋系 2212 高温超导体绕制的超导磁体内插置入 20 特斯拉的 NbTi/Nb_3Sn 超导磁体之中，在 1.8 开尔文产生了 25 特斯拉的稳态强磁场。2007 年，该实验室把第二代钇钡铜氧（YBCO）高温超导体绕制的超导磁体置入 19 特斯拉的超导磁体之中，得到 26.8 特斯拉的强磁场。2008 年，他们与工业界合作，把第二代 YBCO 高温超导磁体置入 31 特斯拉的 Bitter 磁体，得到 33.8 特斯拉的稳态磁场。2009 年，美国已经批准在该实验室建造 32 特斯拉的全超导磁体[1]。而过去要产生 20 特斯拉以上的磁场需要庞大的电力和冷却水工程设施。可以预期，在不远的将来，工作在 20～30 特斯拉的强磁场，除了开始的造价外，运行将不再消耗什么能量。

除了绕制磁体，在强电应用的其他方面，高温超导材料的应用和产业化进程也正在加快。无论是国外还是国内，高温超导电缆、高温超导变压器、高温超导限流器等都已有样品或样机投入电网实验运行[2,3]，超导电缆输电如今不再是神话。载人超导磁悬浮列车也成功实验演示并显示出商业价值。

超导弱电应用是以约瑟夫森结的量子力学效应为基础，利用这种效应制成的超导电子器件，如超导微波器件、超导天线等，具有功耗低、灵敏度高、抗干扰性强、反应速度快等特点。特别是利用双结超导环的量子干涉效应做成的超导量子干涉仪，已大量装备磁性检测实验室，是探测物质磁性质的常规手段。约瑟夫森效应也被用来作为监视电压的基准。

与强电应用方面的快速进展类似，高温超导体在弱电应用方面也在飞速发展，并进入到人们日常生活。这方面最突出的是高温超导滤波器的应用。国外和国内都已有高温超导体做成的滤波器示范性地用于移动通信商业网的基站[3]，使灵敏度和噪声消除得到大幅度改善，通话质量和通话成功率都有明显提高。另外，高温超导滤波器和相关电子学器件也已用于雷达、卫星信号接收，在信噪比、抗干扰性方面表现出突出优势。

二、超导基础研究与进展

超导不仅有着广泛的应用前景，在基础研究方面也有重大意义。凝聚态物质是由数量巨大的电子和离子所构成，现有的成熟理论只是建立在单电子近似基础上的能带理论和描述弱电子相互作用情况下低能激发行为的朗道费米液体理论。而对高温超导体的研究揭示出其中电子间的库仑相互作用很强，单电子近似不再成立。对于这种关联电子系统目前尚没有完备的理论体系。过去的20多年里对高温超导电性的基础研究成为推动凝聚态量子多体物理发展的主要动力。目前超导基础研究前沿主要集中在高温超导体和其他新型超导体方面。

1. 铜氧化物高温超导体

铜氧化物高温超导体的问题很容易定义清楚，简单说，它是所谓的掺杂“Mott绝缘体”。超导体中对导电负责的只是铜氧平面，简化的图像是仅需考虑铜所形成的子格子。它形成二维正方格子，每个格点有一个电子占据，因而是自旋为1/2系统。虽然每个格点还允许一个自旋相反的电子过来，但由于两个电子占据同一格点后库仑相互作用很大，实质上是不允许过来。这样电子不能迁移，其自旋通过超交换作用形成反铁磁有序排列。这种由强的库仑相互作用导致的绝缘体被称为Mott绝缘体。掺杂只是在这样的二维正方格子上移走或添加一些电子，这时反铁磁序迅速消失，体系迅速变成导体，并在低温下超导。从物理上看，这简直是最简单的强关联电子体系了。但是实际上，这种掺杂的Mott绝缘体几乎出现了所有凝聚态物理的重要有序现象，包括自旋密度波、电荷密度波、电荷与自旋条纹序、棋盘序，而最难理解的是掺杂较低区域有赝能隙出现[4]，它与超导能隙既有密切联系又有区别，其金属的行为与朗道费米液体理论相差甚远，与超导机理更是没有共识。然而正是这些奇特现象大大激发了人们研究的热情，极大地推动了凝聚态强关联电子体系前沿的研究，同时带动相关很多体系（如庞磁电阻）开展深入的研究。

值得强调的是高温超导体不仅推动了基础理论研究，对凝聚态物理测量技术的发展也有非常巨大的推动作用。正是为了探测高温超导体各能量尺度所发生的物理过程，人们不断把各种能谱测量技术的测量精度、时间、空间和动量的分辨率推向极致。角分辨光电子能谱、扫描隧道能谱等很多谱学技术得到前所未有的发展。数据采集时间、能量和动量分辨率均有几个量级的提高。这些探测技术的进步反过来又导致了新的实验发现。

2. 铁基超导体

2008年铁基超导体的发现是继铜氧化物高温超导体后超导研究领域最重要的进展。铁基超导体首先由日本科学家发现，中国科学家反应迅速，后来居上，迅速将Tc提高到50开尔文以上，这个发现激发了新一轮的研究热潮[5]。目前的研究表明，铁基超导体是又一类全新的系统，它虽然不是掺杂的 Mott 绝缘体，但也有较强的电子关联。与铜氧化物高温超导体类似，超导与磁性关系密切。在铜氧化物高温超导体研究中积累的经验与技术较快地推动了对铁基超导体的基础物理研究[6]。目前人们对超导能隙的对称性和超导起源方面已有深刻认识。从基础研究的意义看，对铁基超导体的研究有助于认识包含铜氧化物高温超导体在内的超导系统的物理机理，同时对长期以来尚未完全认识清楚的巡游和局域电子反铁磁性问题有所帮助。

在铁基超导体研究方面，中国物理工作者做出了世界领先的工作，他们不仅使 T_c 大幅度提高，同时做出了其他重要的物理工作，受到国际同行的普遍肯定。特别值得强调的是，国内发表出来的高质量工作不是源自于一个人或一个研究组，而是源自一批人。他们以各自不同的实验和理论积累向国际同行表现出中国科研人员的整体实力。铁基超导体的研究从一个侧面反映了中国在科技领域整体上的快速崛起。

三、展望与建议

超导电性的基础和应用研究在我国都有相对较好的基础，这方面中国有条件和理由做得更好。我们可考虑在下面几个方面着重努力。

（1）加强新的高温超导材料的探索，特别是室温超导体的探索。历史已经清楚地表明，超导材料方面的突破会有力带动基础和应用研究工作的蓬勃开展。

（2）应该继续加强各种谱学探测手段和相关人才队伍的建设。谱学技术是探测和揭示凝聚态物质微观电子结构、准粒子激发与相互作用、电荷与自旋动力学的重要手段。谱学探测实验设备费用相对较高，有些技术需要依托大科学装置。中国以往在这方面的基础较为薄弱，国内自己培养和成长的人才相对较少，有些测量手段几乎完全没有设施和人才，这其实是中国与发达国家在超导基础研究方面的主要差距。虽然近年来在角分辨光电子能谱、光电导谱、Raman 散射谱等方面的研究手段和人才队伍方面有显著改善，但一些重要的探测手段依然需要加强，包括共振 X 射线散射、中子散射、核磁共振、μ 介子共振、微波吸收、扫描隧道能谱、强磁场量子振荡实验等，应加大力度引进这些方面的成熟和有潜力的人才，以迎头赶上发达国家。

（3）继续加强在强电与弱电方面的应用研究和产业化推广。例如，目前医用核磁共振成像仪中的磁体基本上是常规的低温超导材料绕制的，其运行需要液氦来维持，成本比较高。如果能换成用液氮，成本就大幅降低了。因此，应加强工作在液氮温区低场强高温超导磁体的研制和开发。用于液氮温区磁共振成像的高温超导磁体将有巨大的市场前景和经济效益。新发现的铁基超导体有很高的上临界磁场，其各项异性很小，并且接近于合金，有利于绕制高场磁体，因此，也应加强铁基超导体应用方面的研究和开发。

参 考 文 献

[1] http：//newsletter. superconductorweek. com/23/SCW-2320. pdf，Superconductor Week，2009，(23)：No. 20.
[2] http：//www. superconductors. org/Uses. htm.
[3] 杨天信，谢毅立，胡来平等．我国高温超导技术研究现状．中国电子科学研究院学报，2008，3（2）：122～127.
[4] 郑勇，苏刚．高温铜氧化物超导体能隙问题研究最新进展．中国科学 G 辑，2009，39(11)：1553～1570.
[5] 马廷灿、万勇、姜山．铁基超导材料制备研究进展．科学通报，2009，54（5）：557～568.
[6] 铁基超导体专题，物理，2009，38（9）：609～659.

Recent Progress in Superconducting Materials Science and Technology

Wang Nanlin
(Institute of Physics，CAS)

Superconductivity is an important subject for both science development and high technology application. In recent years, the energy security and the environment protection have become crucial global issues, and great attentions have been paid to the energy consumption and the pollution reduction. It is expected that the application of the superconducting materials and technology could play a significant role in this respect. In this article, we first briefly introduce the phenomenon and concept of superconductivity, and then highlight some of the recent progress in superconductivity research and development.

第二章 能源技术新进展

3.1 洁净煤技术新进展

杨 利 王建国

（中国科学院山西煤炭化学研究所，煤转化国家重点实验室）

洁净煤技术是指从煤炭开发到利用全过程中，旨在减少污染物排放和提高利用效率的煤炭加工、燃烧、转化及污染控制等一系列新技术的总称，是使煤作为一种能源和含碳资源达到最大限度的利用，同时把释放的污染控制在最低水平，以实现煤的高效、洁净利用的技术体系。洁净煤技术是解决环境问题的全球性主导技术，也是国际高技术竞争的重要领域。它的显著特点是：以一碳化学为基础，采用多样化工艺，实现煤炭资源的优化配置、高效和清洁利用；涉及物理学、化学、生物学、地质学等多学科，以及化工、热工、环境等多技术领域；注重综合效益，可实现环境友好和经济发展的双重效益，即达到“经济”和“环境”的双赢；是一项涉及多行业、多领域、多学科的庞大的系统工程。

根据我国以煤为主，石油、天然气、核能和可再生能源等组成的多元化能源体系特点，煤炭资源的高效洁净利用是我国能源战略安全的重要保障之一。本文主要从洁净煤技术发展的概况出发，重点介绍煤炭液化技术的研究现状及最新进展，并对中国未来洁净煤技术的发展提出几点建议。

一、国外洁净煤技术的发展概况

洁净煤技术最早由美国学者提出，主要是为了解决美国和加拿大边境的酸雨问题。自20世纪80年代开始，发达国家从能源发展的长远利益考虑，相继开展洁净煤技术的研究工作，至今在一些主要领域已取得重大进展，已把许多科研成果推进到商业化阶段，取得了巨大的经济效益。

1986年3月，美国政府率先提出并实施了总投资69亿美元的“洁净煤技术示范计划”（CCTP）[1]，使之成为继原子弹、航天、“星球大战”等计划后由政府组织的又一个全国性计划。1998年，为了满足新世纪对煤炭利用效率、环境和经济性的新要求，美国确定投资26.8亿美元研发以煤气化、净化、燃气和燃料电池发电、制氢、液体燃料和化工产品合成为主要内容的煤多联产系统（“展望21计划”，Vision 21）；2003年，又提出了投资10亿美元的Future Gen计划，开展煤发电、制氢以及CO_2捕集和封存的研发工作。

日本早在1980年就成立了“新能源产业技术综合开发机构”（NEDO），从事洁净煤技术和新能源的研发，并于1995年组建了“洁净煤技术中心”（CCTC）；1993年推出了“新阳光计划”，把原来各自独立推进的有关新能源、节能和地球环境三个领域的技术开发进行综合。1999年又制定了“21世纪煤炭技术战略计划”，提出在2030年前分三个阶段开发洁净煤技术，最终实现煤作为燃料的完全洁净化。

20世纪80年代，欧盟制定了“兆卡计划”（Thermic Program），主旨是促进欧洲能源利用新技术的开发，减少对石油的依赖和煤炭利用造成的环境污染，提高能源转换和利用效率。其主要目标是减少各种燃煤污染物以及温室气体排放，使燃煤发电更加洁净，并通过提高效率减少煤炭消费。90年代末，Shell公司提出了合成气园（Syngas Park）的煤多联产系统，该系统包括煤气化、净化、燃气发电、甲醇、化肥、化学品合成和特殊气体制备等单元过程。

二、国内洁净煤技术发展概况

我国煤炭储量丰富，石油、天然气资源相对匮乏。在未来相当长时间内，煤炭在我国能源结构中的主导地位不会发生根本性改变。2007年我国用煤18.4亿吨标准煤，占一次能源的69.5%①，预计2030年和2050年我国煤炭需求分别为29.0亿

① 数据来源：李晓超．中国统计年鉴2008．北京：中国统计出版社，2008.

吨和29.2亿吨标准煤，占总能源需求的58%和46%[2]。目前，煤炭的主要利用方式是直接燃烧，用于发电和工业供热，效率低、污染重，不仅造成了资源的巨大浪费，而且导致严重的环境污染和温室气体CO_2的大量排放。因此，中国政府把洁净煤技术作为可持续发展和实现两个根本转变的战略措施之一，强调要加大洁净煤技术的研发力度，扩大洁净煤技术领域的对外开放，推进洁净煤技术的产业化。我国于1994年成立了“煤炭工业洁净煤工程技术研究中心”，1995年9月成立了“国家洁净煤技术开发推广应用领导小组”。1997年6月，国务院批准了《中国洁净煤技术“九五”计划和2010年发展纲要》。中国已将发展洁净煤技术列入《中国21世纪议程》，并根据中国煤炭消费呈现多元格局的特点，本着环境与发展的协调统一、环境效益与经济效益并重以及发展洁净煤技术要覆盖煤炭开发利用全过程等原则，提出了符合中国国情的发展洁净煤技术的目标及具有中国特色的洁净煤技术框架体系。其目标是：一是提高煤炭利用效率，减少煤炭消费（节能）；二是减少环境污染，如减少SO_2、NO_x、煤矸石及粉尘等（减排）；三是通过加大转化，改善终端能源结构。只有这样才能促进我国社会、经济和生态环境的协调发展，保障我国能源安全。中国洁净煤技术框架涉及四个领域：煤炭加工（选煤、型煤、配煤、水煤浆等）、煤炭高效洁净燃烧与发电（流化床燃烧、整体煤气化联合循环发电等）、煤炭转化（气化、液化、燃料电池等）、排放控制与废弃物处理（烟气净化、煤层气的开发利用、工业锅炉等）。

三、煤炭液化技术的进展及研发趋势

2000年以来，在石油价格的高位不稳定运行状况下，替代石油战略显得尤为突出，利用煤炭转化替代石油产品已成为全球能源战略中的紧迫问题。煤炭液化技术作为煤代油的重要途径，已成为洁净煤技术开发和应用的重点。

煤炭液化是指煤炭通过化学加工转化为液体燃料及化学品的统称，可分为直接液化和间接液化。煤炭直接液化是指通过加氢使煤中复杂的有机化学结构直接转化为液体燃料，加氢是在含煤粉和溶剂的浆液系统中进行的，需要较高的压力和温度。直接液化的优点是热效率高、液体产品收率高；主要缺点是煤浆加氢工艺过程的各个步骤的操作条件都相对苛刻。煤炭间接液化是将煤气化制合成气（$CO + H_2$），再经过催化合成为液体燃料或化学品，其优点是煤种适应性较宽，操作条件相对温和，煤灰等三废问题主要在气化过程中得到解决；其缺点是因涉及煤气化制合成气过程，总效率较低，选择性较差[3]。

1. 煤炭直接液化技术的进展及研发趋势

煤炭直接液化在20世纪30年代始于德国并实现了工业化生产。1973年的世界石油危机，使煤炭直接液化工艺的研发重新得到重视。世界各国相继开发了多种煤直接液化工艺，如美国的氢煤法（H-Coal）、溶剂精炼煤法（SRC-I、SRC-II）、供氢溶剂法（EDS）等。这些工艺已完成大型中试，在技术上具备了建厂条件，只是由于建设投资大、煤液化油生产成本高，尚未工业化。现在几大工业国正在继续研发具有反应条件缓和、油收率高和油价相对较低等特点的煤直接液化工艺。目前世界上典型的煤直接液化工艺有：德国的煤液化粗油精制联合（IGOR）工艺、美国碳氢化合物研究公司开发的HTI工艺和日本新能源产业技术综合开发机构开发的NEDOL工艺等。

我国在煤炭直接液化方面的研究始于20世纪70年代，主要进展为：2005年，取得6吨/天放大工艺验证装置连续运转400小时的开发成果；完成的纳米级高效煤直接加氢催化剂已通过5个煤种的液化试验，其性能已达到国际先进水平，催化剂得到放大规模（与6吨/天直接液化装置配套）连续运转的验证；直接液化粗油加氢精制工艺和催化剂制备技术均取得突破，形成具有中国特色的液化油加工技术[4]；2008年12月31日，神华鄂尔多斯煤制油分公司100万吨/年的煤直接液化示范工程顺利实现油渣成型，打通全流程，产出合格的石脑油和柴油等目标产品，这标志着神华公司煤直接液化示范工程取得了突破性进展，但要达到稳定运行仍然存在较大难度。

2. 煤炭间接液化技术的进展及研发趋势

煤炭间接液化早在1923年由德国人F. Fischer和H. Tropsch发明，用铁催化剂通过CO加氢反应得到烃类液体产品，又称费-托合成。1934年，德国鲁乐化学公司建造了第一个费-托合成油厂。南非早在1927年就开始寻找煤基合成液体燃料的途径，1939年首先购买了德国费-托合成技术在南非的使用权。50年代初，南非成立了Sasol公司，1955年建成了Sasol-Ⅰ厂，1980年和1982年又相继建成了Sasol-Ⅱ厂和Sasol-Ⅲ厂，从此南非Sasol公司成为世界唯一一家煤炭间接液化制油品的大规模生产厂。据1996年有关报道，该公司年耗煤4200万吨，生产汽油、柴油、蜡、氨、聚合物、炸药等130多种产品，总产量达700万吨，其中油品约占75%[5]。

我国从20世纪50年代就进行了煤炭间接液化技术的研发，70年代末曾对27个煤种在0.1吨/天装置上进行了53次运转试验，开发了高活性的煤制油催化剂，开展了煤液化油的提质加工研究工作，完成了煤的液化、粗油加工，生产出了合格的汽油、柴油和航空油[6]。中国科学院山西煤炭化学研究所作为发展煤间接液化技术

（合成油技术）主要单位之一，从20世纪80年代开始煤基合成液体燃料的研发工作。2001年该所“低温浆态床技术中试”项目立项，2002年9月实现了千吨级中试平台(图1)的第一次运转，2006年启动铁基合成油工业示范项目，共投资75亿建设了3个16万~18万吨/年的工业示范厂。2009年，内蒙古伊泰和山西潞安的工业示范厂顺利开车(图2)。中国神华的工业示范厂在2009年12月上旬进行催化剂投料。中国科学院山西煤化所在合成油技术方面开发了以提高能效、节约资源为目标的自主煤制油集成技术，实现了由铁基固定床费－托合成向国际先进的浆态床技术的跨越。在费－托合成、低温干馏等关键核心单元技术方面取得了突破性进展，形成了独特的铁基高温浆态床费－托合成技术，实现了260~280℃高温浆态床工业示范运行，有效地提高了副产蒸汽品位，提高了过程的效率，使产品质量得到了大幅改善；在催化剂制备方面，取得了一系列的创新性进展，实现了低能耗、节水、近零排放的绿色化生产（图3）。在上述基础上，该所采用干馏与费－托合成集成的分级液化方法，使优质烟煤（内蒙古鄂尔多斯）的系统能效达到48%~50%，使内蒙古东部褐煤（4000千卡/千克）的制油过程效率也达到45%，为煤炭转化提供了一条更为经济的途径。同时，以生产化工油品为目标的钴基固定床费－托技术也取得重大突破。利用该技术，山西潞安进行了5000吨/年的工业侧线试验，并于2008年12月22日实现了一次开车成功，产出了合格的蜡、汽油、柴油等产品。这些研究成果使我国煤制油技术水平在整体上处于国际领先地位。

图1　千吨级费－托合成液体燃料中试平台（位于山西太原小店基地，于2002年9月8日生产出第一批粗油品，《自然》杂志第435卷曾以该图为背景介绍了中国煤液化技术的发展及其对煤高效洁净利用的重要性[7]）

图 2　16 万吨/年的工业示范厂（位于山西屯留潞安煤化工循环经济园区，于 2009 年 8 月 19 日生产出合格的柴油、石脑油，费 - 托合成 $CO+H_2$，总转化率 88%）

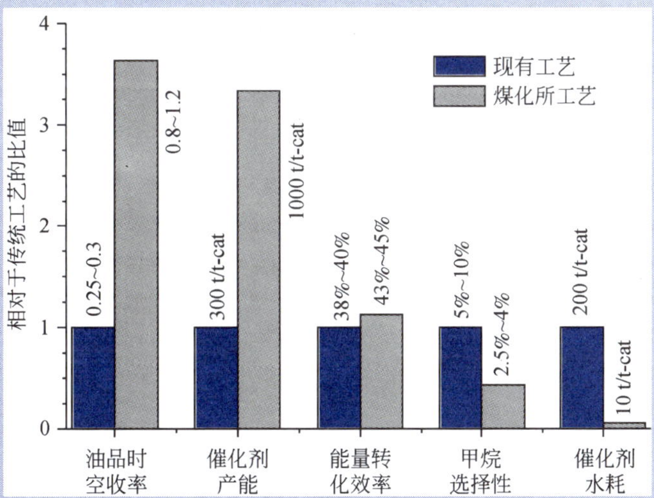

图 3　高温浆态床费 - 托合成技术取得重大突破（现有工艺是指南非的 Sasol 工艺，煤化所工艺是指自主研发的铁基高温浆态床费 - 托合成工艺）

四、展望与建议

洁净煤技术对中国的发展具有非常重要的意义，为加快我国洁净煤技术的发展及其产业化，我们提出如下建议。

（1）制定相应的政策法规，为促进洁净煤技术的发展提供法律环境。2006 年 7 月 3 ~4 日，中国洁净煤发展政策国际研讨会在北京召开。会议提出：形成全国洁净煤技术发展的统一管理和统一规划，清理发展次序；形成国家统一的洁净煤技术政策体系，并出台实施细则；制定合理的国家相关标准；对大型商业化洁净煤技术项目给予必要的激励政策；加强环境驱动和对燃煤用户的环境监管；建立和形成以企业作为洁净煤技术发展的主体机制；加强关于洁净煤技术的宣传，提高公众意识等[8]。

（2）围绕中国发展洁净煤技术的目标，加大基础研究的力度，把基础研究作为技术进步的核心动力，使基础研究与技术开发紧密结合，在此基础上加速核心技术的工业化进程。

（3）加强国际交流与合作，了解国际同领域的发展动态，利用全球资源，引进国外先进人才和技术，并培养国内技术人才。

（4）从整体能效的角度考虑，以资源综合利用为核心，以循环经济和低碳经济理念为指导，充分利用不同技术的优势互补，将不同工艺进行优化、系统集成，发展多联产技术。

参 考 文 献

[1] Committee on the Strategic Assessment of the U S Department of Energy's Coal Program. National Research Council, Coal: Energy for the Future. Washington D C: National Academy Press, 1995.

[2] 姜克隽，胡秀莲，庄幸等．中国 2050 年的能源需求与 CO_2 排放情景．气候变化研究进展，2008，4（5）：296 ~302.

[3] 高晋生，张德祥．煤液化技术．北京：化学工业出版社，2005.

[4] 杜铭华．关于中国煤化工发展的几点讨论．煤质技术，2006，1：1 ~3.

[5] 曹征彦．中国洁净煤技术．北京：中国物资出版社，1998.

[6] 郁向民，李文鹏，徐显明等．我国煤化工技术现状及其发展趋势．云南化工，2005，32（2）：57 ~62.

[7] Peter A. China's buring ambition, Nature, 2005, 435: 1152 ~1154.

[8] 中国能源编辑部．发展洁净煤技术，促进我国经济、能源、环境协调发展．中国能源，2006，28（7）：卷首语．

New Progress in Clean Coal Technology

Yang Li, Wang Jianguo
(State Key Laboratory of Coal Conversion, Institute of Coal Chemistry, CAS)

Clean coal technology (CCT), concerned globally as one of the leading technologies to solve energy and environmental problems, has become one of important fields of international high-tech competition. Since 1980, developed countries have carried out research program in clean coal technology, based on the long-term interests of energy development, and significant progress in some key areas has been made. Many research results have entered into the commercial promotion phase and made great economic benefits. Coal plays a dominant role in China's energy structure, which won't have fundamental change for quite a long time, and the development of clean coal technology becomes extremely important in China. In this paper, the overview of clean coal technology development is summarized, and the current status and the new progress in coal liquefaction are mainly introduced. It also presents several proposals regarding the future development of clean coal technology in China.

3.2　先进核能技术新进展

张作义　李　富　王大中*
（清华大学核能与新能源技术研究院）

核能是可以大规模利用并替代化石能源的新能源。现有核电机组经过长期的运行经验反馈和改进，其技术成熟性和安全性已经达到了很高的水平。核能发展的挑战主要有安全性、废物处置、经济性、铀资源供应、防止核扩散以及核能的公众可接受性等。核电技术的发展主要集中在：二代核电站的持续改进，三代核电站的建设及改进，四代核电技术的研发。我国正在高速发展核电，实现2020年的核电建设

* 中国科学院院士。

规划将使我国成为核电大国。随着三代核电技术的成功引进、消化和吸收，以及大型先进压水堆和高温气冷堆核电站重大专项的成功实施，我国将进一步向着核电强国目标迈进。核电有可能成为我国支撑国民经济持续发展以及完成 CO_2 减排目标的重要途径之一。

一、国际核能发展

核能是可以大规模利用替代化石能源的新能源。核能在保障能源供应、保护环境以及确保能源安全方面有不可替代的优越性。随着气候变化成为人类共同面对的重大问题，各国减排温室气体的压力不断增加，发展核能的兴趣正在提高。

截至 2008 年底，全世界有 436 台核电机组正在运行，总发电装机容量 3.7 亿千瓦，年发电量 2.6 万亿千瓦时[1]。发电装机占总装机 8%，发电量占 14%。

目前国际上普遍认可四代核能技术的划分[2]。20 世纪 50～60 年代发展的早期原型核电站被称为第一代核电技术。20 世纪 60～70 年代核电大规模发展阶段建设的商用核电机组被称为第二代核电技术，包括压水堆、沸水堆、重水堆和气冷堆等不同类型。在吸取美国三哩岛核电站事故经验和教训基础上，20 世纪 80 年代开始研究发展的先进轻水堆核电站被称为第三代核电站。第三代核电站在世纪之交开始投放市场。第四代核电技术是指目前正在发展，预计在 2020～2030 年投放市场的新一代核电技术，要求在安全性、经济性、废物最小化和防止核扩散等方面有明显的改进。

第二代核电机组经过长期的运行、经验反馈和改进，其技术成熟性和安全性已经达到了很高的水平。根据 2008 年世界核电运营者协会（WANO）公布的报告[3]，全世界核电平均年能力因子 86.3%，年非计划停堆次数为 0.5 次/堆年，美国核电平均年能力因子为 91.5%，年非计划停堆次数为 0.41 次/堆年。目前，正致力于把运行寿期从 40 年延长至 60 年。

在第三代核电机组方面，先进沸水堆（ABWR）核电机组已建成运行 4 台，在建 3 台，日本还计划建设 9 台。欧洲压水堆（EPR）已经在法国和芬兰各建设 1 台机组，2009 年中国台山开工建设另外 2 台。2009 年，中国开工建设世界首批 4 台 AP1000 压水堆核电机组。

此外，美国有 17 个项目共 26 台机组正在申请联合建造许可证，选择的机型都是三代核电机组。俄罗斯、韩国、英国，以及一些发展中国家也有在建核电机组，或者正在积极考虑新建核电机组。

二、核能发展面临的挑战

核能发展面临一系列挑战。这些挑战制约其进一步发展，主要有安全性、废物处置、经济性、铀资源供应、防止核扩散及核能的公众可接受性等。

核能的安全性挑战主要集中在防止再次发生像三哩岛和切尔诺贝利那样的重大核事故。为此通过降低功率密度、增加安全系统的冗余度、防止和缓解严重事故等措施进一步改进核电的安全性。第三代核电堆芯损坏频率的目标是 10^{-5}/堆年，大规模放射性外泄的频率是 10^{-6}/堆年。第四代核电致力于排除有大规模放射性外泄事故发生的可能性，在技术上不需要采取场外应急措施。

核废物处置尤其是高放射性长寿期乏燃料的处置是当前核能发展面临的另一个重大挑战。美国 Yucca 山最终处置项目一再拖延表明，最终处置库的建设尚存在一系列工程和社会等方面的困难。对核电站乏燃料后处理并进行分离，将长寿期核素进一步焚烧的先进核燃料循环技术受到重视。此外，干式中间储存技术也得到较快的发展，通过中间储存 100 年左右，保留后处理的可能性，是一种正在引起重视的选择。

实践表明，运行的核电厂在贷款还清以后有很强的经济竞争力。新建核电厂的经济竞争力取决于电厂的造价。如果考虑到化石燃料价格上涨及碳排放等因素，新建核电厂也具有经济竞争力。

2005 年国际原子能机构（IAEA）发表红皮书[4]：全世界成本低于 130 美元/千克的探明铀资源是 474 万吨，预期储量达 1100 万吨，如果考虑磷矿石等非常规储量，大约可以达到 2200 万吨的水平。核燃料价格上涨会造成勘探增加，预期还会有更多的探明储量。目前，世界年消耗天然铀约 6.6 万吨。即使全世界总装机容量达到现在的 3 倍，从世界范围铀资源来看，在一个世纪内天然铀的供应尚不足以构成严重问题[5]。

当核电进一步发展并扩展到第三世界国家时，核不扩散的问题成为又一重要的挑战。“9.11”事件引起了世界对进一步提高核电站防范恐怖袭击能力的关注。当世界范围内的核电建设重新启动之后，核电人才培养、设备制造和建设安装等方面的能力不足也是新的挑战。

针对上述挑战，世界范围内核电技术的发展主要有如下趋势。

（1）二代核电站的持续改进。主要集中在延长寿期、提高电站容量、减少停堆时间、减低工作人员所受放射性剂量、减少放射性废物量等方面。

（2）三代核电站的建设及改进。主要是通过首台或首批机组的建设，取得第三代核电的建设和运营经验，并在此基础上进一步发展。

（3）四代核电技术的研发。第四代核电技术包括钠冷快中子堆、甚高温气冷堆、超临界水堆、气冷快中子堆、铅冷快中子堆及熔盐堆。钠冷快中子堆在增殖核燃料和废物焚烧方面具有独特优越性，法国和日本正在试图重新启动超凤凰快堆和文殊快堆，俄罗斯和印度有大型快中子堆核电站的建设项目，我国 65 兆瓦试验快堆即将投入运行。高温气冷堆具有良好的固有安全特性，主要用于高效率发电和核能的高温工艺热应用。目前世界的高温气冷堆项目有中国的 20 万千瓦级模块式高温气冷堆核电站 HTR-PM、南非 16.5 万千瓦级的球床模块式反应堆（PBMR）和美国的下一代核电厂项目（NGNP）。试验堆有日本的高温工程实验堆（HTTR）和中国的 10 兆瓦高温气冷实验堆（HTR-10）。

在核燃料循环技术方面，以铀钚分离为目标的 PUREX 流程已经发展成熟，正在发展具有分离次锕系核素能力的高放废液分离流程。

三、中国核能的发展

按照《核电中长期发展规划（2005～2020 年）》，预期中国 2020 年将建成 4000 万千瓦核电，在建 1800 万千瓦。从目前我国对核电发展需求趋势看，核电发展规划可能有所增加。预计在 2030 前后，我国核电有可能达到 1 亿千瓦以上。

我国已经建成并运行 11 台核电机组，总装机容量 907.8 万千瓦，占同期全国总装机容量的 1.3%[7]（表 1）。国家能源局发表的报告表明[6]，2008 年上网发电量 692 亿千瓦时，占全国总发电量的 2% 左右，年平均能力因子为 87.3%，年非计划停堆次数 0.4 次/堆年。这表明，我国的核电站已取得良好的运行业绩。

表 1　我国已建成核电站情况[7]

核电站	堆型	装机容量/万千瓦	商业运行日期
秦山一期	压水堆	31.0	1994.04
大亚湾－1	压水堆	98.4	1994.02
大亚湾－2	压水堆	98.4	1994.05
秦山二期－1	压水堆	65.0	2002.04
岭澳－1	压水堆	99.0	2002.05
秦山三期－1	重水堆	70.0	2002.12
岭澳－2	压水堆	99.0	2003.01
秦山三期－2	重水堆	70.0	2003.07

续表

核电站	堆型	装机容量/万千瓦	商业运行日期
秦山二期 -2	压水堆	65.0	2004.05
田湾 -1	压水堆	106.0	2007.05
田湾 -2	压水堆	106.0	2007.08

目前，我国在建核电机组有22台（表2）。这些机组大部分是二代改进型压水堆核电机组，是以我国20世纪80年代后期从法国引进的90万千瓦级M310型压水堆核电厂为主，在核岛主系统主设备基本保持不动的情况下，通过在堆芯燃料装载、数字化仪控系统、半转速汽轮机等方面进行技术改进，以及加大自主设计、制造、建设和运行能力建设，发展建设成的具有中国特点的核电机组。这些核电机组技术成熟，经过国产化和系列化建设后经济上有一定竞争力。

表2 我国在建核电站情况[7,8]

项目	装机容量/万千瓦	机型
广东岭澳二期	2×108	二代改进型
浙江秦山二期 -2	2×65	二代改进型
广东阳江一期	2×108	二代改进型
福建宁德一期	2×108	二代改进型
福建福清一期	2×108	二代改进型
辽宁红沿河一期	4×108	二代改进型
浙江方家山	2×108	二代改进型
浙江三门一期	2×125	AP1000
山东海阳一期	2×125	AP1000
广东台山一期	2×170	欧洲压水堆（EPR）

自2004年以来，通过统一对外招标，我国最终决定引进美国西屋公司采用的非能动安全技术的AP1000核电机组技术，2009年开工建设浙江三门和山东海阳共计4台AP1000核电机组。这是全球首次开工建设的AP1000核电机组。在消化吸收AP1000核电技术的基础上，将形成我国下一步核电批量建设的主流技术。

大型先进压水堆及高温气冷堆核电站重大专项于2008年正式进入实施阶段，包括大型先进压水堆、高温气冷堆和大型商用后处理厂科研三个部分。大型先进压水堆的目标是在消化吸收 AP1000 技术和再创新的基础上，建设示范电站，使我国全面掌握第三代核电关键技术，具备标准化、批量化建设大型先进压水堆核电站的能力。高温气冷堆核电站重大专项的目标是以我国已经建成运行的 10 兆瓦高温气冷实验堆为基础，力争在 2013 年前后建成具有自主知识产权的 20 万千瓦级模块式高温气冷堆商业化示范电站，为发展第四代核电技术奠定基础。大型商用核燃料后处理厂的科研目标是在消化引进技术的基础上为我国建设大型商用后处理厂提供科技支撑。

我国 65 兆瓦实验快堆即将开始运行，正在考虑引进技术建设比 600 兆瓦电功率更大功率的示范电站，以加速快堆商用的步伐。

在核能的非电应用方面，我国正在继续开展以低温核供热堆为基础的核能海水淡化、集中供热、工业蒸汽供热等方面的研究与开发。

通过国家“973”计划的支持，我国开展了加速器驱动次临界核能系统（ADS）的研究，正在支持超临界水堆的研究。我国对核聚变进行了长期的研究，2006 年又正式参与了国际热核聚变实验堆（ITER）计划。

对于核电站运行寿期末的退役，国际上有封存、埋葬、拆除等处理方案。中国的核电站已考虑此因素。国家发展和改革委员会发布的《核电中长期发展规划（2005～2020 年）》规定：为保证今后核电站“退役”顺利进行，电站投入商业运行开始时，即在核电发电成本中强制提取、积累核电站退役处理费用；在中央财政设立核电站退役专项基金账户，在各核电站商业运行期内提取。

四、展望和建议

我国核电正在高速发展。实现 2020 年的核电建设规划将标志着我国成为核电大国。随着三代核电技术的成功引进、消化和吸收，以及大型先进压水堆和高温气冷堆核电站重大专项的成功实施，我国将进一步向着核电强国目标迈进。

为确保核电的健康发展，我国应大力做好以下几个方面的工作。

（1）高度重视核电安全的重要性，切实加强核安全监管体系建设及核安全文化建设，以确保不发生重大核事故。

（2）抓好在建核电机组的建设及国产化配套能力建设。

（3）切实推进重大专项的实施。

（4）加快核能发展的基础支撑条件建设，加快核电人才培养、自主设计和研发能力的建设。

（5）继续推进核电产业相关体制、机制改进，以适应我国核电大发展的需要。

参 考 文 献

[1] IAEA. Energy, electricity and nuclear power estimates for the period up to 2030, IAEA Reference Data Series No. 1, VIENNA, 2009: 12-13.

[2] The United States Department of Energy's Nuclear Energy Research Advisory Committee, Generation IV International Forum. A Technology Roadmap for Generation IV Nuclear Energy Systems, 2002.

[3] World Association of Nuclear Operators. 2008 performance indicators. 2009, http://www.wano.org.uk/PerformanceIndicators/PI_Trifold/PI_2008_TriFold.pdf.

[4] OECD, International Atomic Energy Agency. Uranium 2005: Resources, Production and Demand. OECD Publishing, 2006.

[5] MIT. The Future of Nuclear Power, An Interdisciplinary Mit Study, 2003, http://web.mit.edu/nuclearpower/pdf/nuclearpower-full.pdf.

[6] 国家能源局. 2008 中国核电报告. 2009: 27.

[7] 国家能源局. 2008 中国核电报告. 2009: 21.

[8] 中国核能行业协会. 新中国 60 年核能发展大事记, 中国核能行业协会网站 http://www.china-nea.cn/html/2009-11/4239.html.

Progress on Advanced Nuclear Power Technology

Zhang Zuoyi, Li Fu, Wang Dazhong

(Institute of Nuclear and New Energy Techology, Tsinghua University)

Nuclear power is one kind of new energy that is capable for substitution of fossil energy in large scale. The maturity and safety of current nuclear power plants (NPPs) reached a high level after the long term operation experience feedback and improvement. The main challenges for the nuclear power development include the safety, waste disposal, economy, supply of uranium resource, non-proliferation, public acceptance and et al. The development of nuclear power technology mainly focuses on following aspects: continuous improvement on the current Generation II NPPs, construction of and improvement on the Generation III NPPs, research and development on the Generation IV nuclear systems. Nuclear power is being developed very fast in China. China will become a big country for NPP after achieving the NPP construction plan of year 2020. China will approach the target of powerful country for NPP with the successful import, digestion and absorption of the Generation III NPPs technology, and with the successful implementation of the National Top Priority Science and Technology Project on "advanced large pressurized water reactor and high-temperature gas-cooled reactor nuclear power plants". Nuclear power will become one of the important solutions for China to support the sustainable development of national economy and to achieve the target of carbon dioxide emission reduction.

3.3 燃料电池技术新进展

侯　明　衣宝廉*

（中国科学院大连化学物理研究所）

燃料电池是把燃料中的化学能经过电化学反应直接转化为电能的发电装置[1]，其电化学工作原理与我们常用的各种电池相类似。每节单池都是由催化燃料进行氧化反应的阳极、催化氧化剂进行还原反应的阴极、分隔燃料与氧化剂与起离子传导功能的隔膜和收集电流作用的双极板构成。以氢氧燃料电池为例，一节单池正常工作时输出电压仅有0.6~0.9伏，而实际应用需要几十伏或几百伏的电压，因此通常将多节单池按压滤机原理组装成电堆。在实际应用中，还可将多个电堆组合在一起构成电池模块。燃料电池与其他二次电池的根本区别在于：燃料电池的燃料与氧化剂均储存在电池外，电池仅决定输出功率的大小，而燃料储罐决定储存能量的多少。因此，一个可使用的燃料电池系统应由燃料电池堆、燃料与氧化剂供给、水热管理、电管理与控制等分系统组成。当燃料电池工作时，需要不间断地向电池内输入燃料和氧化剂并同时排出反应产物。因此，从工作方式上看，它类似于常规的汽油或柴油发电机。

由于燃料电池的高效、高重量比功率与体积比功率，它在不依赖于空气推进（AIP）的潜艇与载人航天等特种领域已成功获得应用。在电动汽车、民用发电等民用领域，燃料电池正处于示范运行阶段，但这些民用产品在追求低成本的同时，燃料电池的寿命也面临着很大的挑战，因此，成本、寿命问题是实现燃料电池民用产品商业化所需要解决的技术问题。科学家们正在通过研究衰减机理、优化操作条件、改进或研发新材料等手段来提高燃料电池的寿命；同时通过研发廉价新材料和批量生产技术来降低成本。此外，氢源也是与燃料电池应用相关的热点问题，近期研究重点是化石能源廉价制氢技术或工业副产氢利用技术；远期需培育和发展可再生能源或核能制氢技术，使之与可持续发展的低碳经济接轨。由于篇幅有限，本文对氢源问题不作详细评述。目前低成本、长寿命的燃料电池技术已取得可喜的进展，下面将简要介绍几种主要的燃料电池的新进展。

* 中国工程院院士。

一、碱性燃料电池

传统的碱性燃料电池（AFC）通常以氢氧化钾（KOH）为电解液，氢、氧分别为燃料和氧化剂。早在20世纪60年代，AFC就作为载人宇宙飞船和航天飞机动力源成功地应用于“阿波罗”（Apollo）登月计划中，现役的航天飞机仍采用AFC为动力，这种轻质、高效的动力源一直是美国航天技术的首选。在地面应用方面，当以空气为氧化剂时，由于大气中CO_2与AFC的碱性电解液KOH反应生成碳酸钾（K_2CO_3）沉淀，电池性能出现衰减，因而AFC在地面发电设施中的应用受到了制约。

碱性聚合物电解质膜燃料电池（APEFC）的出现给碱性燃料电池的地面应用带来了新的契机，近年来得到了广泛的关注[2]。与传统的AFC中液态KOH电解质不同，APEFC采用的是固态聚合物OH^-离子交换膜，这种固态聚合物膜由于没有可移动的金属阳离子，不会产生碳酸盐沉淀与电解液流失；此外，APEFC工作时OH^-是从阴极迁移到阳极，易于电池的水管理，当以醇类为燃料时可有效减少醇的透过。除了具有上述优势外，APEFC还保留了传统AFC的优点：仍然是碱性环境，与质子交换膜燃料电池（PEMFC）酸性环境相比，材料的腐蚀问题得到缓解；最重要的是碱性环境中的氧还原动力学快于酸性条件，催化剂可采用非贵金属，这可使燃料电池成本得到降低。APEFC的技术难点是研制具有高离子传导性、高稳定性的碱性离子交换膜，目前研究者大多采用季胺[3]或季膦[4]型聚合物膜，通过对电解质可溶性溶剂的选择，已制备出带有立体化三相界面的非贵金属催化剂膜电极，验证了APEFC工作的可行性，但聚合物膜的离子传导性与稳定性还有待于进一步提高。

二、质子交换膜燃料电池

质子交换膜燃料电池（PEMFC）是以固态聚合物为电解质膜，氢气或醇类为燃料，空气或氧气为氧化剂。20世纪60年代PEMFC最先用于“双子星座”（Gemini）航天飞船，但当时采用的是聚苯乙烯磺酸膜，这种膜在电池工作过程中易发生降解，导致电池寿命的缩短。杜邦公司全氟磺酸聚合物膜的出现，给PEMFC的应用带来了福音。作为潜艇上AIP动力源是PEMFC技术成功应用的范例，从2002年第一艘燃料电池AIP（FC-AIP）潜艇下水，至今已经有6艘FC-AIP潜艇在役[5]，还有一些FC-AIP潜艇在建造中。2009年10月，意大利军方订购的2艘改进型FC-AIP潜艇开始建造[6]，潜艇水面排水量为1450吨，总长为56米，最大直径为7米，额定船员

24 名，水下最大航速为 20 节，计划在 2015 ~ 2016 年开始服役。FC-AIP 潜艇具有续航时间长、安静、隐蔽性好等优点，通常由柴油机驱动的潜艇水下一次潜航时间仅为 2 天，而 FC-AIP 潜艇一次潜航时间可达 3 周。

PEMFC 用于交通运输车辆也是近十几年来比较活跃的研究领域，各国政府、各大汽车公司以及研究机构都在从不同侧面探索 PEMFC 在车上的应用，并取得了令人瞩目的进展。大量的示范运行表明，燃料电池汽车从性能方面已能满足车辆的需求。最具代表性的是历时 2 年的欧洲城市交通演示项目（CUTE），德国戴姆勒公司生产的 27 辆燃料电池客车在 9 个城市累计运行 62 000 小时，行驶 85 万千米，承载乘客约 400 万人次[7]；二期示范项目（HyFleet：CUTE）仍在继续进行，33 辆燃料电池公共汽车已累计运行 200 多万千米。我国车用燃料电池技术起步于“九五”末期、经历了近 3 个“五年计划”的发展，燃料电池电动汽车技术得到了显著提升。在 2008 年北京奥运会上，燃料电池轿车成为“绿色车队”中的重要成员，20 辆帕萨特“领驭”燃料电池轿车为北京奥运会提供了交通服务（图 1），单车无故障行驶里程达到 5200 千米；其后，部分燃料电池轿车又于 2009 年参加了美国加州为期半年的道路测试与示范运行服务，为大规模商业化运行进行了成功的探索。此外，还有 3 辆燃料电池城市客车作为“中国燃料电池公共汽车商业化示范项目”的一部分，自 2008 年 7 月在北京进行为期 1 年的示范运行（图 2），为燃料电池商业化进一步积累了经验与数据。

图 1　2008 年北京奥运会使用的燃料电池轿车

图2 北京公交线路上示范中的燃料电池客车

车用燃料电池由于受车辆运行工况功率频繁变换的影响，关键材料如电催化剂、质子交换膜等性能的衰减已成为制约其商业化的“瓶颈”，采用混合动力电动汽车，可以缓解车辆运行的动态载荷，改善耐久性。车用燃料电池寿命目前国内外的水平均在2000～3000小时，距5000小时的商业化目标尚存一定的差距，研究人员正在深入研究衰减机理，优化操作条件，改进材料[8]，争取在2015年产业化。在成本方面，还要继续推进廉价替代材料如非Pt（铂）催化剂、烃类膜等的研究，发展批量生产技术；“十一五”期间，科技部在新能源汽车重大项目中及时设立了以关键材料为核心的共性基础课题，使国产材料的制备技术取得了较大的突破，下一步要把现有成果成熟化，掌握批量生产工艺，预计在“十二五”期间成本会有一个大幅度的下降。

由于PEMFC具有高的比能量，目前一些发达国家的军方正在支持研制长续航能力的燃料电池无人驾驶飞机（UAV），取得了令人鼓舞的结果。2008年12月，美国空军的以PEMFC为动力的UAV“美洲狮”（Puma）飞行了近9小时；2009年10月，美国海军又公布了一款燃料电池UAV“离子虎”（Ion Tiger）（图3），飞行时间23～26小时[9]。该UAV自重为17千克，能携带有效载荷2.3千克，采用550瓦燃料电池，效率可以达到传统内燃发动机的4倍，与现有的较先进的二次电池相比，UAV中使用的FEMFC的能量是相当量重量的常规电池的7倍。下一步，将开发1.5千瓦能航行3天的燃料电池UAV，这种长续航时间、安静的无人机在现代化战争中将发挥越来越重要的作用。

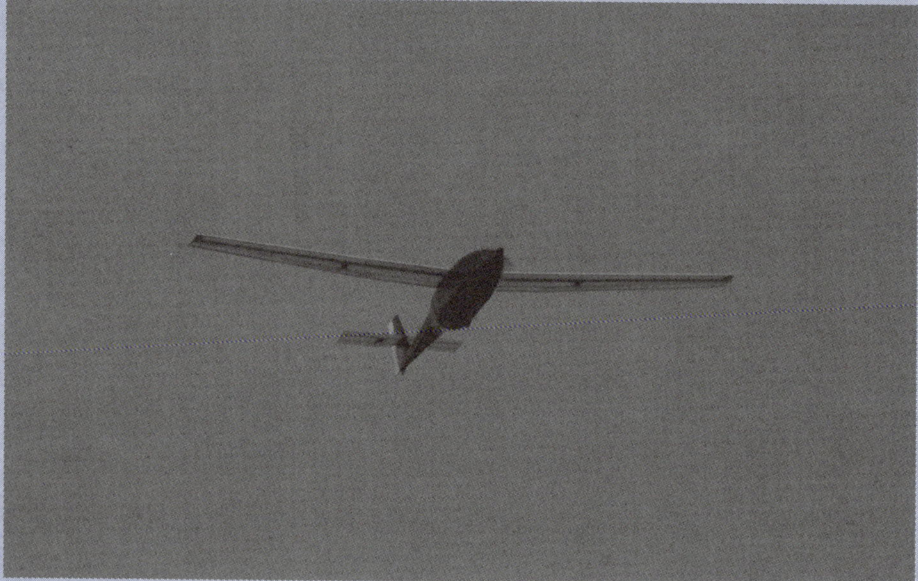

图3　美国海军燃料电池 UAV，续航时间为 23～26 小时

PEMFC 与电解水相结合构成再生燃料电池（RFC），可与太阳能电池联用。向日时，太阳能发电，电解水生成 H_2 与 O_2；背日时，燃料电池发电生成水，水循环使用，保持储能基本恒定。RFC 用作临近空间飞行器的主电源，引起了国际上的极大关注，目前正处于大力推进阶段。临近空间飞行器作为高分辨率对地观测系统的一部分，能够实现长时间无人值守的预警侦察、通信中继、遥感遥测、太空中转等功能，我国已经把高分辨率对地观测系统列入《国家中长期科学和技术发展规划纲要（2006～2020）》16 个重大专项之一。2009 年 3 月，美国五角大楼宣布出资 4 亿美元研制一种巨型飞艇[10]，能在将近 20 000 米高空飞行 10 年、提供对地不间断雷达监测。这种飞艇设计由太阳能电池板和再生氢氧燃料电池提供动力，长约 137 米。我国再生燃料电池技术已经打下了较扎实的基础，2008 年研制的 12 千瓦试验样机通过了相关部门验收。2009 年 11 月，我国科学家研制的以燃料电池为动力源的"致远一号"飞艇在上海宝山区的飞艇基地试飞成功（图 4），这是我国首次采用 PEMFC 作为飞艇主动力。下一步，要进一步突破可靠性、环境适应性等关键技术，发挥 RFC 在空间技术方面的优势。

图 4 燃料电池飞艇
（2009 年 11 月国内“致远一号”飞艇试飞成功）

用 PEMFC 代替蓄电池、柴油或汽油发电机，可以作为不间断备用电源（UPS）或为偏远地区提供高密度、高效率、长备用时间的环保型电源。美国 Idatech 公司研制的 5 千瓦 UPS 于 2008 年已得到印度 ACME 集团一份 30 000 台的订单。我国也研制出 10 千瓦的供电系统，以家庭用电为示范，已经运行了 2500 小时。此外，1 ~ 5 千瓦小型热电联供装置，采用甲醇或天然气为燃料，重整系统与燃料电池集成，产生的电和热供家庭与一些公共场所使用。日本 Ebara Ballard 公司的 1 千瓦燃料电池发电产品已经在 700 多个场所试验，并建立了年产 4000 台的生产基地。

以甲醇为燃料的 PEMFC（也称为直接甲醇燃料电池，DMFC），具有液体燃料携带方便、比能量高等特点，主要应用于军民微小型可移动电源领域[11]。我国一研发单位突破了部件与系统的关键技术，研制出额定输出功率为 25 瓦/50 瓦的 DMFC 移动电源系统（图 5），经同行专家现场测试结果表明，DMFC 移动电源系统能量密度达 502 瓦·时/千克，约为锂离子电池的 3 倍；当为野外移动通信设备等供电时，可将其工作时间从原来的几个小时提高到 1 ~ 3 天。另外，作为电子器件电源，国内外都开发出了燃料电池手机、笔记本等原型样机，具有较长的待机能力，且充电迅速（只需更换燃料罐的 1 ~ 2 分钟时间）。但由于系统管理、小型化等方面还有待突破，近期人们把目光又集中到了充电器市场。东芝公司 2009 年 10 月发布甲醇燃料电池充电器产品 Dynario™（图 6）[12]，可为手机等电子器件充电，已经通过了国际电工协会（IEC）的安全标准，首次生产了3000部，计划试售后，收集用户反馈意见与市场反应以便进行改进。

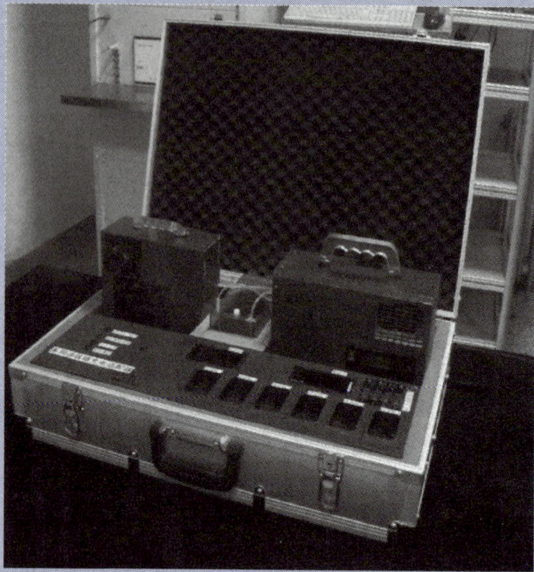

图5　DMFC移动电源系统（25～50瓦）

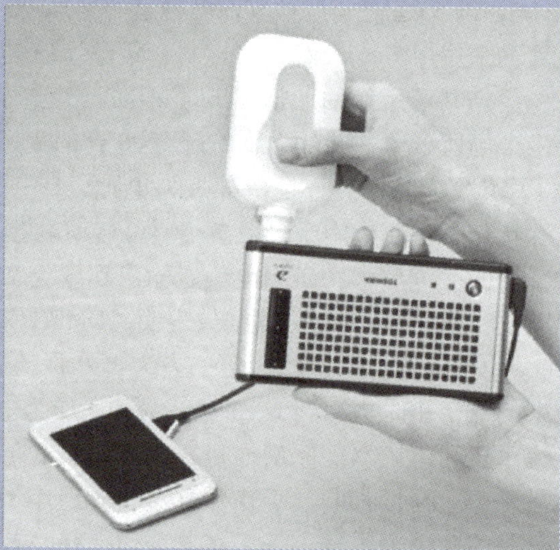

图6　DMFC电子器件充电器

DMFC也可应用在单兵作战电源上。随着现代化战争装备的日益强化，需要单兵作战电源提供更多的电子设备支撑，德国的Smart Fuel Cell公司与杜邦公司合作，为美国陆军开发了型号为M-25燃料电池单兵电源，用于数字通信、GPS等电子装备。经过实际测试表明，这种电池可以在平均20瓦功率下使用72小时，而重量比传统电池降低了80%，该项目得到美国陆军采办挑战项目总计约3亿美元的资助[13]。此外，供陆军指挥系统的无线电卫星通信、远程监控装置等使用的DMFC移动电源也在研制中。

目前，DMFC在技术方面还需要进一步解决由于甲醇渗透引起的效率降低与性能衰减、催化剂等关键材料在运行过程中的稳定性与耐久性、系统水热管理等问题，通过研制新型阻醇膜、多元合金催化剂、调变膜电极组件结构等，DMFC可尽早实现在军民微小型电能源方面的大规模应用。

三、中高温燃料电池

中高温燃料电池主要包括：①磷酸燃料电池（PAFC），工作温度为100～200℃；②熔融碳酸盐燃料电池（MCFC），工作温度650～700℃；③固体氧化物燃料电池（SOFC），工作温度为600～1000℃。这些燃料电池的名称来源于所采用的电解质，主要用于民用发电领域。

20世纪80年代由于石油资源开始出现危机，研究人员开发了磷酸型和熔融碳酸盐型燃料电池发电装置，并取得一定成功。已有200多台磷酸型燃料电池发电设备在世界各地运行，主要用作备用电站或不间断电源等，有的寿命已达40 000小时，但其成本高于火力发电厂，难以大规模推广。此外，还有十几座MCFC电站在世界各地进行示范运行，但由于熔盐的强腐蚀性，电池寿命仅达20 000小时，尽管已有这种电池的批量生产技术与工厂，但还是不能与火电厂竞争，仅限于特殊领域的应用。

人们更看好的是可用于联合循环发电的、全固态的、固体氧化物燃料电池。固体氧化物燃料电池是以固态金属氧化物为电解质，燃料除了氢气以外还可以是CO、烃类、醇类等气体和液体燃料。SOFC的结构有板式与管式2种[14]。以阴极作支撑的管式SOFC机械强度高，热循环性能好，易于组装与管理，自2000年以来西门子－西屋公司已建多台大型100～250千瓦分散电站进行试验运行，其中以天然气为燃料的100千瓦SOFC系统总计运行20 000小时，220千瓦SOFC与燃气轮机联合发电系统实现了60%～70%的效率。已有的技术如电化学气相沉积和多次高温烧结等导致阴极支撑型SOFC电池成本过高，难以推广。在制备电解质薄膜过程中，人们寄希望于采用廉价的湿化学法、等离子喷涂等技术替代电化学气相沉积，并利用改进烧结工艺、减少烧结次数等手段，达到大幅度降低阴极支撑管型 SOFC 成本的目的。

由于阴极支撑管壁较厚，阴极阻抗和氧化剂在多孔电极中的传质阻力都较大，所以电堆需要在 1000℃左右的高温下工作。阳极支撑结构可以减薄电解质膜与阴极厚度，减少阴极极化，降低离子传导的阻力，可以实现电池在 600～800℃的中温下工作。中温板式 SOFC 电池近年来在密封、膜电极三合一的制备、金属双极板等方面已取得突破性进展。这种 SOFC 具有功率密度高等特点，特别适用于 10 千瓦以下小型发电系统；但要用于分散电站，还需解决这种高温电池 10～100 个电池系统的串并联技术难题。阳极支撑微管型 SOFC 具有功率密度高、启动快等特点，也特别适用于小型发电系统。2009 年，美国能源部发布了对小型 SOFC 发电技术的支持项目，方向包括以天然气为燃料的 SOFC 热电联供系统（CHP）和以柴油为燃料的 SOFC 辅助动力源（APU）。其中 CHP 主要用于家庭、公共设施供电；APU 主要用于交通领域的辅助电源，由于燃料与车载柴油相兼容，可用作重型卡车的空调等辅助供电。阳极支撑的中温 SOFC 可以在一定程度上降低对材料的要求，研究人员正在开发替代材料，采取改进制备工艺和发展小批量制备设备进行批量生产等措施，进一步降低电池成本。

目前，SOFC 发电系统在商业化进程中主要解决的问题是提高性能、保证寿命、降低成本、增加可靠性等。美国能源部固态能量转换联盟（SECA）项目，投入 8 千万美元进行了为期 10 年（2002～2012 年）的相关研究，目标是寿命大于 40 000 小时、成本小于 400 美元/千瓦。

四、展望与建议

燃料电池效率高、比能量高、环境友好，在交通运输、监测预警、移动通信、分散电站等领域具有广阔的应用前景。在交通运输领域，燃料电池电动汽车在性能方面与现有的内燃机汽车基本相当，重点需要解决寿命与成本的问题，可以通过演示运行与基础研究相结合，从材料与部件的改进，到系统与过程的优化，全面实现技术的提升。

在水下潜器方面，燃料电池为动力的 AIP 潜艇已经服役，具有续航时间长、隐蔽性好等特点，值得我国军方的关注。在航空航天方面，燃料电池已经在美国宇宙飞船和航天飞机中得到成功应用，临近空间飞行器、无人机等是目前的研究热点，在已取得的成果基础上，需加大推进力度，重点解决可靠性、空间环境适应性等问题，使之在预警监测方面发挥长时间坚守的优势。

在微小型电能源方面，主要是发展手机、笔记本等电子器件电源与充电器产品。在单兵与战地指挥电源方面，燃料电池已经得到各国军方的重视。在移动或固定燃料电池发电系统方面，1～10千瓦小型燃料电池发电系统主要应用在家庭、公用场所、应急电源、辅助电源等领域；大型的发电系统作为分散电站已经完成了演示验证，下一步要特别重视煤基IGFC（Integrated Gasification Fuel Cell）技术，实现高温SOFC与煤基系统结合，使煤资源得到充分合理的利用，提高能量转化效率，以实现低碳排放。此外，SOFC与燃气轮机、汽轮机联合循环发电以及与热电联供系统（CHP）结合[15]，可以进一步使资源得到合理有效的利用。

建议我国在继续大力支持燃料电池汽车、民用发电示范运行的同时，加强对燃料电池衰减机理与对策、关键材料创新的支持力度；同时，尽快启动燃料电池在国家急需的特种应用领域的研发与示范。

参 考 文 献

[1] 衣宝廉. 燃料电池：原理、技术与应用. 北京：化学工业出版社，2003：5～8.

[2] Bidault F, Brett D J L., Middleton P H, Brandon N P. Review of gas diffusion cathodes for alkaline fuel cells. Journal of Power Sources, 2009, 187: 39～48.

[3] Lu S, Pan J, Huang A, et al. Alkaline polymer electrolyte fuel cells completely free from noble metal catalysts. Proceedings of the National Academy of Sciences, 2008, 105 (52): 20611～20614.

[4] Gu S, Cai R, Luo T, et al. A soluble and highly conductive ionomer for high-performance hydroxide exchange membrane fuel cells. Angew Chem Int Ed, 2009, 48: 6499～6502.

[5] Type 212 submarine. http://en. wikipedia. org/wiki/Type_212_submarine, 2009-11-30.

[6] 何远玲. 意大利海军新一批U212A级潜艇在造船金融集团开工建造. http://www. dsti. net/News/55251. htm [2009-12-10].

[7] Clean Urban Transportation for Europe. Detailed summary of achievements. http://ec. europa. eu/energy/res/fp6_projects/doc/hydrogen/deliverables/summary. 2006.

[8] 侯明，俞红梅，衣宝廉. 车用燃料电池技术的现状与研究热点. 化学进展，2009，21 (11)：2319～2332.

[9] NRL Press Release. NRLis ion tiger sets 26-hour flight endurance record. http://www. nrlnavy. mil/Press. Release. php? Y=2009 & R=126-09r [2009-11-23].

[10] 孙瑞博. 美空军计划五年内研制出能飞行十年的侦察飞艇. http://news. xinhuanet. com/mil/2009-04/01 antent_11114356. htm [2009-04-01].

[11] Kamarudin S K, Achmad F, Daud W R W. Overview on the application of direct methanol fuel cell (DMFC) for portable electronic devices. Int J Hydrogen Energy, 2009, 34: 6902 ~ 6916.
[12] Toshiba News Release. Toshiba launches direct methanol fuel cell in Japan as external power source for mobile electronic devices. http://www.toshiba.co.jp/about/press/2009_10/pr2201.htm, 2009-12-22.
[13] Crawley G. 2007 Military Survey. http://www.fuelcelltoday.com/media/pdf/surveys/2007-Military.pdf, 2007-5.
[14] Holtapples P, Stimming U. Solid oxide fuel cell. Handbook of Fuel Cells, Oxford: John Wiley & Sons Ltd, 2003: 335 ~ 354.
[15] Zhang X, Chan S H, Li G, et al. A review of integration strategies for solid oxide fuel cells. Journal of Power Sources, 2010, 195: 685 ~ 702.

Progress in Fuel Cell Technology

Hou Ming, Yi Baolian
(Dalian Institute of Chemical Physics, CAS)

Due to their high efficiency and low emissions, fuel cells have been paid much attention by governments, companies and researchers. In this paper, fuel cell principle is introduced firstly. Progress in alkaline fuel cell, proton exchange fuel cell and intermediate & high temperature fuel cells is reviewed. Fuel cells have been applied successfully in spacecrafts, space shuttles and submarines. In the civilian field, fuel cell vehicles, stationary power stations with different scales as well as portable power sources have been demonstrated worldwide. In the military field, fuel cells for near-space airship, unmanned aerial vehicles (UAV), and soldier power sources have progressed significantly. There are still some issues on cost and durability have to be solved for fuel cell commercialization in the future.

3.4 智能电网新进展

肖立业
（中国科学院电工研究所）

随着电力在终端能源中所占的比例不断提高，人类对电网的依赖程度越来越高，从而对电网的安全性、可靠性和电能质量提出了更高的要求。近些年，新能源得到了飞速的发展。新能源的大规模开发利用将导致发电方式、输配电方式和电能利用方式的重大变革，从而给电网带来巨大挑战。同时，日益增大的节能减排的压力，使电网的综合效率和效益的提高成为刻不容缓的大事。以上几个方面的因素，迫使人们思考如何整体提升电网的发展水平。于是，智能电网的思想应运而生。智能电网将是传统电网在发展100多年后的一次质的飞跃，将与新能源技术一道推动能源工业的革命。本文将重点介绍智能电网的发展现状和前景，并对我国智能电网技术的发展提出几点建议。

一、国内外智能电网发展现状

什么是智能电网，目前还没有一个统一的定义，不同的学者从不同的角度给智能电网下了大同小异的定义[1~6]。从总体上看，电网的发展总是与特定时期的能源体系、技术发展水平和需求相适应。智能电网的本质就是利用现代信息技术、新材料技术、储能技术和新的电网组织结构等来运行和管理电网，使电网能够大规模地容纳新能源的接入，并使电网更加高效、安全、可靠。智能电网能够实现可观测（即能够监测电网所有设备的状态）、可控制（即能够控制电网设备的工作状态）、完全自动化（即可自适应并实现自愈）和系统综合优化平衡（即能够实现发电、输配电和用电之间的优化平衡和自适应互动）。智能电网将为实现能源体系的重大变革提供基础，是未来能源生产、传输、分配和利用的主体。图1为智能电网的结构示意图。下面将介绍智能电网的国内外发展现状[7~10]。

智能电网的研究起源于美国。20世纪90年代，美国经常发生停电事故，这给美国带来了很大的损失，因此，美国能源部（DOE）考虑对电网进行升级改造。2001年，美国正式提出了Intelligrid的概念，Intelligrid也可翻译成智能电网。2003年，DOE出台了“Grid 2030”计划，这个计划基本上勾画出智能电网的构架，并制定了实施的路线图。其目标是：到2030年，美国将建立完全自动化的输配电系统，它将实现对每个用户及每一网络节点的监视和控制，从而确保从电厂到用电器之间产生双向的电力潮流及信息流。分布智能、宽带通信、监视和控制以及自动响应，使用户、楼宇、工厂与电网之间实现无缝连接，并能进行实时的市场交易。2004～2007年，美国政府成立了专门的机构，通过资助一批项目，来推动智能电网路线图的实施。此外，美国对未来电网的发展进行了展望，提出了电网要采用分布式发电，并要达到以下要求：具有储能、自愈和抵御攻击的能力，可提高能效，能产生符合新世纪需求的电能质量，可实现用户参与、电网的市场化和资产优化。2007年12月，美国通过了《能源独立和安全法》（EISA），并明确智能电网工程进入实施阶段，同时组建了联邦智能电网工作小组，以推动智能电网相关技术的发展和应用。

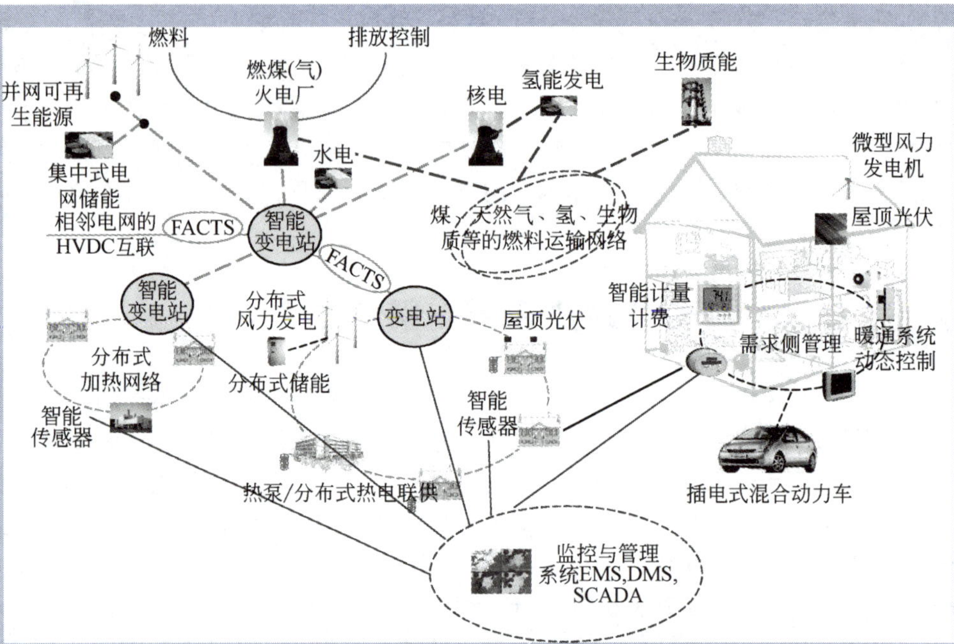

图1　智能电网的结构示意图

Xcel Energy 公司从 2008 年起在科罗拉多州的一个 5 万人的小镇 Boulder 开始建设全美第一个“智能电网”城市，主要目标是：构建具有实时高速双向通信网络的配电网，整合基础设施，支持小型风电和太阳能发电、混合电力汽车、电池系统等分布式发电和储能技术。2009 年初，美国总统奥巴马宣布要大力发展智能电网技术产业，最大限度地发挥美国国家电网的价值和效率，逐步实现美国太阳能、风能、地热能的统一入网管理，全面推进分布式能源的管理，创造世界上最高的能源使用效率。自 2009 年 3 月，美国陆续公布了一些智能电网的技术标准，从而将全球智能电网技术的发展推向了一个新高潮。

开发可再生能源和清洁能源，以及电力需求趋于饱和后提高供电可靠性和电能质量等的需求，导致了欧洲智能电网的兴起。2005 年，欧盟成立了“智能电网技术论坛”，提出了智能电网愿景，制定了《欧洲未来电网的远景和策略》，形成了《战略性研究议程》和《战略部署文件》等报告。2006 年，欧盟理事会的能源绿皮书《欧洲可持续的、竞争的和安全的电能策略》强调：欧洲已进入新能源时代，能源政策最重要的目标必须是供电的可持续性、竞争性和安全性，智能电网技术是确保欧盟电网电能质量的一个关键技术和发展方向。他们提出，作为欧洲 2020 年及后续的电力发展目标，欧洲电网应满足如下要求：在适应未来电网变化与挑战的同时，满足用户多样化的电力需求；使所有用户都可接入电网，促进用户对可再生、高效、清洁能源的利用；提高电力供应的可靠性与安全性；以满足数字化时代的电力需求；通过技术创新、能源有效管理、有序市场竞争及相关政策等提高电网的经济效益。2008 年 7 月，欧盟启动了由意大利电力公司 ENEL 负责、11 个国家的 25 个合作伙伴联合承担的 ADRESS 项目，其目的是开发互动式配电能源网络，使电力用户主动参与到电力市场及电力服务中。2009 年 4 月，西班牙电力公司 ENDESA 公司牵头，与当地政府合作在西班牙南部城市 Puerto Real 开展了智能城市项目的试点。该项目主要包含分布式发电、智能化电力交易、智能化电网、智能化计量和智能化家庭等内容，计划用 4 年的时间完成。2009 年 6 月，荷兰宣布由 Accenture 公司帮助其首都阿姆斯特丹完成第一个欧洲“智能城市”计划。该计划包括利用可再生能源、下一代节能设备的制造、CO_2 减排等内容。

我国智能电网方面的研究工作开展得比较早，只是没有正式把智能电网概念提出来。2000 年，清华大学卢强院士提出了数字电力系统的概念[11]。数字电力系统虽然跟智能电网的概念不完全一样，但实质上已经有了智能电网的雏形。它把电力系统所有的物理结构、物理特性、技术性能、经济管理、环保指标等用数字化技术进行实时形象再现，从而为电网的管理和科学决策、安全稳定性实时评估和改善、紧急控制和最优解列方案及快速恢复等提供了支撑。2003 年，中国电力科学院的周孝信院士提出，采用分布式计算来对整个电网进行实时仿真。利用实时仿真技术，对电力系统会不会出问题和会出什么样的问题，可以做出评估和预测，然后在此基础上提出优化运行方案，从而使电网的运行更加趋于安全可靠，并在出现故障时将影响控制在最小的范围内。这项研究是目前所说的智能电网技术的非常重要的组成部分。天津大学余贻鑫院士早在 2006 年就开始关注智能电网方面的一些研究，前期在智能配电系统方面做了大量的研究工作。

中国科学院电工研究所早在 2001 年就开始了基于可再生能源发电的分布式电力技术和微型电网的研究工作。它包含很多智能电网的元素：电网的功率是双向流动的，内部网络应变也是灵活可控的，能容纳多种发电方式和储能技术，且具有很高的供电可靠性，可满足用户所需要的电力质量。经过多年的攻关和技术积累，已经建成了 200 千瓦的智能电网实验系统（图 2）。

2007 年 10 月，华东电网正式启动了智能电网的可行性研究项目，并规划到 2020 年建成具有初步智能特性的数字化电网，2030 年真正建成具有自愈能力的智能电网。2009 年 2 月，华北电网稳态、动态、暂态三位一体安全防御及全过程发电控制系统建成，在我国首次将以往分散的能量管理系统、电网广域动态监测系统、在线稳定分析预警系统高度集成。利用该系统，调度人员可全景监视电网综合运行情况并获取辅助决策支持。2009 年 5 月，国家电网公司首次公布了智能电网的发展计划，计划到2020 年全面建成以特高压为骨干网、各级电网协调发展的“统一的坚强智能电网”，其技术和装备将全面达到国际先进水平。2009 年 5 月以来，国家电网公司陆续出台了实施统一坚强智能电网的综合研究报告、关键技术研究框架、第一批重点项目实施方案等，有关标准的制定工作也已启动。

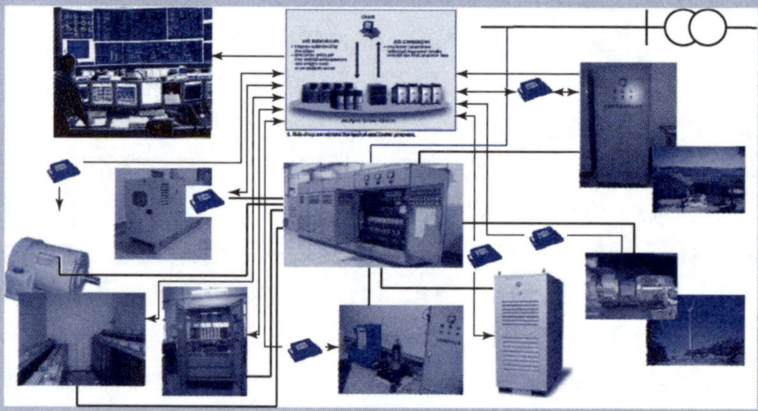

图 2　200 千瓦智能电网实验系统

目前国际智能电网的发展有以下几个特点：第一，以推广智能电表并搞一些示范城市为切入点，在示范城市中着力推进可再生能源和分布式能源的利用；第二，重视信息技术在电网中的应用推广；第三，通过输配电网数字化和智能化的升级改造，提高电网的安全稳定性、供电可靠性和电力质量。

二、智能电网的发展前景

电网已经历了 100 多年的发展，在其每一个发展阶段，基本上都与当时的能源体系、技术发展水平和需求相适应。因此，要对智能电网的发展前景做出预测，必须结合未来的能源体系、技术发展和需求来进行分析。未来最重大的挑战是新能源的规模开发利用问题。

如前所述，能源系统的重大变革将导致发电方式、输配电方式和电能利用方式的重大变化，围绕这个重大变革来发展电网是关键。在我国目前的终端能源中，电力只占不到 20% 的比重。由于未来的终端能源将以电力为主，除了电力需求的自然增长外，还将有因能源结构调整导致的电力需求的大幅度上升。因此，未来的发电量将比当前有数量级上的增长，这就使电网的容量向超大规模方向发展。可见，智能电网将是一个容量比现有电网大得多且发电方式、输配电方式及用电方式与现有电网有很大不同的高效、安全、可靠的电网。未来的智能电网将与能源系统高度整合，将成为未来能源生产、分配和利用的主体，将与新能源技术一道推动能源体系的整体变革。因此，智能电网将有广阔的发展前景。

根据智能电网发展的驱动因素，其未来应达到以下目标[1~10]：能够实现电网信息的高度集成和共享，采用统一的平台和模型，实现标准化、规范化和精细化的管理；支持分布式电源的大量接入，以提高电网的整体性、效率和灵活性；支持大量间歇性电源（可再生能源发电系统）的规模接入；能够协调发电系统和储能系统的优化选择；支持大量的电动汽车智能充电设备的接入，并利用电动汽车电池作为储能设备，在系统需要时提供功率支撑；能够实现自愈并能抵抗攻击和抵御自然灾害，即无论发生什么事故和攻击，电网都能自我保护或自我恢复以保障电网的安全可靠运行；能够实现发电厂（或设备）与用户的自适应互动，达到能源资源和设备的综合优化利用，提高电网的总体效益；能够实现终端用户（电力调节设备、补偿设备和用户能源管理系统等）的控制和总体配电系统的控制，取得满足要求的稳定性和电力质量；支持电力市场和电力交易的有效开展，实现资源的合理配置，降低电网损耗，提高能源的综合利用效率。

为了达到以上目标，智能电网将广泛采用先进的传感器技术、仪器仪表、信息技术、通信技术、计算机技术、芯片技术、智能电力设备、智能电器、电力电子技术、可再生能源技术、分布式电源技术、电动汽车技术、储能与电池技术、超导技术、新材料技术、预测预报技术等，因此它具有巨大的产业带动作用。根据美国的统计评估，通过发展智能电网产业，可带动的产值将超过20万亿~30万亿美元[12]。

三、发展我国智能电网的建议

结合我国实际情况和智能电网的发展目标，我们提出以下几点发展我国智能电网技术的建议。

（1）未来智能电网是能源生产、分配和利用的主体，事关国家重大战略和整体安全，是下一轮经济增长的制高点之一，因此智能电网的发展应该由国家组织进行顶层设计。智能电网涉及的技术和产业很多，不是一家或者几家单位能做好的事情，需要积极推动全社会的广泛参与。

（2）智能电网技术与新能源技术的共同发展，将引领一场新的能源技术革命。这场革命背后蕴含的巨大市场也是我国经济长期可持续发展的重要支柱。因此，应积极推动和参与制定国际标准，力争在国际竞争中取得一席之地。

（3）新能源规模开发利用会对电网安全稳定性产生根本性的影响，因此智能电网的发展要以促进新能源规模化利用为重心，不仅要考虑大型可再生能源系统的接入，也要充分考虑分布式能源和电动汽车的发展。

（4）着力突破智能电网发展中的关键技术，如高性能低成本大容量电力储能技术、先进传感器及传感器网络技术、多能互补的微型电网技术、超导输配电技术、故障限流与新型控制设备、配电网自愈控制技术、可再生能源发电功率短期与超短期预报技术、大型可再生能源电站并网技术、数字式电力设备及其故障预报预警技术、用于电网的分布式计算与云计算技术、电网的信息网络安全与信息安全技术、智能电网用先进材料技术与新型大功率电力电子器件等，力争处于国际竞争的制高点。

（5）在国内选择有代表性的地方，建设示范城市和示范区，整体推进智能电网技术和产业的发展。

参 考 文 献

[1] Research Reports International, Understand the Smart Grid, 2007.

[2] 陈树勇，宋书芳，李兰欣等．智能电网技术综述．电网技术，2009，33（8）：1.

[3] 余贻鑫，栾文鹏．智能电网概述．第一届智能电网研究学术论坛会议资料，2009：236.

[4] 余贻鑫．智能电网的技术组成和实现顺序．第一届智能电网研究学术论坛会议资料，2009：243.

[5] 胡学浩．智能电网：未来电网的发展态势．中国电力科学院学术报告，2009.

[6] 王明俊．智能电网的推动因素、研发路线和难点问题．第一届智能电网研究学术论坛会议资料，2009：334.

[7] 美国能源部．Grid 2030. http：//electricity. doe. gov [2003-04-01].

[8] 张文亮，刘壮志，王明俊等．智能电网的研究进展及发展趋势．电网技术，2009，33（13）：1.

[9] 钟金，郑睿敏，杨卫红等．建设信息时代的智能电网．第一届智能电网研究学术论坛会议资料，2009：379.

[10] 王成山．可再生能源与分布式发电接入技术研究．第一届智能电网研究学术论坛会议资料，2009：248.

[11] 高严．面向21世纪电力科学技术讲座．北京：中国电力工业出版社，2001：3.

[12] 武建东．再论中国互动电网革命：领跑下一代全球能源．东方早报，2009-3-9.

The Progress of Smart Grid

Xiao Liye
(Institute of Electrical Engineering, CAS)

Smart grid technology is being developed due to the requirements of the stability of power grid and the developments of new energy. It will promote the revolution of the energy system. Smart grid will be the dominant energy system in the future, and thus forms a huge potential market. United States and European countries are developing smart grid in great strength in order to take the lead in the new energy economy. Smart grid will be closely related to the national strategy and safety of China's energy system. The utilization of new energy should be the core target of the development of smart grid in China.

3.5　分布式能源技术新进展

齐智平
（中国科学院电工研究所）

分布式能源系统通常是指安装在用户端的小型发电和供热系统，用于满足日益增长的用户对电力的需求，特别是对供电可靠性和电能质量的需求。分布式能源系统的主要组成部分包括：分布式发电系统、储能系统、负荷控制系统和用于某些分布式发电与大电网之间互联的先进电力电子接口。分布式发电方式主要包括光伏发电、小型风力发电、生物质发电、微型燃气轮机发电和燃料电池[1]，如图 1 所示。

分布式能源系统开启了在电力系统中由用户现场发电的新模式，由于它采用的发电技术基于可再生能源和清洁化石能源，而且热电联供时提高了用能效率，因而对节能减排、实现能源可持续发展具有重要意义。分布式能源系统安装位置灵活，对资源的分布特性具有良好的适应性，靠近用户端供电对延缓输、配电网升级具有重要作用，同时它与大电网互为备用，使供电可靠性得以改善，是未来电力系统的重要发展方向。

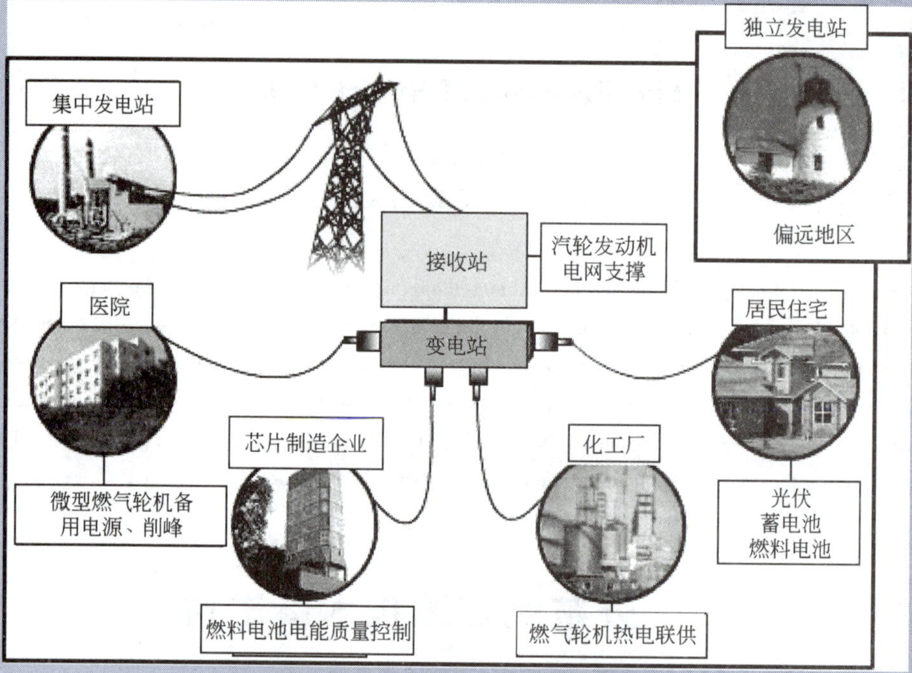

图 1　分布式能源的应用方式

分布式能源技术涉及分布式发电技术、储能技术和分布式能源集成与接入电网技术，本文将主要从这几方面介绍其国内外研究现状与发展趋势，并对我国未来分布式能源技术的发展提出几点建议。

一、分布式能源技术研究发展现状

进入 21 世纪以来，随着经济和社会的快速发展，用电需求不断增加，同时来自环境问题和化石能源储量限制等的压力不断增大，大电网停电事故时有发生，这些因素促使全球能源技术领域积极发展可再生能源发电技术和基于化石能源的清洁高效发电技术。发电与供热系统相结合的安装在用户附近的分布式能源系统技术则成为其中的研究热点，其研究与示范应用在美国、欧盟各国、日本等发达国家得到了快速发展。我国在分布式能源技术相关的基础理论、关键技术和示范应用方面也已取得良好进展。

在分布式发电技术方面，经过长期的发展，光伏发电、小型风力发电、生物质发电和微型燃气轮机发电都已形成实用化的成熟技术，同时就上述发电技术在提高效率和降低成本等方面的研发工作仍然是各国支持的重点。就燃料电池而言，磷酸燃料电池已有200千瓦的商用系统，高温固体氧化物燃料电池和熔融碳酸盐燃料电池尚处于示范应用阶段，这三种燃料电池技术在分布式能源系统中具有良好的应用前景[1]。

储能技术在分布式能源系统中具有多方面的作用，如平抑可再生能源发电输出功率的波动、改善电能质量、提高供电可靠性、优化电力需求侧管理等。铅酸蓄电池、先进电池（液流电池、钠硫电池、锂电池、金属空气电池等）、超级电容器和飞轮储能在分布式能源系统中具有良好的应用前景，其中铅酸蓄电池、超级电容器和飞轮储能已形成实用化的成熟技术，而各种先进电池均处于研发和示范应用阶段。上述各种储能要得到大规模应用，还存在成本、储能的能量密度、循环寿命等方面的问题。

分布式能源系统并网运行是其应用的主要形式，而大量的分布式能源系统接入配电网后，将使配电网的结构、能量管理、运行控制、保护等技术发生变革，而这些技术对分布式能源系统的推广应用至关重要，已成为各国关于分布式能源技术的研究重点。美国、欧盟、日本等已在分布式能源系统并网关键技术、技术导则、示范应用方面取得了较好进展。下面分别介绍各国相关的研究进展。

1. 美国

美国主要由能源部和加利福尼亚能源委员会资助开展分布式能源技术的研究与示范，研究的重点在分布式能源技术对节能、减排、提高供电质量和可靠性的作用与方法等方面。2002年，电力可靠性技术协会（Consortium for Electric Reliability Technology Solutions，CERTS）针对分布式能源系统接入电网的问题，提出了微型电网的概念，即通过微型电网把分布式电源和负荷组织起来，形成大电网中一个可控的单元，既满足大电网的控制要求，又保证电力用户对电能质量和可靠性的要求。图2为微型电网的框架结构和原理。

CERTS基于所提出的微型电网框架和原理，通过建立实验系统和示范项目，重点研究了以下关键技术：①低成本的电气控制技术；②并网与独立运行的无缝切换技术；③分布式能源系统的即插即用技术；④经济的能量管理技术；⑤基于分布式能源系统的电能质量和可靠性技术。威斯康星大学建成了基于CERTS微型电网模型的实验系统。俄亥俄州的哥伦布市的Dolan技术中心建成了基于CERTS微型电网模型的示范系统（图3），该系统采用3台60千瓦小型燃气轮机发电，主要验证微型电网在经济运行和提高电能质量和可靠性等方面的作用。该微型电网示范系统由美国最大的电力公司American Electric Power运行。

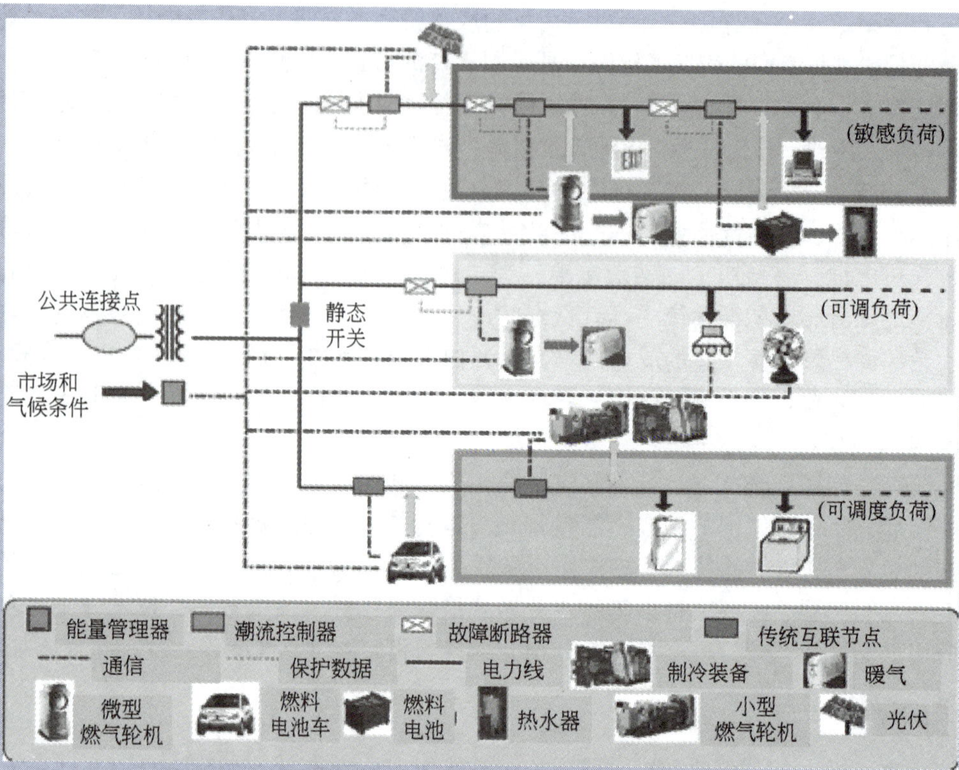

图 2　CERTS 提出的分布式能源系统微型电网框架

图 3　Dolan 技术中心微型电网示范系统

加利福尼亚能源委员会通过“公众利益能源研究项目”（Public Interest Energy Research Program，PIER）支持先进能源技术的研究、开发和示范。分布式能源技术是该项目的支持重点之一，占据项目总经费的1/4[2]。

美国在分布式能源技术的标准、规范和技术导则方面也开展了卓有成效的工作。由加利福尼亚能源委员会支持开展了分布式能源系统与电网集成的测试研究，主要研究多种分散的分布式能源系统接入电网的容量达到一定规模后对电网的影响，从而确定配电系统中能够接入分布式能源的容量，及其大量接入的可行性。另外，加利福尼亚能源委员会在2003年提出了分布式能源系统与电网互联的标准IEEE P1547，目前正在进行分布式能源系统设计、运行、与电网集成的标准IEEE P1547.4的开发[4]。

2. 欧洲

欧盟把微型电网作为分布式能源技术研究的重点，开展了一系列研发和示范项目，这些研究工作是“欧洲未来电网战略研究议程”的重要内容。

欧盟第五和第六研究框架计划[3]（分别为1998～2002年，2002～2006年），均把分布式能源系统微型电网技术作为重要内容。英国、法国、西班牙、德国、丹麦、葡萄牙、荷兰、希腊、波兰等国的电力企业、装备制造企业、研究机构、大学等单位参与了相关的研究工作。研究重点为：①提高可再生能源等分布式发电接入能力；②微型电网并网和独立运行技术；③微型电网运行控制策略；④故障诊断和保护技术；⑤通信体系结构和协议；⑥微型电网仿真和实验室验证；⑦微型电网的技术标准和经济性分析；⑧微型电网在改善大电网可靠性和电能质量等方面的作用；⑨对电网体系结构的影响。该项目已成功地完成，主要研究成果包括：①分布式能源系统模型和仿真分析工具；②并网和独立运行规则；③控制策略；④局部黑启动策略；⑤分布式能源系统并网接口定义；⑥接地和保护方案；⑦微型电网实验系统；⑧分布式能源系统对提高电网供电可靠性的作用。通过微型电网示范系统对所研究的理论、技术、装备进行了验证。欧盟完成的典型示范项目有：①希腊Kythnos岛微型电网（图4），系统中包含光伏发电、柴油发动机和蓄电池储能，为岛上12户居民供电；②荷兰Continuon地区的微型电网，其主要特征是基于光伏发电的并网型微型电网；③德国Mannheim-Wallstadt微型电网，为1200户居民小区供电，示范的主要技术是基于分布式能源的需求侧管理。

除上述微型电网示范项目，在丹麦、意大利、葡萄牙和西班牙都进行了各种类型的微型电网示范[4]。

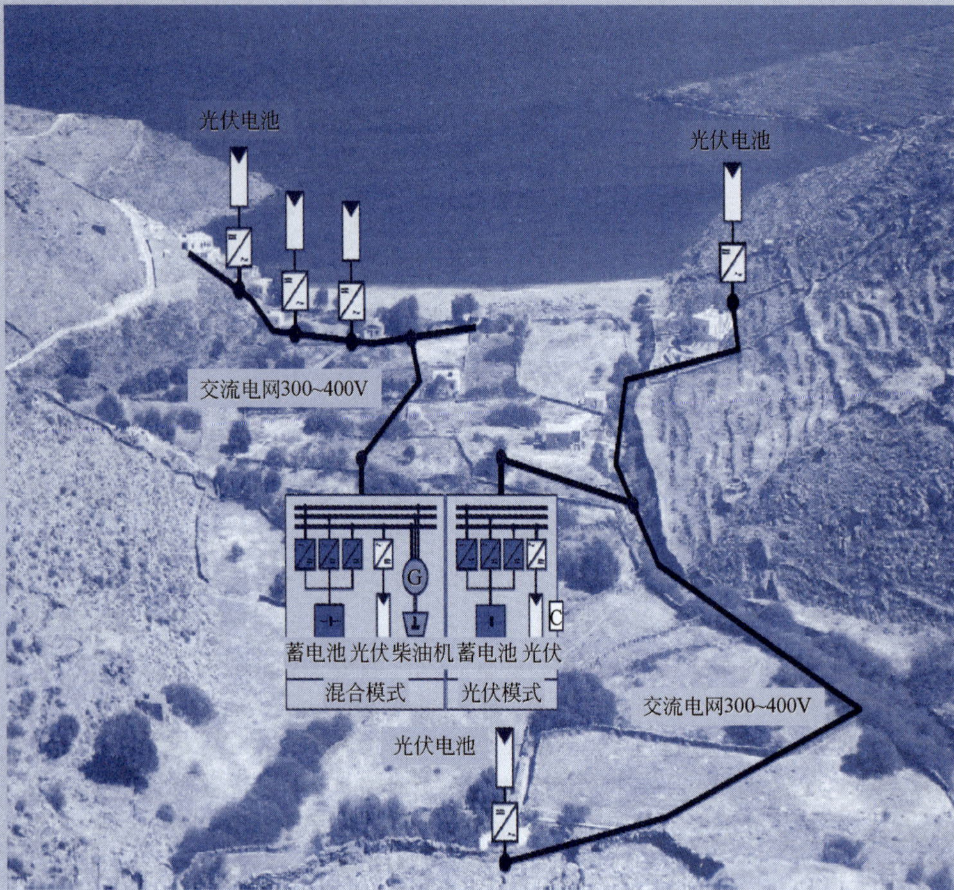

图 4　希腊 Kythnos 岛微型电网示意图

3. 日本

日本在可再生能源分布式发电的研究与示范方面走在世界的前列。2003 年在日本新能源产业技术综合开发机构（NEDO）的支持下开展了含有可再生能源的区域电网项目，主要研究可再生能源发电与区域配电网的集成技术，在青森、爱知和京都分别建成了基于微型电网的可再生能源与配电网集成的示范系统，分布式发电方式包括光伏、风力发电、生物质发电和燃料电池。

4. 中国

在“十一五”期间，“863”计划、“973”计划、国家自然科学基金等各类研究计划都部署了分布式能源技术的相关研究课题，国家电网公司等相关企业也开展了研究与示范应用工作。在分布式能源系统接入电网技术特别是对微型电网技术的研究方面比较活跃，中国科学院电工研究所、清华大学等单位分别建立了各具特色的微型电网实验系统，天津大学联合南方电网公司等单位正在研建兆瓦级微型电网示范系统，国家电网公司联合相关高校与研究单位开展了微型电网技术体系的研究。

二、分布式能源技术的发展趋势

能源结构的调整，大电网安全、稳定、高效运行的需求，电力市场发展的需求，以及信息技术、通信技术、传感测量技术的进步，促使电网技术的发展进入了一个新阶段——向着智能化电网方向发展。图5描述了未来电网的发展前景[5]。

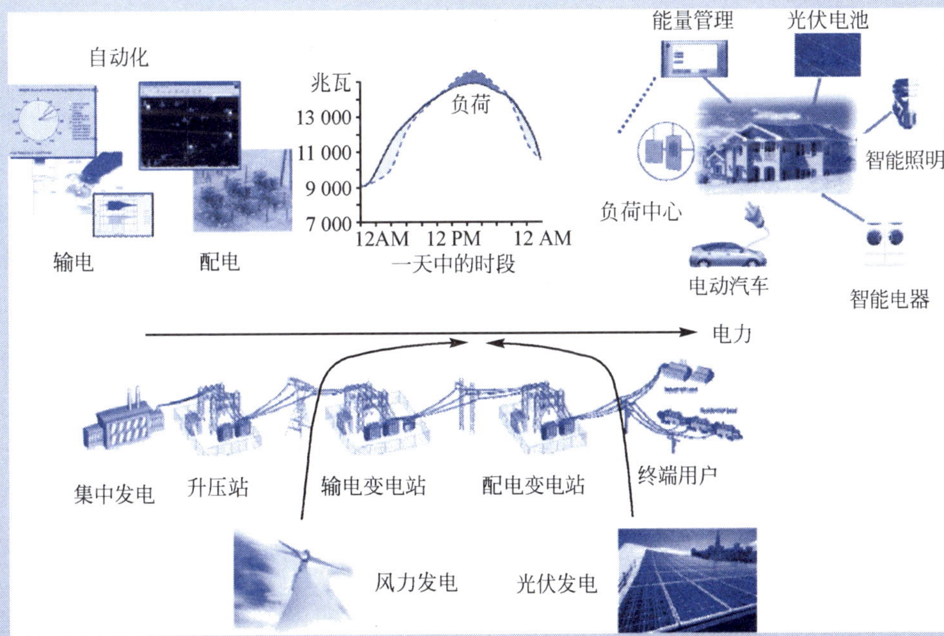

图5　更加智能化的未来电网[5]

分布式能源系统作为未来电网中实现用户端发电与用能的载体，将着眼于满足电网信息化和智能化发展的需求，图 6 为未来电网中的分布式能源系统示意图。其发展趋势如下。

（1）微型电网与大电网控制系统的融合。在未来的电网中，分布式能源系统将通过对内部单元充分的传感和测量，及与大电网的信息交互，实现微型电网与大电网控制系统的融合。微型电网在数据采集、分析、信息通信体系、控制策略等方面需进一步发展，以适应智能电网的发展需求。

（2）微型电网控制与智能电器的互动。随着智能电网技术的发展，智能电器也将随之快速发展。通过微型电网实现供用互动是未来电网运行的重要发展方向。使智能电器运行在安全、高效的状态，并满足电网优化运行，将成为微型电网运行控制体系的重要内涵。

（3）微型电网与电动汽车双向智能充电/储能系统的融合。一方面随着电动汽车的发展，充电站将成为配电网中的特殊负荷，其功率大且具有间歇工作特性，通过微型电网对其进行功率平衡和充电管理，以减小其对电网的冲击，将成为未来电动汽车充电站接入电网的重要形式。另一方面，将大量的电动汽车备用蓄电池作为分布式储能装备，通过微型电网对其进行调度，参与电网的能量管理和电能质量控制，将成为微型电网控制的重要任务之一。

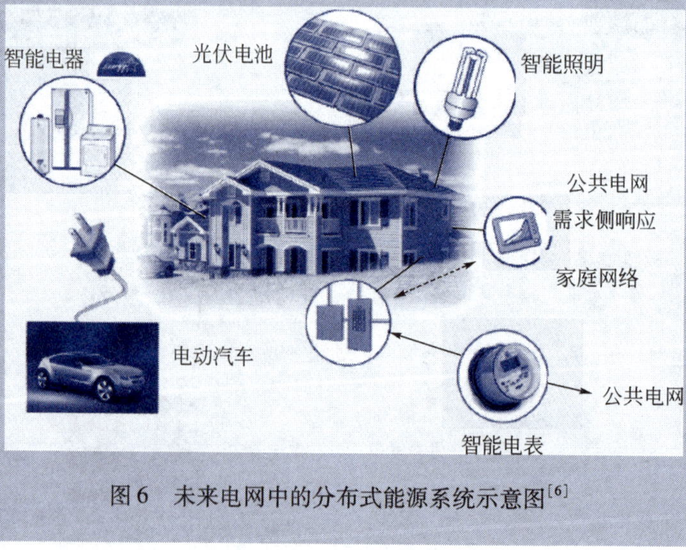

图 6　未来电网中的分布式能源系统示意图[6]

三、展望与建议

目前，我国正处于经济高速发展的时期，用电需求正在迅速增长，而我国发电用一次能源以煤为主，煤的储量限制和对环境的影响，迫使我们必须开发新能源，大规模发展可再生能源，可再生能源分布式发电将成为未来重要的应用形式。根据目前我国在该领域的发展现状和国外的发展经验，提出如下建议。

（1）加强技术导则和标准规范的研究。通过“十一五”期间各类科技计划的支持，我国在分布式能源基础理论和关键技术方面已有良好的积累，进一步推广应用需要形成相应的技术导则和标准规范，而我国在技术导则和标准规范的研究方面基本上处于空白，应通过企业与科研单位和高校的合作，开展相关研究工作。

（2）加强各类典型示范项目的研建。目前在分布式能源技术示范方面，我国与美国、欧盟和日本均存在较大差距。建议通过电力系统和装备制造企业与相关研究单位的合作，结合我国资源和电网特征，建立多种适合我国发展的分布式能源技术示范系统，示范系统除对技术进行示范和检验外，对技术导则和标准规范的形成也是至关重要的。

（3）政策支持。分布式能源技术与传统发电技术相比，目前还存在成本高的问题。建议政府出台电价、减排补贴、示范系统建设补贴等优惠政策，鼓励企业和用户对分布式能源技术示范与应用的积极投入。

参 考 文 献

[1] Robert L, Abbas A, Chris M, et al. Consortium for Electric Reliability Technology Solutions White Paper on Integration of distributed energy resources-The CERTS MicroGrid Concept, Lawrence Berkeley National Laboratory, http: //www. escholarship. org/uc/item/9w88z7z1, 2002-01-04.

[2] The California Energy Commission. California Distributed Energy Resource Guide, http: //www. energy. ca. gov/distgen/research/cec. html [2004-10-18].

[3] European Commission. European distributed energy resources projects. http: //europa. eu. int/comm/research/rtdinfo_en. html Eur21239. 2004.

[4] Hatziargyriou N, Asano H, Iravani R, et al. Microgrids. IEEE Power and Energy, 2007: 78 ~ 94.

[5] Fan J, Borlase S. The Evolution of Distribution. IEEE Power and Energy, 2009, (2): 63 ~ 68.

[6] Driesen J, Katiraei F. Design for distributed energy resources. IEEE Power and Energy, 2008, (3): 30 ~ 39.

Progress in Distributed Energy Resources Technology

Qi Zhiping
(Institute of Electrical Engineering, CAS)

Distributed energy resources (DER) usually means that small power generators typically located at users' sites where the energy (both electric and thermal) they generate is used. DER has emerged as a promising option to meet growing customer needs for electric power with an emphasis on reliability and power quality. The portfolio of DER includes generators, energy storage, load control, and, for certain classes of systems, advanced power electronic interfaces between the generators and the bulk power provider. Typical technologies of distributed power generation include PV systems, wind turbines, biofueled microturbines, microturbines and fuel cells.

DER has opened the new mode of on site generation by users in power system. Because most distributed generation based on renewable and clean fossil energy, high efficiency of energy consumption can be achieved when combined heat and power supply. DER has important signification for energy saving, emission minimizing and sustainable energy. DER will become the important development direction for future power system.

DER technology mainly includes distributed generation, energy storage and interconnection with power grid. This paper firstly introduces the current status in research and progressive tendencies of DER technology and their presents some suggestions for future DER technology development in China.

第四章 能源和材料技术产业化

4.1 光伏产业化现状和前景

许洪华　王　环
（中国科学院电工研究所）

光伏发电是从太阳光到电的直接转换过程，从生产到使用过程中对环境的影响都很小，特别是在运行过程中，不消耗水，没有任何转动、高温部件，维护费用低，非常适合在沙漠、戈壁等无人值守的地区大规模应用。经过多年的发展，光伏发电目前已成为一种较为成熟、可靠的技术，并已经逐渐从过去用于独立的系统朝大规模并网、微网方向发展。

一、光伏发电产业化现状

目前光伏发电的技术和产业完备，各种太阳电池效率有了很大的提高。技术进步大大降低了成本，过去30年中光伏组件的成本已降低了两个数量级，并且还在不断降低中。光伏发电行业已经形成细致、成熟、专业的产业分工，足以保障未来大规模发展的需要。

下面对光伏产业中的太阳电池、晶体硅材料及加工、光伏发电系统和平衡部件、光伏标准及检测、认证等进行介绍。

1. 太阳电池

在世界光伏市场的强力拉动下，近年来中国太阳电池产业保持着快速增长势头。据统计，截至2008年底，从事太阳电池生产的企业达到65家。按照在位设备计算，太阳电池的生产能力达到4000兆瓦（其中非晶硅薄膜电池约100兆瓦）。在电池生产方面，2008年中国太阳电池的产量更是达到2300兆瓦，占世界总产量（7241兆瓦）的31.8%，以绝对优势稳居世界第一。

晶体硅太阳电池（图1）是现阶段进入民用领域的主要太阳电池类型，占目前产量的90%以上。我国单晶硅太阳电池的实验室效率最高达到20.4%，产业化单晶硅太阳电池的最高效率已经超过18%；多晶硅太阳电池的实验室效率最高达到18%，产业化多晶硅太阳电池的效率普遍达到16.5%。

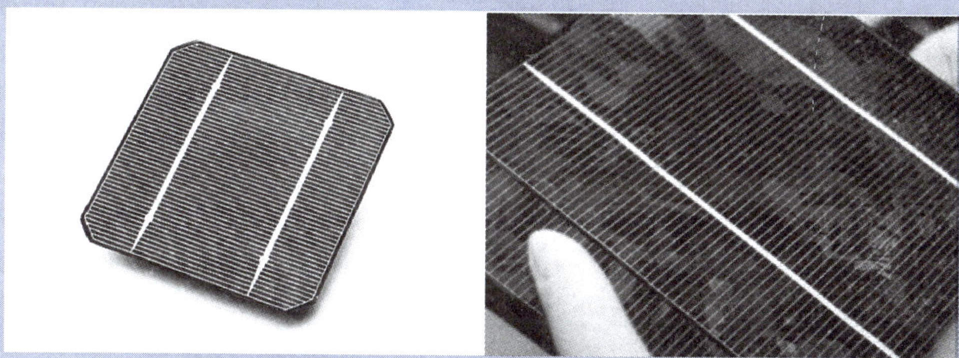

图1 单晶硅太阳电池和多晶硅太阳电池

薄膜太阳电池具有省材、低能耗、便于大面积连续生产等低成本优势，同时具有原材料丰富、无毒、无污染、能耗低（<200℃）等优点，在建筑光伏一体化（BIPV）、荒漠电站等方面具有广泛的应用前景。我国通过科技攻关计划、“863”计划、“973”计划以及各项创新计划，对薄膜太阳电池的研究开发和产业化给予大力支持，使我国在非晶硅、碲化镉、铜铟镓硒、染料敏化以及微晶/非晶太阳电池等诸多方面均取得了很好的进展，为我国薄膜太阳电池的产业化打下了良好的基础。

2. 太阳能级硅材料及加工

由于晶硅太阳电池占据着光伏市场的主导地位，制造晶硅电池的基本材料——

太阳级多晶硅——是光伏产业链上最重要的环节之一。高纯多晶硅材料的供给一直是我国光伏产业发展的瓶颈，2005 年以前全部依赖进口。随着高纯多晶硅材料的制备技术列入“十五”科技攻关计划，我国对西门子法、流化床法以及冶金法等各条技术路线进行了探索和攻关。目前我国主要几家高纯多晶硅生产企业（洛阳中硅高科技有限公司、四川新光硅业科技有限责任公司、徐州中能硅业科技有限公司、峨嵋半导体材料厂、重庆大全新能源有限公司等）的生产技术已经达到国际平均水平，产量也在逐年增长。

3. 光伏发电系统和平衡部件

光伏系统平衡部件包括光伏系统中除光伏阵列以外的其他所有部件，如控制器、逆变器、自动跟踪装置等。光伏发电系统包括独立、并网、微网等发电形式。

（1）独立光伏和风/光互补电站及装备

我国已经完全掌握了独立光伏发电系统集成设计技术、核心设备制造技术，自主研发了从几十瓦到上百千瓦的独立运行光伏系统及风/光互补系统的控制、逆变设备，并已实现规模化推广。我国西部先后建成独立运行光伏和风/光互补电站 1000 余座，推广光伏和风/光户用系统数十万套，解决了近 400 万无电居民的生活用电问题。

（2）并网光伏发电成套设备及工程示范

国家在“十五”和“十一五”期间将并网光伏发电的设备开发和工程示范作为科技攻关的重点，已经在系列并网光伏逆变器、光伏自动跟踪系统、并网光伏建筑一体化和大型并网荒漠电站的关键技术方面取得突破性进展。

在光伏并网逆变器研发方面，德国、加拿大、美国等发达国家长期处于世界领先地位，世界单机容量最大的并网逆变器为德国 SMA 公司 1.25 兆瓦集中型光伏并网逆变器 SC1250 兆瓦。目前，我国已经研制成功 500 ~ 1000 千瓦光伏并网逆变器样机和 150 千瓦以下系列光伏并网逆变器产品，并且已经小规模推广应用。我国光伏并网逆变技术与国际先进水平差距较小，目前迫切需要加大产业化研发力度，提高国产设备质量和可靠性。

在光伏自动跟踪系统方面，2008 年底，中国科学院电工研究所和北京科诺伟业科技有限公司已研制完成 10 千瓦双轴跟踪系统、10 千瓦倾斜单轴跟踪系统和 50 千瓦水平单轴跟踪系统，各项性能指标接近国外同类设备先进水平。聚光式光伏系统是近期国际研发热点之一，国外低倍反射聚光系统、高倍反射聚光系统和高倍透镜聚光系统均已有样机，高倍透镜聚光系统最高可达到 250 倍的聚光比。国内对聚光式光伏系统的研发才刚刚开始，目前国产高倍透镜聚光系统最高可达到 80 倍的聚光比。图2为我国自主研发的一些并网光伏发电设备。

在光伏建筑一体化方面，通过我国“863”计划等国家项目支持，目前已经初步掌握兆瓦级与建筑结合光伏系统设计集成技术，并研制出光伏屋顶、光伏幕墙、光伏围栏、光伏遮阳棚等多种与建筑结合的光伏组件形式，并在北京奥运场馆上得到应用。

图2 我国自主知识产权的并网光伏发电成套设备

(3) 互补型光伏微网发电系统

光伏微网发电系统通常位于用户侧，既可以脱离公共电网形成独立供电网络向用户负荷供电，又可以接入公共电网运行，并且能够因地制宜地利用太阳能与水能、风能及其他能源互补发电，对提高供电可靠性和电力系统安全性具有重要意义。20世纪90年代以来，美国、欧洲、日本等国家和地区已开始微电网相关理论和技术研究。国外已有日本Miyakojima岛、意大利Carloforte岛和希腊Kythnos岛等多处百千瓦级光伏微电网实验系统。

与国外不同，在我国光伏微网发电系统是解决西部边远地区可靠用电问题的一条有效途径，由于西部地区存在许多独立小水电站，发展水/光互补微网发电系统能够大幅度增强这些地区的供电能力。我国在2013年前将建成西藏阿里、青海玉树等数座10兆瓦级水/光互补微网发电系统。为推动我国掌握相关技术，中国科学院“知识创新工程”项目以及中国科学院“太阳能行动计划”对水/光互补微网发电系统进行了重点支持。目前，国内外对光伏微网发电系统关键技术及设备的研发均刚刚开始，国内外技术水平差距还不大。

4. 光伏标准、检测和认证

我国非常重视光伏标准、检测和认证体系的建设工作。目前，国家光伏标准化工作归口单位有2家，国内的权威光伏检测机构主要有3家。另外，2008年国家正式批复在无锡、成都两地建设国家级光伏产品质检中心，其中，无锡中心已经投入运营。国内授权开展光伏产品认证的机构有2家。我国已经初步建立标准化体系，正式出版的光伏国家标准32项，行业标准9项。国内检测机构已经具备了常规产品的测试能力，质量管理体系完善，并通过了国家认可。国内认证机构已建立了相应的认证制度，开展了产品质量认证，颁发了认证证书和标志。

二、光伏技术发展趋势

1. 太阳电池

就目前发展趋势来看，已达到及在短期内有可能达到实用水平的太阳电池有硅基薄膜太阳电池、染料敏化太阳电池、碲化镉薄膜电池、铜铟镓硒薄膜太阳电池等几类。而晶体硅太阳电池已处于产业化制作阶段，同时通过不断改进制备新方法及新工艺，正向着效率更高、成本更低的方向发展。

目前，我国微晶硅材料及其电池的研究已赶上国际先进水平，下一步将开展兆瓦级的具有自主知识产权的、可沉积产品尺寸的非晶硅/微晶硅叠层电池生产线研究。

染料敏化太阳电池未来的生产成本有可能降低到7元/瓦的水平，具有成为大规模应用类太阳电池的潜力。“十二五”期间，染料敏化太阳电池试验生产线及产业化技术将是主要的研发方向。

碲化镉薄膜太阳电池的国际领先水平为面积120厘米×60厘米，效率10.9%，成本0.93美元/瓦，单条生产线规模达到50兆瓦/年。目前，我国在部分技术环节上和国外还有一定的差距。国内碲化镉薄膜太阳电池正向着规模化、实用化的方向发展。

铜铟镓硒薄膜太阳电池发展趋势以如何实现大面积铜铟镓硒（CIGS）产业化为主线，重点研究与其相关的关键问题。

多数新型太阳电池，如有机基太阳电池、多阈值器件、热载流子电池等都还处于基础研发或是理论研究阶段，特别集中于新型光伏材料的研发以及光生电子产生、输运、复合的机理研究上，离实用化还有较大差距。

2. 晶体硅材料及加工

作为晶体硅太阳能电池的基石，晶体硅材料（主要以硅片的形式）占据电池成本的大部分。高效率、低成本的硅太阳电池需要高性能的晶体和低成本生产工艺。多晶硅铸锭技术的改进是一个重要发展方向，包括增大硅棒尺寸、镓掺杂的P型单晶硅和磷掺杂的N型单晶硅等，低成本的硅多晶工艺技术，减少热应力等来提高晶体质量，从而提高晶体的机械及电性能，同时显著降低工艺的成本。

无切割损失的硅片切割工艺技术是另一个重要发展方向，目前应用的线切割技术需要在切割的辅助材料（如切割线、切割砂及切割设备）的改进上做工作。无切割损失的切割技术是一个很有发展潜力的技术方向，可对切割损失及成本做出飞跃式的改进。

3. 光伏发电系统和平衡部件

我国在未来2～3年内将建设数十座10～100兆瓦并网光伏电站，通过接入公共电网并参与电力输送调度，能够提供数量极其巨大的清洁电力。大型并网光伏电站相关技术将是我国未来几年最重要的光伏发电发展方向之一。

与建筑结合的并网光伏发电是光伏发电的重要应用领域。目前全世界光伏发电市场的90%是并网发电，而并网光伏发电中与建筑结合的市场份额也占到90%。德国的“十万屋顶计划”、日本的“十万屋顶计划”和美国的“百万屋顶计划”都是建筑并网。与建筑结合并网光伏发电系统的创新性技术研究也是我国光伏发电重点发展方向之一。

除此之外，我国在未来2～3年内将建成西藏阿里、青海玉树等数座大型水/光互补微网发电系统示范工程，其中光伏电站将占到微电网总装机容量的27%～61%，光伏电站将起到支撑整个微电网长期稳定运行的作用。目前，国内外互补型光伏微网发电系统相关技术均不成熟。中国科学院电工所在微网光伏逆变设备和大容量储能控制设备的研制方面已经取得进展，如果我国加大在该方面的科技投入，则极有可能率先实现技术突破。

三、光伏产业发展建议

中国的光伏产业近年来在国际市场的拉动下发展很快，2007年太阳电池的产量已居世界第一，但其中98%出口，国内的市场完全没有打开。《中华人民共和国可再生能源法》已经生效2年，但至今光伏发电的上网电价尚未得到落实，农村电气化项目也还存在诸多问题。在产业发展支撑条件方面，目前还缺乏公共技术研发平台、公共试验平台，信息交流和传播存在障碍，还没有建立起可持续的人才培养体系。

根据以上情况，本文提出以下建议。

（1）根据《中华人民共和国可再生能源法》及其配套政策，尽快落实并网光伏发电和离网光伏发电的激励办法和实施细则。根据不同的光伏发电形式，采取不同的管理模式。

（2）加大技术研发投入，加强研发机构建设。国际上光伏产业发达的国家，都有国家级的光伏技术研究机构，如美国国家可再生能源实验室（NREL）、德国Fraunhofer太阳能系统研究所、日本能源研究院等。我国目前还没有国家级光伏技术的研究平台。尽快建立这一平台，对促进我国光伏产业的技术进步有非常重要的意义。

（3）尽快制定技术标准、管理规程和认证体系。为了尽快启动并网光伏发电的市场，必须尽快由电网公司和建筑设计部门制定相应的技术标准和管理规程，消除行业管理障碍。加强检测机构建设，使所制定的标准得以贯彻实行。加强认证机构和认证体系建设，达到规范市场、优胜劣汰的目的。

参 考 文 献

高虎，李俊峰，许洪华.2006. 太阳能光伏发电技术发展状况与趋势分析. 中国科技产业，02：72~75.

史立山，赵庆波，许洪华.2008. 光伏发电从独立系统走向规模化并网. 阳光能源，05：59~61.

王斯成.2009. 光伏发电的四大关键问题. 中国电力企业管理，19：24，25.

赵玉文，吴达成，王斯成等.2007. 中国光伏产业发展研究报告（2007）. 北京：中国环境科学出版社：12，13.

Current Situation and Prospect of the Industralization of Photovoltaic (PV) Technology

Xu Honghua, Wang Huan
(Institute of Electrical Engineering, CAS)

Increasing concern about energy and environment issues has been raised around the world in recent years. In order to satisfy energy demand and ensure sustainable development, many countries have turned to PV power generation as one of the options. Photovoltaic technology is the term used to describe the hardware that converts solar energy into electricity. PV systems involve not only stand-alone PV system, but also grid-connected and micro-grid PV system. Now PV system is developed from stand-alone PV system to large-scale grid-connected PV system and micro-grid PV system.

PV technology and industry are developing rapidly. The laboratory efficiency of mono-crystalline silicon has been improved from 6% in the 1950s to current 24.7%. The laboratory efficiency of polysilicon cells has also reached 20.3%. Similar success has been achieved in the efficiency of amorphous cells. Technology improvement reduces the cost of PV power generation largely. The cost of PV modules has decreased by two orders of magnitude over the past three decades. The solar PV industry chain in China is getting more and more mature, which can satisfy the need large-scale application in the future.

4.2 风能技术产业化现状和前景

贺德馨
（中国可再生能源学会）

风能是一种清洁的可再生能源，也是目前可再生能源中技术相对成熟、并具规模化开发条件和商业化发展前景的一种能源。

风能开发利用是增加能源供应、调整能源结构、保障能源安全、保护生态环境、减排温室气体以及构建和谐社会的一项重要措施。对建设资源节约型和环境友好型社会，建设社会主义新农村，实现经济、社会的可持续发展有重要的促进作用。

一

风力发电是风能规模化开发利用的主要方式。近 5 年来，全球风力发电一直保持着快速增长，风电装机容量年平均增长率为 24.8%。到 2008 年底，全球风电总装机容量为 122 158 兆瓦，其中 2008 年新增装机容量为 28 190 兆瓦。欧洲风能开发利用走在世界前面。到 2008 年年底，欧洲风电总装机容量为 65 971 兆瓦，占全球 54.67%，但是 2008 年欧洲风电新增装机容量仅为 9179 兆瓦，占全球 32.6%，北美洲为 33.8%，亚洲为 29.1%。2008 年，全球新增装机容量前 10 位的国家分别是美国、中国、印度、西班牙、德国、意大利、法国、英国、葡萄牙和澳大利亚，占全球 89.2%。

随着全球风力发电市场的持续增长，风能产业也得到迅速扩张。进入 21 世纪以来，无论是制造商、开发商还是运营商，都呈现出明显的国际化、大型化和一体化的趋势。全球风电设备制造企业之间频频发生并购重组，一些大型国际电气设备制造企业进入风电行业，市场竞争日趋激烈。为了降低风电机组的制造成本，增强企业在海外市场的竞争力，制造商除了稳固本国市场，还积极在海外建厂以进行本地化生产。在此情况下，全球风电设备制造业集中度不断上升，十大风电设备制造商在国际市场中占有的总份额一般达到 90% 以上。

我国风电场建设始于 1986 年，由丹麦政府赠款安装了 3 台 Vestas55 千瓦风电机组。到 2002 年年底，全国（除台湾地区外，以下同）仅有 32 个风电场，总装机容量为 468 兆瓦。在风电场安装的风电机组基本上都是进口的，国产化生产的机组仅占 11.56%。

为了推动风电规模化发展和促进风电机组设备国产化，2002 年底，国家发展和改革委员会确定按照特许权招标的方式建设风电场，并于 2003 年开始第一期风电特许权项目的招标。2003 ~ 2008 年，已施行 6 期风电特许权项目招标，共计安排了 38 个项目，总装机容量为 7150 兆瓦，特别是 2005 年《中华人民共和国可再生能源法》颁布以后，风电场建设开始进入规模化发展阶段。这一阶段，除了 50 兆瓦以上规模的风电场通过风电特许权招标进行建设外，一些省区还安排了许多 50 兆瓦以下规模的风电场建设。风电特许权项目是中国电力体制改革、厂网分家后风电发展的重要举措，在加快风电规模化发展方面起到了重要的作用。

到 2008 年，我国共建设了 230 余个风电场，总装机容量达 12 153 兆瓦，居全球第四位，其中 2008 年新增装机容量达 6246 兆瓦，居全球第二位。

进入 21 世纪以来，随着市场经济体系和风能市场的建立，我国风能产业逐步实现了“市场化运作，产业化经营”，国家积极支持风电设备国产化和规模化发展，扶持风电设备制造企业，风能产业进入快速发展的阶段。图 1 显示的为 1997 ~ 2008 年我国各年新增装机和累计装机容量。

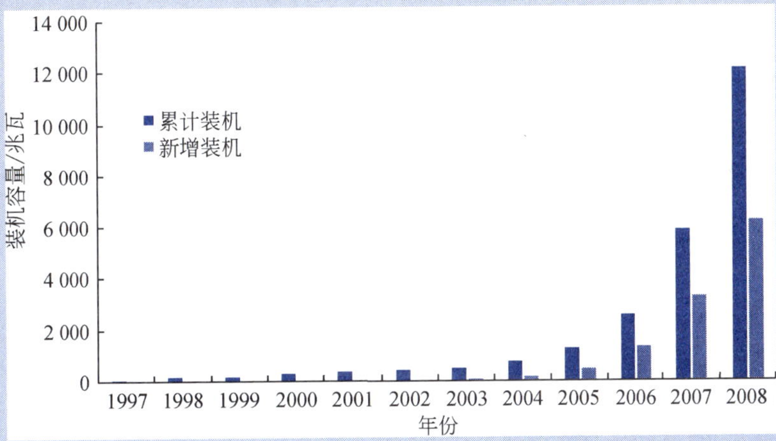

图 1　1997 ~ 2008 年我国各年新增装机和累计装机容量（CWEA）

随着众多企业投入风电设备的研制和市场竞争机制的引入，中国风电设备制造业的整体水平得到提高。通过技术改进、联合研制和自主研发等方式，我国已基本掌握了兆瓦级风电机组的制造技术，实现了规模化生产。目前已有 20 余种功率为 1.0 ~ 3.0 兆瓦的风力发电机组投入运行，其中功率为 1.5 ~ 2.0 兆瓦的风力发电机组已批量生产并投入市场。风力发电机组的主要部件，如叶片、齿轮箱、发电机、轮毂、机舱底座、塔架等除了满足国内企业需求外，还为国外企业配套。2008 年，中国的金风科技股份有限公司和华锐风电科技有限公司已跻身世界十大风电设备制造商行列。

二

风能技术是一项高新技术，涉及多学科领域和工程技术。风能技术进步是风能产业持续发展的基础。近年来，我国风能技术水平也得到了提升，主要表现在以下几个方面。

1. 风能资源评估技术

风能资源评估是制定风电发展规划、电网建设规划、进行风能资源开发和管理的基础。在国家发展和改革委员会、财政部的支持下，中国气象局根据3次风能资源普查的结果，选取风能资源比较丰富的省区建设400余座测风塔，形成风能资源观测网，采用统计分析和数值模拟相结合的方法绘制1×1千米分辨率的风能资源图谱。通过对我国风能资源丰富区域中风能资源的详查，再综合考虑各区域内电网建设、气象灾害、地质环境、自然保护、交通运输、工业布局等因素后，提出可以用于技术开发的风能资源量。

2. 风力发电机组研发技术

目前，我国风力发电机组主流机型的单机功率已经从2000年的600～750千瓦增加到2008年的1.5～2.0兆瓦，3.0兆瓦风力发电机组已投入运行，5兆瓦风力发电机组也正在研制。图2为华锐3.0兆瓦海上风电机组。国产化生产的风力发电机组中，有90%以上已采用变桨变速恒频技术，其中主要是双馈式变速恒频型风力发电机组，其次是直驱式变速恒频型风力发电机组，还有半直驱式变速恒频型风力发电机组。另外，垂直轴风力发电机组和一些新概念型风力发电机组也在研发中。

图2　华锐3.0兆瓦海上风电机组

除整机外，围绕提高效率、保证可靠性、降低成本、减轻重量、增加寿命和扩大应用等需求，风力发电机组关键部件如叶片、齿轮箱、发电机、控制系统、变流器等设计和制造技术也得到了不断的发展。

近年来，围绕风力发电机组设计技术，科技部在国家科技支撑计划项目和国家重点基础研究发展计划项目中立项，组织力量对风力机空气动力学关键科学问题和兆瓦级风力发电机组关键技术问题进行重点研究，取得了一批有自主知识产权的科研成果，对提高我国自主研发能力起到了推动作用。

3. 风电场建设技术

随着我风电场建设向规模化发展，风电场开发商对建设前的可行性研究和建设后的运行效益越来越关注。目前，在风电场微观选址技术、风力发电机组排布技术、风力发电机组安装技术和风力发电机组运行维护技术等方面都取得了长足的进步。

随着海上风电场示范工程的兴起，风电技术正在逐步发展。针对我国海上风电场建设的特点，发展滩涂和近海地区风力发电机组的基础施工、运输、安装和运行维护技术以及接入电网技术。

4. 风电并网技术

并网发电是风能利用的主要形式，保证风电场向电网输电的电能品质是电网安全稳定运行的需要，也是目前影响风能持续发展的重要制约因素。

目前，我国风电发展的模式是“建设大基地，接入大电网”，和欧洲“分散上网，就地消纳”的模式不同。我国风能资源丰富且适合开发大规模风力发电的地区一般都处于电网末端，远离负荷中心，电网架构薄弱，风电电力中除少量由附近的电力负荷消纳外，大部分要通过更高电压等级的电网送到较远的负荷中心，而风电是一种间隙性电源，因此，大规模风电开发必须考虑风电与电网相容性的问题。

目前，风电并网主要从下面几个方面开展工作。

（1）在规划风电场建设时要与电网建设规划相协调，并对风电接入电网后对地区电网潮流分布、传输线路功率等静态和暂态电压稳定性、电网短路容量、电网暂态功率稳定性和频率稳定性等进行仿真研究，评估风电场对电网品质产生的影响。

（2）对风电功率进行预测，这是确保电网平衡风电波动、减少备用容量和经济运行的重要技术保障。风电功率预测系统方法有物理方法和统计方法，目前，对风电功率预测的均方根误差可以控制在10%以下。我国一些地区已开始试用统计方法对风电场的风电功率进行预测。

（3）将风电纳入电网调度，在满足系统调峰、备用的基础上，按照优先调度风电的原则进行电力电量分配与电力系统调度。这样可以充分利用电网的调峰调频能力，保证在接受风电情况下的电力平衡和电网安全稳定运行，为风电竞价上网提供有利条件。

（4）采用分频输电和轻型直流输电等新的输电技术，以及智能电网建设在可再生能源中的应用等重要措施。

5. 风能应用技术

除了通过风力发电机组发电直接并入电网应用外，风能还可以与其他能源组成互补发电系统。互补发电系统不仅可以并网应用，也可以组成分布式电源系统独立运行，有较好的应用前景。互补发电系统除了在技术上已较成熟的风电/光伏互补发电系统外，还包括风电/水电互补发电系统、风电/燃气轮机互补发电系统等。互补发电系统一方面可以综合利用区域的能源资源，另一方面还可以作为一种大容量的系统用于调峰，提高风电并网运行的安全性，如抽水储能电站。

目前，用于可再生能源的储能装置主要是化学电池，一般在分布式发电系统中应用。研究大功率储能系统是一项重要的技术。铅酸电池是目前大功率蓄电池中使用比例最高、价格最便宜的电池产品，可作为近期首先使用的技术。全钒液流电池的输出功率和储能容量彼此独立，通过改变储槽中电解液数量，能够满足大规模蓄电储能需求；通过调整电池堆中单电池的串联数量和电极面积，能够满足额定放电功率要求。目前，全钒液流电池储能系统最大输出功率可达 6 兆瓦，能量效率超过 70%，是一种新型的储能系统。我国在液流电池的研究已取得了很大的进展。

针对我国国情，为了解决偏远无电地区的用电需要，还需要发展离网风电应用技术。随着社会经济的发展、技术进步和环保需求，独立运行的小型风力发电系统的应用范围也在扩展和延伸，市场前景很好，除了与其他能源组成互补系统，用于照明、通信之外，还可以作为分布式电源系统的重要电源之一，进行并网应用。离网风电的另一种形式是将风电和大规模蓄电相结合直接应用于一些对电能品质要求不高的高耗能用电企业，如制碱、制氢企业等。

三

我国风能资源丰富，中国气象局风能太阳能资源评估中心对我国风能资源初步评估的结果是：离地 50 米高度处，风能资源技术可开发量为 7 亿 ~ 12 亿千瓦，其中，陆地风能资源技术可开发量约为 6 亿 ~ 10 亿千瓦，近海离岸 20 千米区域内近海风能资源技术可开发量约为 1 亿 ~ 2 亿千瓦，陆地风能资源大于海上，我国风能开发利用有很大的潜力。

2009 年 9 月 22 日，胡锦涛主席在联合国气候变化峰会上指出，我国 2020 年非化石能源占一次能源消费比重达到 15% 左右。

2009 年 11 月 25 日，温家宝总理主持的国务院常务会议，宣布了我国控制温室气体排放目标：到 2020 年单位 GDP 碳排放比 2005 年下降 40% ~45% 。

为了实现这样的目标，大力发展可再生能源是一项重要的措施。根据中国工程院近期开展的中国可再生能源中长期发展战略研究结果，中国可再生能源（含水能）发展的目标是到 2020 年、2030 年和 2050 年将分别接近或达到满足总能源需求的 20% 、30% 和 40% 。到 2050 年，可再生能源将成为中国主导能源之一。近期，除水能外，风能将在可再生能源中发挥重要的作用。到 2020 年、2030 年和 2050 年，风电总装机容量将分别达到 1.0 亿 ~1.5 亿千瓦、1.8 亿 ~3.0 亿千瓦和 5.0 亿 ~8.0 亿千瓦。

我国风能发展基本路线是：风能发展以发电为主，重点发展陆地风电，积极推进海上风电。根据我国国情，在主要发展并网风电的同时，还要发展离网风电和分布式发电系统。中国风能应用的模式将是集中和分散相结合，并网和离网相结合。

四

发展风能是一项系统工程，涉及政策、法律、技术、经济、社会、环境、教育等方面。虽然《中华人民共和国可再生能源法》颁布实施后，我国风能发展出现了快速发展的势头，但仍存在一些制约因素和需要解决的问题。政府要充分发挥指导、扶持和协调作用，将各个环节衔接起来，形成良性互动，实现风能市场产业又好又快发展。

1. 风电市场如何持续发展

风能市场健康和可持续发展需要精心的培育。近年来，国家发展和改革委员会为了落实《中华人民共和国可再生能源法》，先后制定了很多具体的实施意见，对风能市场持续发展起到了积极的作用。需要进一步研究的问题是如何根据我国国情科学制定风能发展规划和发展路线，如何落实风电分摊的措施，如何进一步完善风电招投标制度，如何合理分配风电开发商、制造商和运营商之间的利益，如何发挥外资企业和民营企业的积极性，吸引更多的资源投资风能，如何建立科学的风能评价体系等。风能市场发展的进程也是风能政策不断完善的过程，它们是相互依存和相互促进的。

2. 风能产业如何做大做强

风能产业是一种促进经济发展与人口、资源、环境相协调，建设资源节约型、环境友好型社会的高技术产业，同时又是一种有风险的产业。中国是一个大国，没有自己的风能产业，风能市场是不能持续发展的，将我国风能产业做大做强是我们努力的方向。风能产业是由制造业、咨询业和服务业等组成的一个产业体系，其中风电设备制造业是风能产业的基础。目前，我国风电设备制造业核心竞争力还不强，从“中国制造”到“中国创造”还需要一个过程。另外，风能产业结构不尽合理，风力发电机组整机制造企业和个别零部件企业出现重复建设的倾向，而风电咨询业和服务业则相对薄弱，需要调整。另外，风力发电机组的制造质量控制尚有待进一步提高，相关企业要正确处理好降低成本与产品质量之间的关系。

3. 风能技术如何自主创新

风能技术是一项高新技术，涉及多学科领域和工程技术。风能技术进步是风能产业持续发展的基础。我国风能技术主要来自两个层面，一个层面来自与风能相关的其他学科领域和工程技术的延伸；另一个层面是引进并消化吸收国外先进的风能技术。这两个途径使我国风能产业在较短的时间内有了一定的基础，但是核心技术和关键技术的对外依存度仍然较高，自主创新的能力还很薄弱。这主要表现在：一是企业还没有完全成为创新的主体；二是风力发电机组总体设计技术是薄弱环节；三是风能公共技术服务（包括标准、检测、认证和专利等）体系尚未完全形成，公共技术服务设施不足；四是风能应用基础研究薄弱，缺乏原始创新；五是风能专业技术人才匮乏。增强自主创新能力，建设创新型国家，已经摆在了国家发展战略的核心位置。对风能产业而言，提高创新能力，要有政府的引导和支持，要有企业为主体的产学研合作，要建设国家级的风能公共技术服务平台，要有先进的技术资源和优秀的科技人才，要有结合中国国情的技术发展路线，还要有激发创新思维的平台。中国科学技术协会下属学会是国家创新体系的重要组成部分，可以充分发挥其跨行业、跨部门、跨专业的优势，为提高自主能力做贡献。

发展新能源与可再生能源是人类应对气候变化，实现人与自然和谐发展所必须承担的一项长期的战略任务，风能将和其他清洁能源一起完成这一全球性的历史使命。近年来，我国在风能发展进程中取得的成绩得到了世界的关注，但是在前进的道路上还存在这样那样的问题，还有很多需要克服的困难，特别是有许多关键的技术需要我们一个一个去攻克。中国是对人类社会负责任的社会主义国家，经过几代人的不懈努力，扎扎实实地工作，风能产业一定能对人类经济、社会和环境的可持续发展做出贡献。

参 考 文 献

杜祥琬 . 2008. 中国可再生能源发展战略研究丛书 · 综合卷，北京：中国电力出版社 .
贺德馨 . 2008. 中国可再生能源发展战略研究丛书 · 风能卷，北京：中国电力出版社 .
BTM Consult ApS. 2009. International Wind Energy Development_World Market Update 2008. Denmark.
WWEA. 2009. Wind Energy International 2009/2010. Germany.

The Current Situation and Prospect of the Industralization of Wind Energy Technology

He Dexin
(Chinese Renewable Energy Society)

Coping with climate change and realizing the harmonious development between mankind and nature have become a global long-term strategic task. Developing new energy and renewable energy is an important measure in the process of this historic mission. Wind energy is a kind of clean energy which is relatively mature on technology among the renewable energies with the prospect of large-scale development and utilization. The main form of wind energy development and utilization is power generation by wind. This paper briefly introducs the wind energy technology industrialization status and prospect and gave some suggestions to the wind energy sustainable development in China.

Developing wind energy is a systematic project, involving many aspects in policy, law, technology, economy, society, environment, education and so on. Since China's "Renewable Energy Law" was issued and implemented, the development of our country's wind energy has entered a new period with rapid development, but there are also some constraints and problems to be solved. China is a socialist country responsible for mankind and after the continuous efforts by several generations, China's wind energy utilization will definitely contribute to the sustainable development of human economy, society and environment.

4.3 我国生物能源产业发展现状与问题

吴创之 马隆龙 阴秀丽
（中国科学院广州能源研究所）

能源危机和全球变暖使全世界认识到发展新能源与可再生能源的迫切性，而近两年的金融危机将绿色能源的意义提升到新的高度，发展绿色能源已成为全世界经济繁荣发展的新希望。因此，一场以新能源革命和低碳经济为主题的“绿色浪潮”正以前所未有的速度扑面而来。生物能源作为目前利用最广泛、最重要的可再生能源之一，受到全社会的高度关注，但如何发展也存在很多争议，所以正确认识我国生物能源产业发展现状和存在问题，对今后生物能源的发展至关重要。

一、产 业 现 状

1. 资源开发

生物能源具有资源丰富、种类繁多、分布广泛的特点。我国目前生物质原料主要来自农林产业过程的废弃物，可利用总量折合约为 4 亿吨标准煤，包括：农业秸秆总量 6. 5 亿吨（折合 2. 1 亿吨标准煤），其中约 50% 可作为能源利用；林业及木材加工废弃物约 2. 7 亿吨（折合 0. 5 亿吨标准煤），约 30% 可以开发利用；畜禽粪便及污水资源可转化沼气折合约 1. 0 亿吨标准煤；城市生活垃圾清运量约 1. 55 亿吨（折合 0. 25 亿吨标准煤）。目前这些废弃物的利用率都比较低，仍然存在比较大的发展空间。

根据 2005 年前后的技术和生产力水平，有关专家根据对有机废弃物、边际性土地及相应的能源植物产出的估算，我国 2030 年生物质原料的年总产出潜力折合是 7. 96 亿吨标准煤，其中有机废弃物 3. 71 亿吨，边际性土地原料植物产出 4. 25 亿吨，如表 1 所示。一方面，如果考虑 2030 年前后的科技进步和生产力水平的农业产出预测，生物质原料的年产出总潜力折合应当是 10. 67 亿吨标准煤，其中有机废弃物 5. 27 亿吨，边际性土地原料植物产出 5. 38 亿吨；另一方面，目前以甜高粱为代表的能源作物和以麻风树为代表的能源林业才刚刚开始，虽然已有小范围的种植，但规模化种植的问题仍然没有解决，近期希望利用能源作物或能源林业大规模发展生物能源的可能性不大，所以利用农林废弃物发展生物能源仍是我国目前的重点。

表1　我国生物质原料资源预测情况（至2030年）

有机废弃物种类	产能			边际性土地类型	面积/万公顷	产能	
	可用实物量/(万吨/年)	折合标准煤/(万吨/年)	各种资源占总量的比例/%			万吨/年	各种资源占总量的比例/%
作物秸秆	3.90	1.96	52.8	宜农后备地	734		
畜禽粪便	7.15	0.75	20.2	现边际农地	2 000	1.13	26.7
林业剩余物	0.70	0.40	10.8	宜林后备地	5 704	1.75	41.2
采集育林薪柴	0.38	0.22	5.9	现薪炭林	303	0.13	3.0
工业废弃物	0.62	0.35	9.4	现油料林	343	0.06	1.5
城市有机垃圾	0.16	0.03	0.8	现灌木林	4 530	1.18	27.6
合　计	12.91	3.71	100.0	合　计	13 614	4.25	100.0

资料来源：中国科学院广州能源所.2009～2010中国生物能产业报告.

2. 生物质发电产业

《中华人民共和国可再生能源法》的实施为生物质电力的产业化发展提供了机遇。国家《可再生能源中长期发展规划》提出到2020年，生物质发电总装机容量达到3000万千瓦，产业发展潜力巨大，大量的企业正把投资眼光转向新兴的生物质发电产业。据不完全统计，全国完成立项程序的生物质发电项目已有100多项，目前建成投产的有61家，其中秸秆直接燃烧发电厂占80%以上，其他为垃圾发电、垃圾填埋气发电和沼气发电等。目前，生物质发电站主要建在农业生产的集中区，发展的类型以秸秆直接燃烧为主，发电规模基本在12兆瓦以上；其他发电技术，如气化发电、混合燃烧发电、热电联供发电等仍没有显著的增长。从运行效益上看，由于电站原料适应性较差，运行成本较高，2008下半年国家提供额外补贴的电站为25项，半年亏损补贴1.2亿元，基本为农业秸秆燃烧发电项目（表2）。

表 2　生物质发电情况统计（2008 年 7～12 月）

电站类型	装机容量/兆瓦	发电量/亿千瓦时	补贴/亿元
农业秸秆燃烧发电	747.0	13.71	3.05
垃圾焚烧发电	174.0	3.18	0.58
填埋气及沼气发电	26.7	0.48	0.10
其他发电（混烧、气化等）	15.5	0.38	0.07
合计	963.2	17.75	3.890

3. 生物质液体燃料生产

生物质液体燃料产品多样，主要包括燃料乙醇、生物柴油、生物质裂解油和生物质合成燃料等。国家《可再生能源中长期发展规划》中指出，到 2020 年，我国生物质液体燃料年产量达到 1500 万吨，为我国生物质液体燃料的发展指出了明确的方向。我国目前燃料乙醇生产仍然以玉米原料为主，所以燃料乙醇产业的可持续发展存在严重问题，国家也明确不再发展。为此，近期的重点是发展非粮燃料乙醇（包括木薯等）技术，各地积极性也比较高，意向建设生产能力超过千万吨，但目前真正投产的项目只有中粮北海 20 万吨木薯燃料乙醇项目。在以秸秆为原料的纤维素燃料乙醇方面，全国研究和示范的单位有几十家，但大部分技术不成熟，生产成本很高，仍然没有进入产业化生产的项目，这一难题在国际上也没有得到根本的解决。在生物柴油方面，我国柴油机燃料调和用生物柴油（BD100）标准于 2007 年 5 月 1 日起实施，但没有国家收购或销售的配套规定，生物柴油市场尚未建立。全国有 100 多家企业进入生物柴油的生产领域，分布在 22 个省区（以福建、江苏、山东为主），其中有 2 家国外上市公司，其他基本都是中小公司。2007 年可统计的生物柴油实际产量约 37 万吨/年，产品基本出口。

4. 生物燃气利用

在国家的政策扶持和引导下，中央和各地政府不断加大农村沼气的资金投入力度，有力地促进了农村生物燃气产业的发展。截至 2008 年年底，我国生物质气化集中供气系统的秸秆气化工程 856 处，农村户用沼气 3048 万户，年产沼气 114 亿米^3，沼气工程累计数量为 39 842 处。2008 年新增沼气工程数量为 13 664 处（其中新增处理工业废弃物的沼气工程 102 处，处理农业废弃物的大型沼气工程 1192 处，中型沼气工程 6151 处，小型沼气工程 6219 处），累计产气 7.1 亿米^3。我国生活污水净化沼气池累计数量为 163 719 处，产气累计 785.25 万米^3。2008 年我国生物燃气总量121.18亿米^3，相当于当年天然气消费量的9%，其中集中型生物燃气产气7.18亿米^3，相当于当年天然气消费量的0.5%。

二、产业发展存在的问题

1. 资源制约

生物能源产业化的基础是经济可靠的资源供应。目前我国生物能源产业正受到资源的制约。一方面，现有生物质资源在经济性、供应规模等方面难以满足产业发展的需求。最明显的例子表现在秸秆发电、液体燃料产业方面。大型秸秆发电站由于秸秆收集、储存等困难，存在发电出力不足、成本居高不下等问题，受到社会的质疑；非粮燃料乙醇由于原料生产、供应链条尚未建立，产业发展裹足不前；生物柴油方面，国外都是利用各国的特殊油脂资源如大豆、菜籽、棕榈油脂等，并形成规模化、标准化油脂种植和加工企业，而我国能够现实规模化生产生物柴油的油脂资源严重不足（食用油已明确严格禁止作为能源使用），制约了我国生物柴油规模化发展。另一方面，我国生物质能资源评估存在明显不足，尤其是对于可利用土地和相应资源的评价，还没有系统全面的研究。可利用的生物质资源和总体发展潜力仍不明朗，在可规模化种植的能源作物和能源林的产量（土地资源和单位产量）上还没有开展专门的、细致深入的调查，从而未获得科学、一致的结论；对生物质资源中比较稳定的农作物秸秆和林业废弃物等，还没有将能源用途和其他用途做细致的资源评价及规划，而且不同部门的研究结论差距较大，这是造成生物能源产业发展引起较大争议的一个重要原因。

2. 技术瓶颈

近年来，我国政府及有关部门对生物能源技术研发极为重视，已连续在4个国家“五年计划”中将生物质能利用技术的研究与应用列为重点科技攻关项目，开展了生物质能利用技术的研究与开发，取得了多项优秀成果。但是总体看来，目前我国生物质能开发利用水平较低，各种技术的成熟度和商业化水平很不平衡，一些关键性技术尚未突破，技术的稳定性不足，生产技术工艺不成熟，产业化的技术瓶颈问题远没有得到解决。

一方面，沼气工程、纤维素乙醇、燃料丁醇等技术的工业化进程受到原料预处理技术不成熟、对原料的适应性不强等因素的制约，运行成本难以降低。例如，生产纤维素乙醇的预处理过程中，在提高糖得率的同时，还需要最大限度地降低毒性副产物形成，纤维素乙醇的原料消耗都在 6 吨以上，成本估算都在 6500 元/吨乙醇以上，不适合工业化生产。沼气方面，原料主要使用禽畜粪便，秸秆等大宗原料还未得到利用，整体技术水平和装备水平还比较低，限制了沼气工程的规模化推广，尤其在大中型沼气方面。另一方面，我国生物质发电、生物柴油、成型燃料等生物能源生产工艺和设备的长时间稳定运行远未过关，生产过程加工工艺落后、能耗高，连续稳定性较差；一些秸秆固化、气化或液化的技术耗能高，对设备损伤大，故障率较高，维修频繁，影响连续生产等，使大部分生物能源技术至今仍达不到工业化利用的经济性指标。例如，从秸秆发电技术看，我国缺乏自主核心技术，对不同的技术路线和工艺缺乏系统性研究，还不具备成套设备供应能力，主要关键设备基本从国外引进，不但设备价格高，而且国内生物质发电设备市场面临被国外技术垄断的危险。此外，我国利用自主技术所建示范电站规模小、效率低，自动化控制水平不高，一些配套的辅助设备还没有实现产业化。

3. 产业模式

生物能源产业是基于先进农业技术的分散能源体系，与传统能源产业有根本性的差异，但目前大部分生物能源企业基本采用大型工业企业的模式进行建设和管理，与分散的原料供应链条难以衔接。在政策上，地方政府和国有投资企业重视大项目，不扶持小项目，分散利用产业难以形成。在此情况下，生物能源从原料生产、原料供应、产品生产到销售等产业链条的各个环节间都存在诸多问题，生物质资源分散生产的模式与传统大型工业模式发生矛盾。例如，大型木薯燃料乙醇项目每年需要上百万吨的木薯原料，但木薯的规模化栽培、种植管理、采集、运输等许多环节缺乏有效的组织，供应难以保证。再如，目前各地热衷的秸秆燃烧发电项目国家规定规模小于 12 兆瓦不能立项，每个电站秸秆年需求量均在 10 万吨以上，原料收购所耗费的人力、物力增加，带来生产成本的增加。所以，生物能源产业化道路走得还不尽如人意，有些方面（如燃料乙醇、秸秆发电）的困难更多存在于技术之外，如产业模式、投资渠道没有建立，相关扶持政策还不完善等。

三、发展思路和建议

1. 制定长远的资源开发战略

根据我国国情，生物能源开发应做到“不与人争粮、不与粮争地、因地制宜综合利用”，这已成为共识。我国发展生物能源产业，应当走原料与产品的多元化道路。目前资源评估是发展生物能源的一项重要的基础工作，最紧迫的任务之一就是开展生物质资源的调查摸底，进行可作为能源开发利用的生物质资源的区域规划工作。将资源拥有量、可开发量、发展潜力、资源分类、能量转换技术选择与技术进步预见等，分地区、按阶段在《可再生能源中长期发展规划》的指导下，因地制宜、多元互补、综合利用，结合国情尽快制定可行的发展规划与实施计划。

但从长远来看，能源农业和能源林业只是生物能源发展的过渡阶段，利用可人工培育的藻类和其他基于基因技术的生物质才是长远之计。因此，在不同阶段利用不同的生物质资源，在充分利用原有废弃生物质资源的同时，研究有潜力的新型生物质资源及其利用技术，将传统生物质资源与新型生物质资源结合起来，有计划部署不占土地资源的生物能源发展战略，拓展生物质资源总量，实现更大的能源替代量，才是生物能源的根本出路。

2. 突破制约产业发展的核心技术

我国的生物质能现代技术研究和应用起步较晚，还有大量的关键技术问题未得到解决，应该加大力度进行先进技术研发。一方面，突出技术和方法创新，将多种技术路线并联或串联，研发生物质高效预处理、高效转化、木质纤维素快速降解、微生物代谢工程改造、高效酶体系、生物油的稳定生产等核心技术与关键技术，实现关键工艺和设备的技术升级，提升我国自主创新能力和核心竞争力，向社会提供高效、可靠、经济、清洁的生物质高效利用技术。另一方面，为了站在高起点上加快发展我国生物质能应用技术，有必要积极开展对外人员、技术和信息的交流与合作，引进国外先进技术工艺和主要设备。更重要的是，必须坚持自主开发与引进消化吸收相结合的技术路线，在引进时需要根据我国原料的特点、设备管理水平和消化吸收能力全面考虑，有目的、有选择地引进，坚持消化和创新相结合的发展模式，在一些关键性技术上取得突破，充分掌握相关的核心技术，努力实现技术和设备的国产化，提高国际竞争水平。

3. 注重生物能源的多元化利用

生物能源多元化利用包含两重含义。一是生物质原料多元化。由于生物质资源丰富、成分复杂、种类繁多，原料供应受相关产业生产和季节等影响明显，所以任何一种生物质能利用技术如果原料市场单一，则其技术适应性和规模化发展必将受到限制，导致生产成本较高，市场竞争力弱。目前粮食制燃料乙醇遭遇的原料危机使人们意识到，采用原料广泛而且成本低廉的各类农业纤维废弃物替代粮食制燃料乙醇才是该技术未来的产业化发展道路。二是生物质能源产品多元化。生物质能目前更重要的角色是传统化石能源的替代品，因而现代社会工业发展与化石能源有关的能源产品，包括电力、液体燃料、气体燃料、固体燃料，都是生物质能源产品的目标市场，生物质能利用只有走产品多元化的道路，才有可能完成其未来的历史使命。

4. 培育新型的生物能源产业模式

我国应根据生物质资源禀赋和分布情况，按照不同地理区划、不同原料来源、不同产品需求，根据生物质能和生物材料利用特点和优势，研究各种技术的优化组合，择优、择重、择需、择代表性地建设和推广一系列技术示范工程，因地制宜地发展各类生物能源项目，以确保原料保障和项目经济性。通过在全国范围内的产业示范形成生物质能源的区域性布局，将现代农业发展和现代能源技术相结合，形成具有我国特色的生物能源产业。在政策上，国家在宏观层面抓大放小，一方面可以调动地方政府发展生物能源的积极性，因地制宜地扶持小项目；另一方面也可降低小项目的操作成本，促进分散利用技术的推广。

总之，目前部分生物能源利用技术已经比较成熟，具有一定的经济竞争力，初步实现了商业化、规模化应用，如沼气技术。一批生物质能利用技术已进入商业化早期发展阶段，目前需要通过补贴等经济激励政策促进商业化发展，如生物质发电、生物质致密成型燃料、以非粮为原料的生物液体燃料等。还有许多新兴生物质能技术正处于研发示范阶段，可望在未来 10 年内逐步实现工业化、商业化应用，主要是以纤维素生物质为原料的生物质液体燃料，如纤维素燃料乙醇、生物质合成燃料和热裂解油等。对于生物质能源这一利国利民的新兴事物，只要有信心、有魄力，随着技术进步、不断创新发展模式、不断跟进配套政策，一定能够早日形成具有中国特色的生物能源利用模式，在逐渐构建我国新能源体系的同时，有力推动国家节能减排和新农村建设的发展进程。

参 考 文 献

陈勇 . 2007. 中国能源与可持续发展 . 北京：科学出版社：224.

国家发展和改革委员会 . 2007. 国家中长期科学和技术发展规划纲要（2006 ~ 2020 年）.

国家统计局工业交通统计司，国家发展和改革委员会能源局 . 2008. 中国能源统计年鉴 2007. 北京：中国统计出版社 .

吴创之，马隆龙 . 2003. 生物质能现代化利用技术 . 北京：化学工业出版社 .

吴创之，周肇秋，阴秀丽等 . 2009. 我国生物质能源发展现状与思考 . 农业机械学报，40（1）：91 ~ 99.

中国科学院能源战略研究小组．2009．中国至2050年能源发展科技路线图．北京：科学出版社．
中国可再生能源发展战略研究项目组．2008．中国可再生能源发展战略丛书・生物质能卷．北京：中国电力出版社．
中国可再生能源学会．2009．2009～2010中国生物质能产业报告．中国科学院广州能源研究所．

Current Status of Bio-Energy Industry in China

Wu Chuangzhi, Ma Longlong, Yin Xiuli
(Guangzhou Institute of Energy Conversion, CAS)

As an inevitable part of green economy, bioenergy is one of the most important renewable energies. Only the biogas industry has been relatively mature at present. Other fields, such as fuel ethanol and biomass power generation industries, have just had their starting. The development of the bioenergy industry is restricted mainly by dispersed raw material and immature key technology, hence centralized large-scale production model are not suitable either. Based on effective utilization of wastes, the cruxes of developing bioenergy industry are: to explore new biomass resource which are not subject to the restrictions of land resource, break through the core technologies of comprehensive utilization to convert efficiently the biomass into high-value bioenergy, and establish an industrial model in line with China's national condition and regional characteristics. With long industry-chain and complicated processing technology, it's impossible for bioenergy industry to get great success within short time. It could only be achieved step by step, and should not be given up because problem appears. With the improvement of supporting policies, progress of technology and innovation of development pattern, bioenergy industry with Chinese characteristics will finally be the most essential ingredient of Chinese new energy system, and therefore makes new contribution to the national targets of energy-saving and emission-reduction as well as the foundation of new socialist countryside.

4.4 液晶显示技术及产业发展状况

欧阳钟灿[1] 董友梅[2] 王大巍[2]
([1] 中国科学院理论物理所 [2] 北京京东方科技集团股份有限公司)

一、全球液晶显示技术与产业现状和发展趋势

从20世纪90年代中期开始，新型平板显示迅猛发展，至2005年，平板显示器件销售额与出货量已双双超过阴极射线管（CRT）显示器。2008年全球平板显示面板产值为1034亿美元，其中薄膜晶体管液晶显示器件（TFT-LCD）面板产值为924亿美元，占据90%的全球显示市场份额，以液晶显示为代表的平板显示器已经取代CRT显示器在显示领域的主流地位。

1. 全球液晶显示产业发展现状

目前TFT-LCD[1~3]已经能够实现从2英寸以下到60英寸以上各种尺寸的显示，是平板显示中应用范围最为广泛的一个分支，其产品应用从手机、MP3、数码相机、数码摄像机、数码相框、笔记本电脑显示器、台式电脑显示器，直至各种尺寸电视，应用领域仍在不断扩大，几乎涵盖整个电子市场。

目前，全球TFT-LCD产业主要集中在亚洲的日本、韩国，以及我国台湾地区和内地。日本、韩国和我国台湾地区占据着全球90%以上的市场份额，全球主要的TFT-LCD厂商情况见表1。

表1 全球主要TFT-LCD面板厂商5代以上生产线

序号	国家地区	厂商名称	生产线	出货量比例/%			销售收入比例/%		
				2006年	2007年	2008年	2006年	2007年	2008年
1	中国台湾地区	发达光电股份有限公司(AUO)	G5/G6/G7.5/G8	17.1	20.4	19.0	15.9	19.3	17.9

续表

序号	国家地区	厂商名称	生产线	出货量比例/%			销售收入比例/%		
				2006 年	2007 年	2008 年	2006 年	2007 年	2008 年
2	中国台湾地区	奇美电子股份有限公司(CMO)	G5/G6/G7.5/G8	11.3	12.5	14.8	11.7	12.4	14.1
3		中华映管股份有限公司（CPT）	G6	8.3	7.1	5.4	6.2	5.7	4.1
4		瀚宇彩晶股份有限公司（Hannstar）	G5	4.4	4.3	2.9	3.4	3.1	2.0
5		群创光电股份有限公司（Innolux）	G5	3.3	2.8	2.4	2.1	1.9	1.5
6	韩国	三星电子（Samsung）	G5/G7/G8	19.5	19.9	21.8	23.8	23.1	25.3
7		LG 显示(LG Display)	G5/G6/G7.5	19.3	20.1	21.0	20.5	20.4	20.3
8	日本	夏普（Sharp）	G6/G8	4.2	3.9	4.4	6.8	6.9	7.9
9	中国内地	京东方科技集团股份有限公司（BOE）	G5	2.2	2.9	2.5	1.5	1.9	1.5
10		上海广光 NEC 液晶显示器有限公司（SVA-NEC）	G5	2.7	2.3	2.1	1.5	1.4	1.2
11		昆山龙腾光电有限公司（Infovision）	G5	0.1	1.0	1.1	0.1	0.7	0.7

日本是 TFT-LCD 产业的先行者，最先实现 TFT-LCD 产业化，掌握着整个 TFT-LCD 产业的核心技术[4]，目前在中小尺寸产品的产业规模、TFT-LCD 核心装备、基础材料、零部件配套产业及技术上居于全球领先地位，在大尺寸产品领域也具有相当影响力，是产业链构筑最完整的国家。由于在高世代生产线方面投入不足，日本目前仅有 3 条 5 代（G5）以上生产线，产业规模与韩国和我国台湾地区差距较大。但是，日本夏普公司率先建成了全球第一条 8 代生产线，并且正在建设 10 代（G10）TFT-LCD 生产线，显示了日本在 TFT-LCD 产业技术上的领先地位。

韩国在 20 世纪 90 年代初开始涉足 TFT-LCD 产业，在政府大力支持下，用了不到 10 年的时间在产业规模上就超过了日本。韩国在 TFT-LCD 工艺和装备技术的二次开发上进行了大量投入，近几年也加大了基础研发，积累了自主核心技术[5]，并且通过中游面板产业的拉动效应，构建了较为完整的产业链上下游配套体系。目前，韩国三星公司也在规划建设 10 代以上生产线，显示了其进一步加大力度投入TFT-LCD产业的决心。

我国台湾地区 20 世纪 90 年代后期涉足 TFT-LCD，经过近 10 年的发展，产能规模已在 2006 年超过韩国，位居世界第一。我国台湾地区 TFT-LCD 产业的特点是注重上下游整合与成本控制，并以高密度的资金投入使产能扩张至世界第一，虽然目前在技术上落后于日本和韩国，但技术实力在逐步提升。

2. 全球液晶显示产业发展经验

液晶显示是集成了多种新技术，跨越多个学科的复合型高技术产业，上中下游产业间的支撑性、带动性与依存性均很强。TFT-LCD 的原理性技术均起源于欧美，但产业化在亚洲完成，其中日本、韩国和中国台湾地区走在平板显示产业发展的前列。

日本企业注重自主研发，不断完善产业化技术，掌握了覆盖全产业链的技术，实现了完整的产业布局。但由于无法保证大规模资金的持续投入，过去 10 年里日本从“规模扩张战略”转为“知识产权战略”。最近，日本有在大尺寸领域重新实施“规模扩张战略”和强化上下一体化关系的动向。

韩国企业实施的是“赶超战略”，在缺少核心技术的情况下，韩国集中财力支持三星、LG 等少数财阀企业，这些企业先期从日本引进 TFT-LCD 的核心技术，然后通过集中力量开发各种改进技术的方式发展平板显示产业，走出一条“规模经济和研发并举”的引进吸收再创新的成功道路。近年，韩国在“赶超战略”取得成功后，开始采取“大尺寸战略”和“品牌战略”。

我国台湾地区的平板显示产业走的是“引进技术、技术创新、规模建设”的发展之路，迅速投巨资建厂和上量发展，目前已经成为世界第一大生产 TFT-LCD 面板的地区，占全球市场份额超过 40% 。

日本、韩国和我国台湾地区的平板显示产业发展起点不同，但其产业发展存在共性。一是强力持续投资；二是在上下游产业链建设上，领先企业的产业链一体化程度较高；三是都重视企业整合和跨国合作；四是都重视政产学研结合，集中资源支撑企业提高核心能力。

尤其值得研究的是日本、韩国和我国台湾地区对液晶显示产业在技术创新方面的支持。日本官产学结合支持的重点是企业的技术开发及相应的基础研究。日本政府早在 1979 年就通过“光产业技术振兴协会”组织 16 家企业发起“光电子基础研究计划”，后又资助成立光电子技术研究公司，进行光电子材料的基础研究。日本科技厅、邮政省和文部省也向其所属的研究机构及国立大学提供光电子基础研究资助。韩国政府既支持技术开发，又给企业资金支持。韩国政府在2002年制定了“平板显示器产业发展5年计划”，每年用专项资金支持开发下一代技术和设备，组织业界的交流与发展，还出资成立“工程技术开发中心”、“零组件与材料中心”和“人才培养中心”。20世纪90年代，三星电子、LG等企业在开发制造液晶产品处于长期亏损，政府的政策贷款和补贴是其资金的重要来源。我国台湾地区很早就将光电子列为重点科技领域，对于TFT-LCD则将其和集成电路一起列为“两兆双星”计划予以财税、金融等政策支持，如对企业研发进行财政补贴，通过工业技术研究院协同业界消化引进技术，通过“六年发展重点计划（2002～2007）”安排专项资金鼓励企业设立研发创新中心，设立30亿美元以TFT-LCD产业为重点支持对象的创投资金。此外，我国台湾地区还十分重视提升企业和产业链的技术能力，例如，台湾液晶厂商采购的部材1999年主要从日本进口，而目前已经发展到大多数在本地生产。

3. 未来液晶显示产业发展方式

从1991年，液晶显示产业发展将走完第一个阶段，这个阶段的突出特点是投资与规模驱动，外延式发展，驱动力源于几个主要显示应用市场——笔记本、显示器、电视机以及手机需求的巨幅快速增长，液晶显示也在这个过程中占据了显示领域的主导地位。但是，此阶段该产业积累很少，过去7年间，全球TFT-LCD产业投入约620亿美元，累计积累利润不到投入的5%，这一结果使产业的发展逐步趋于理性。

未来几年，液晶显示产业的发展方式将从以扩大规模为主的“投资与规模驱动”向以技术升级为主的“价值创造”转变。预计2010年后液晶显示产业将进入第二个发展阶段，这个阶段的特点是价值创造，内涵式发展，规模不再是唯一的盈利模式，技术进步和商业模式的创新将成为未来液晶显示价值创造的强大动力。通过功能集成与提升不断增加产品价值，通过工艺简化不断降低产品成本，上述两个方面的共同作用将能实现液晶显示的价值创造，从而为客户提供功能更强、性价比更好的产品。

二、我国液晶显示技术与产业现状

我国液晶显示技术和产业经过几十年尤其是最近5年的努力，取得了一定的突破和发展。但总体来讲我国与全球液晶显示技术和产业领先的日本、韩国和我国台湾地区相比仍有较大的差距[6]，但在我国政府的巨大努力与支持下，我国的液晶显示工业在2009年显示了快速发展的势头，大有与日本、韩国及我国台湾地区竞争后来居上的前景。最近国家发展和改革委员会工作会议上张平主任宣布把平板显示作为2010年的重点工作之一。他提到要在2010年“推动集成电路、平板显示、新支线飞机、核电等重大专项建设”。

1. 我国液晶显示发展现状

在已经实现大规模产业化、产业技术最成熟的TFT-LCD领域，国内目前已有4条5代（G5）和2条4.5代（G4.5）TFT-LCD量产面板线，在建TFT-LCD面板线若干条［包括2条4.5代、2条6代（G6）、2条8代（G8）等］。另外，全球各大TFT-LCD面板厂在中国内地均建有大规模的TFT-LCD模组厂，其模块出货量至少占全球份额的50%。供应链方面，偏光片等多种关键材料的后加工已经实现就近配套，由本土企业自主建设的玻璃项目正在建设中，少部分非关键设备已经实现国产化。应该说，经过这些年的努力，中国TFT-LCD产业已经积累了一定竞争力。技术方面，中国内地企业已经掌握了显示器屏、笔记本电脑屏、电视屏、手机屏等产品的设计技术和5代生产线技术，骨干企业可使用专利数超过5000件，每年新增自主知识产权的专利申请数超过500件，具备了一定的专利和技术风险防范能力，面板厂商与上游设备和材料的技术合作机制正在形成。客户方面，国内、国际众多一流品牌厂商如戴尔、三星、联想、LG等企业都已经成为中国本土TFT-LCD企业的客户，中国TFT-LCD产业在全球产业中占据了一定地位。

2. 与世界领先国家和地区的差距

总体来看，我国液晶显示技术及产业与世界领先国家和地区的差距主要体现在以下几个方面。

（1）企业的产能规模较小，缺乏规模竞争力。当前，全球液晶显示产业仍处于以规模扩张为主的发展阶段，而我国TFT-LCD领军企业的产能规模仅相当于排名全球第4的企业产能规模的1/10，这就使我国液晶显示产业在激烈的规模竞争中处于十分不利的地位。

（2）产业链配套尚不完善。日本的上游产业链本土配套率接近100%，韩国和我国台湾地区超过50%，而中国内地目前尚不足20%。

（3）融资政策不完善，融资渠道不畅，制约了企业增加投资扩充产能规模的能力。相对于日本、韩国而言，我国台湾地区也是TFT-LCD的后发展地区，但灵活的融资政策、多元化的融资环境，使得台湾企业在行业低谷时仍能持续不断地投入，最终形成了能与韩国抗衡的产业规模。反观中国内地，在行业低谷时，企业往往难于获得资金，以致错失最佳投资时机，产能规模难以扩大。

（4）国家对企业的创新支持力度不够，产业人才短缺。创新是企业持续发展的保证，但目前我国企业总体实力难以独立支撑巨大的研发投入。要使他们从追赶者变成领先者，需要国家着力支持企业创新。另一方面，我国的大学还没有形成一套针对液晶显示产业人才的教育体系，对显示人才的培养工作十分滞后，必将严重制约我国显示产业的发展。

（5）缺少共性核心技术的研发平台。我国在全球显示领域转型和规模扩展的第一阶段未能占住先机，失去了规模优势和在前期阶段缩小差距的机会，但液晶显示技术具有很大的延续性，未来的其他显示技术［如有机发光二极管（OLED）、柔性显示或其他技术］与现有 TFT-LCD 技术有非常大的继承性。因此，尽快以 TFT-LCD 为基础，建立可长期发挥作用的共性核心技术的研发平台，以技术创新缩小与先行者的差距已迫在眉睫。

三、政策建议

对于我国液晶显示产业的发展，我们提出以下建议。

（1）建立开放的共性技术研发平台，研究液晶显示的核心技术和核心装备，支撑产业发展方式的转变。

（2）投资新的生产线，迅速扩大产业规模，提升市场竞争力。

（3）注重产业间横向和纵向整合，孕育我国液晶显示领域的领军企业。

（4）加快液晶显示人才培养和基础科研体系的建设，为液晶显示产业的可持续发展提供智力支持。

（5）积极发挥政府在我国液晶显示产业发展中的助推器作用。

参考文献

[1] Schadt M, Helfrich W. Voltage dependent optical activity of a twisted nematic liquid crystal Appl Phys Lett, 1971, 18: 127.

[2] Scheffer T J, Nehring J. New highly multiplexable liquid crystal display. Appl Phys Lett, 1984, 45: 1021.

[3] Brody T P. The birth and early childhood of active matrixa personal memoir. Soc J Inf Display, 1996. 4 (3): 113.

[4] Takeda. A, et al. A super-high Image Quality mult-Domain vertical alignment LCD by new Rubbing-Less Technology. Soc Inf Display, Symposium Digest of Technical Papers, 1998, 29: 1077.

[5] Kim S S, et al. New technologies for advanced LCD TV performance. Soc J Inf Display, 2004, 12 (4): 353.

[6] 王丹红. 2008-4-9. 访委员欧阳钟灿院士：中国液晶产业能否后来居上. 科学时报.

The Status of Technology and Industry of Liquid Crystal Displays

Ouyang Zhongcan[1], Dong Youmei[2], Wang Dawei[2]
([1.] Institute of Theoretical Physics, CAS;
[2.] BOE Technology Group Co., LTD)

Liquid crystal displays (LCDs) have been developed rapidly as the largest proportion of the entire display market. So far, the most LCDs industries are located in Asia, especially in Korea, Japan, and Taiwan, China. However, with the great effort and support of Chinese government the Chinese LCDs industry has evolved rapidly as a result of fierce competition with the mentioned countries and Taiwan, China since 2009. This brief review summarizes the status of the development and suggests some remarkable strategy and policies for the development of Chinese LCDs industry.

4.5　我国纳米材料产业现状和发展机遇

张立德
（中国科学院固体物理所）

一、我国纳米产业现状

加快纳米材料科学与技术的发展已成为全世界的共识。进入21世纪，各国都将纳米技术作为未来社会经济格局中富有挑战性的一项关键技术进行优先发展。2003年以来，发展中国家也开始重视纳米技术。以市场为牵引带动纳米技术的发展，已成为当前乃至未来相当长一个时期发展纳米产业的重要策略。为了在未来市场中争得一席之地，各国（地区）都把振兴纳米技术、发展纳米产业提上了议事日程。美国把加快纳米技术发展作为新的战略部署，希望在2013年能占领1.5万亿美元的市场份额。日本、俄罗斯、欧盟也把发展纳米产业放到振兴21世纪国民经济的重要位置，以期在未来市场竞争中获得更多的利益。亚洲的韩国、以色列、新加坡、印度、中国台湾地区，大洋洲的澳大利亚，非洲的南非也都相应制定了发展纳米产业的计划，一个新的竞争格局正在形成。

我国纳米材料技术的应用开始于20世纪90年代中期，是在纳米材料技术研究的基础上发展起来的。20世纪80年代末，我国政府就开始重视纳米材料技术的研究。科技部、国家自然科学基金委员会、中国科学院、教育部和经济发达的省市通过“攀登项目“、“863”项目、重大基金项目以及攻关项目对纳米材料的基础研究和应用研究进行支持，为我国纳米材料应用研究和产业化打下了良好基础。

1995年之后，企业家们对开发纳米材料技术产生了浓厚的兴趣。一些有远见的企业家，对纳米粉体材料的规模化生产以及纳米技术向各个领域的渗透进行投资。1995~2000年，以纳米字样注册的纳米材料技术公司有100多个，社会资金投入约七八亿，以后每年都以约10%的速度增长。到2008年，包括应用纳米材料企业在内，我国纳米产业相关企业已发展到1000多家。其中，纳米材料制备的企业约占15%，纳米材料技术应用企业约占85%。1995~2000年，在纳米材料制造产业中，纳米粉体材料的企业数量增长较快。2002年以后，纳米粉体材料企业增长的数量呈下降趋势，而纳米材料技术应用企业在2000年以后呈现大幅度增长趋势。其中，应用纳米材料技术、提升传统产业约占72%，环境和水处理产业占6%，纳米药物产业占6%，纳米能源产业占4%，纳米电子产业占2%，交通和农业各占1%，高技术制造业占3%，其他纳米相关产业占5 %。在应用纳米材料技术改造传统产业方面，势头较好的行业有精细化工、纺织、建筑、轻工、电力和材料工业。

目前，我国的纳米产业主要分布在东部、南部和沿海一带。天津已建成一个国家纳米产业化基地，在上海徐汇区建成了上海市纳米粉体产业基地，其他各省市也相继建立了纳米工程中心和示范产业，粗略统计有20多家。

国内起步较早、规模较大的纳米产业主要包括特种纳米碳材料、纳米粉体材料、纳米复合材料、纳米改性的纺织品、精细化工、塑料橡胶、陶瓷及医疗保健等行业。

我国纳米材料制造产业和纳米材料应用产业有如下几个特点。

（1）产品开始进入国际市场。纳米粉体材料每年产量超过千吨，主要包括纳米碳酸钙、纳米氧化锌、纳米氧化钛、纳米氧化锆、纳米氧化钨、纳米氧化铝等。我国生产的纳米氮化硅、氮化铝、氮化钛和碳化锆的制备方法和生产成本在国际上具有一定竞争力，存在着市场潜力。特种纳米材料如碳纳米管、纳米稀土材料、纳米电子光学材料、纳米磁性材料、纳米荧光材料规模还比较小，缺乏系列化产品，但我国拥有资源优势，具备市场竞争潜力。高含能材料和高冲量比材料对国家安全有着重要意义，现已走出实验室，实现规模化生产。近期，在江苏昆山、河南焦作、吉林四平、湖南常德等地建设了一批能生产多品种金属和合金纳米颗粒材料的企业。

（2）我国对纳米材料的应用尚处于初级阶段，主要是利用纳米粉体材料的功能特性，对传统产品进行升级。在纺织行业用纳米材料改性的功能纤维产品相继问世，抗菌抑菌、红外保温、负离子释放、自清洁、阻燃和防水防静电产品已进入市场。用纳米材料改性的油漆涂料等环保产品已在市场占有一定的份额，具有功能特性的涂料如红外反射、吸收电磁波、自清洁、抗菌抑菌等产品在市场上崭露头角。有些纳米材料已在军工、航空航天领域得到了部分的应用。建筑行业、电力工业、轻工家电行业也已开始利用纳米材料提升传统产品性能，这类产品原来就有市场，纳米改性后，增强了市场竞争能力，发展势头很好，潜力很大。

（3）纳米材料在传统药物产业上的应用以及纳米药物产业的发展出现良好势头。以纳米磁性材料为核心的纳米靶向药物、纳米基因药物和纳米组合药物的新产品已经问世，部分产品已进入市场。各种保健食品，如纳米螯合钙、希望胶囊和中草药相继制成产品，进入市场。

（4）与健康有关的产业开始利用纳米材料，改进传统产品和设计新型产品。日用化妆品、消毒剂、空气清新剂、水果保鲜、食品包装、洗涤剂的纳米产品相继问世，进入市场，深受消费者欢迎。这类产品市场见效快，发展空间大。

（5）结合国家战略需求，在能源、环境、资源和水处理行业逐步应用纳米材料和技术。纳米净化剂、纳米助燃剂、纳米固硫剂、用于水处理的纳米絮凝剂等新型产品相继开发成功，在这些产品基础上，发展了一些新型纳米产业，前景看好。

（6）纳米材料和技术在信息、微加工、生物技术等领域的应用刚刚开始。这些领域内，我国纳米材料技术相关企业的数量不多，尚缺乏市场竞争力。在显示技术、传感技术和电子技术领域，应用纳米材料技术开发新产品已经引起了企业家极大的关注。到目前为止，进入市场的产品数量不多，影响不大。但是，纳米高科技产业的发展影响力大，是纳米技术产业发展的主旋律之一。目前，我国在此领域与发达国家相比有一定的差距，但仍然存在着机遇。

磷酸铁锂是清洁能源电动汽车锂离子电池的首选正极材料。目前，市场上广泛应用的以微米尺度磷酸铁锂为正极材料的锂离子电池存在电池组寿命低、一致性差、充放电不稳定、成本偏高、组合体较单体性能明显下降等问题。深圳德方纳米公司发展了液相法合成纳米磷酸铁锂正极材料技术和工艺路线，制备出粒径在 90 ~ 110 纳米范围内的磷酸铁锂正极材料，其综合性能全方位提升，批次生产和在电动汽车上实际应用考核均超过现有锂电池的各项指标；其使用安全性提高、制造成本降低，为电动汽车动力电池提供了性能优异的核心材料。

合肥开尔公司开发的用于铸造的纳米变质剂（氮化钛，TiN），在几十吨级规模铸造试验中，比常规变质剂性能优越，具有促进均匀成核、晶粒细化的功能，使铸件的强度、韧性、硬度明显提高。该变质剂在铝合金铸件应用中也取得了良好的效果，很可能为铸件性能升级带来新机遇，具有推广价值。多晶硅片脱模一直是提高多晶硅质量的技术瓶颈之一。开尔公司开发的纳米氮化硅（SiN）脱模剂可有效防止坩埚内壁与熔融硅料粘接，方便脱模，提高脱模效率，同时起到阻隔层作用，保证硅锭纯度，为提高多晶硅模板的质量和效率做出了贡献。该公司还首次实现了吨级规模生产的增强光催化剂氮氧化钛，为环保和有机污染物的降解提供了新型材料。

以绿色经济为导向，用环保的标尺对传统产业进行考量是当今国际各行业发展的一个重要趋势。在涂装和化工行业，溶剂型涂料垄断市场近百年，近年来由于环保问题遇到了严重的挑战。水性涂料代替和部分代替溶剂型涂料是涂装行业不可逆转的发展趋势。北京中科捷达纳米材料公司以纳米材料技术为主旋律，与常规技术相结合，发展了水性的防水涂料、强力高弹建筑防水涂料、纳米道桥防水涂料、水性无异味新型模板涂料、用于彩钢卷材水性涂料和用于金属表面无铬化、无磷化的固体粉末涂料。其性能优异，绿色环保，深受市场青睐。他们用纳米材料和技术解决了许多技术难题，也证实了纳米材料在提升水性涂料综合性能方面起到了关键的作用，具有推广价值。广东北科科技发展有限公司与北京科技大学合作利用纳米氧化铝和氧化锆全面提升了彩钢板涂料的综合性能，使我国在这一领域纳米材料应用进入了国际先进行列。

在纳米粉体材料应用领域，如何发挥纳米效应、优化产品性能，关键是发展规模化分散技术。以往的超声、球磨等高能手段在大规模生产中存在局限性。2000 年以后，在我国纳米产业格局中，诞生了一批以发展规模分散技术为主要目标的纳米企业。其中具有代表性的有海南三亚三元科技发展有限公司、合肥开尔纳米公司等企业，他们利用高压剪切、液态湍流微孔喷射技术设计制造了用于生产纳米悬浮液的装置，能有效消除硬团聚和二次团聚，还具有对脆性材料进行纳米粉碎的功能，适用于无机、有机、中药、多孔组装等纳米材料和相关制品的分散，还可广泛用于材料改性、化工涂料、医药、保健食品、纳米组装农药等领域，为纳米材料的应用提供了有效的分散手段。

总而言之，我国纳米产业的特点是起步早、有活力、潜力大、发展快。10 多年来，从炒纳米概念到真心实意发展纳米材料，我国纳米产业走过了不平坦的历程，凸显纳米效应，发挥纳米材料的优越特性，成为发展纳米产业的主流。同时，避免纳米材料的负面效应，注重环境安全，被提到了纳米产业发展的议事日程，并从这一角度出发，对纳米产业，特别是纳米粉体产业的硬件技术进行了改造和升级。“不给环境造成二次污染”已经成为纳米企业的座右铭。几年来，我国纳米产业提高了自身的竞争力，在各自的行业领域起到了引领示范的作用。许多产品已走向国际市场，美国、日本、欧盟等先进国家和地区已开始购买中国纳米产业生产的材料和其他纳米产品。近年来，我国纳米产业发展势头很好，潜力很大。2009 年，虽然在全球金融和经济危机的阴影下，资金困难，但纳米产业通过技术创新，不但解决了生存问题，而且发展形势越来越好。

二、发展机遇

20 世纪 90 年代，在纳米材料和纳米技术蓬勃发展的时期诞生了一批纳米企业。这些企业以发展和应用纳米材料和技术为主导，对常规产品进行升级，开发以纳米材料技术为主旋律的新技术和新产品，在世界范围内形成了一批新兴的企业。我国纳米产业起步与发达国家同步，在传统产品升级、开发新产品、开拓市场方面取得了可喜的成绩。纳米产业创新的活力、向各个领域渗透的能力和发展的潜力已引起社会的广泛注意。纳米材料技术企业是我国中小型企业群体中正在崛起的一个不可缺少的重要组成部分，发展势头方兴未艾。

当前，全球纳米技术和纳米产业的发展进入了一个新阶段。人们从历史和现实角度出发，在高技术发展的历程中悟出了一个重要的道理，即评价一项新技术的潜力，不仅要看它科学内涵的新颖程度，更重要的是考察它创造社会财富、引发技术变革的能力。19 世纪的电力技术和 20 世纪的微电子技术之所以成为当时的主导技术，是因为它们向各个领域渗透应用，创造了历史上其他技术无可比拟的财富，推动了社会的进步。纳米技术也必须在应用中体现自身价值，必须在解决社会需求和人类生存面临挑战的关键问题上发挥作用，才可能成为 21 世纪最有显示度的技术。社会发展每个阶段的主导技术不是故步自封的。创造财富和解决人类生存关键问题，是评价社会主导技术的重要标志。专家们预计，纳米材料和技术很可能是 21 世纪最富有活力的技术，具备成为主旋律技术的基本条件。在应对气候变化、发展低碳经济、开拓新能源、优化环境等领域，纳米材料和纳米技术将起到举足轻重的作用，在某些方面是其他技术无法代替的。

前一阶段，纳米材料和技术的发展主要依赖传统产业升级的需求。近年来，能源、环境和农业对纳米材料和技术的需求更加迫切。发展可再生资源，应对全球气候变化和环境安全、减少资源过度开采和发展环境友好的现代化农业已成为全球公认需要解决的关键问题，专家们预估纳米材料和技术很可能在解决上述问题中起到重要作用，甚至是其他技术不可代替的。因此，能源、环境、食品和农业对纳米材料和技术的需求是当前推动纳米材料产业发展的驱动力。欧盟、日本和美国在制定 2006 ~ 2020 年纳米产业发展规划中重点强调了这些领域的需求。这也为我国纳米产业发展提供了新的机遇。围绕上述需求发展纳米材料技术，是我国纳米产业今后发展的目标，也是我国纳米产业发展壮大，在社会经济中占有一席之地的战略抉择。以下几个领域，将为我国纳米产业发展提供重要机遇。

1. 低碳经济和应对气候变化

CO_2 排放产生的温室效应引起了气候变化，引起了气候安全问题，这个问题必须解决。研究结果表明，纳米材料和技术捕获 CO_2 的能力比传统材料和技术提高了500多倍，分离 CO_2 的效率也明显优于传统材料和技术。从现在开始到2070年，围绕碳捕捉和储存（CCS）技术将诞生一批新兴产业，其中纳米技术相关产业将占有举足轻重的地位。我国加快发展低碳经济的核心技术和纳米产业是具有战略意义的抉择。八国集团（G8）等发达国家制定了针对上述问题的规划，仅2020年之前，关于低碳经济的研究项目就有20项。关于 CO_2 的捕获和封存产业的建立将持续到2070年。最近，美国围绕CCS技术也部署了15项研究计划，涉及 CO_2 的捕获、封存和新能源的利用。一批纳米产业围绕这一目标确定了研发重点，特别是针对高效减排和回收 CO_2 等问题进行了相关的纳米材料和技术的研发，并鼓励技术转移，建立新兴产业。专家们估计，2050年之前是发展纳米科学技术的最好时期，纳米技术很可能成为影响社会经济的主流技术。在这转折的关键时期，我们必须冷静思考，制定对策，迎接挑战。

2. 新能源和其他高端产业

新能源包括非碳能源和清洁的碳能源。纳米材料和技术在新能源利用、升级中将扮演重要的角色。例如，纳米材料可将太阳能转化的效率进一步提高，纳米晶光伏电池太阳能板最大转化效率达到18%，优于多晶硅太阳能电池。国内已有相关专利，并开始了规模生产。纳米材料在风能、太阳能储能设备的关键部件中起到了重要作用。例如，利用纳米组合材料通过能隙设计可以利用光催化把裂解水制氢的效率提高几倍；利用纳米碳管组装贵金属可以代替铂（Pt）电极，在燃料电池的应用中初见成效；高功率、高能量密度、高稳定性、长寿命的锂电池正极、负极和电解质材料都包含了纳米材料和纳米技术的内涵。围绕新能源的开发，正孕育着一批新的纳米材料产业。近期在这一领域，利用纳米材料和技术取得的研发成果、设计的新产品已经证明纳米材料技术是不可缺少甚至是不可取代的核心技术。在我国，一批围绕新能源开发的纳米产业正在成长，并显示出强劲的创新活力和发展潜力。

近两年来的研究结果表明，纳米材料转化 CO_2 的效率也明显优于传统材料和技术。纳米结构催化剂奇特的纳米效应，可以把 CO_2 转化为 CO 和 CH_4 等可燃烧的气体。只有纳米结构的催化剂，才能把可燃气体甲烷转化为戊烷或其他碳链原子数大于5的液态烷烃染料，相比石油产品性能更加优越；只有利用纳米结构催化剂，才能将 CO_2 转化为甲酸、甲醛、甲醇等有用的工业原料；只有利用纳米结构催化剂，才能以 CO_2 为原料制造出新的塑料制品，代替现有的石油原料；只有利用纳米材料通过类似光合作用的效应，才能将 CO_2 转化为糖等碳水化合物。纳米材料不但将在 CO_2 减排和削减大气中的 CO_2 中发挥重要的作用，在化石能源天然气和石油等资源枯竭的时代，靠纳米材料技术以 CO_2 为原料也将可以满足人们对能源的需求。作为农业产品的补充，在纳米材料和技术的作用下，制造的以 CO_2 为原料的人工食品，在应对饥饿的挑战中也将发挥重要的作用。将排放的 CO_2 收集起来，回收加以利用，这是21世纪高技术发展的制高点之一。利用 CO_2 的技术是21世纪最有显示度的高端技术，利用 CO_2 的水平是衡量一个国家未来核心竞争力的重要标志，把 CO_2 变成财富的能力是评价一个国家核心竞争力的重要标志之一。利用 CO_2 是一个长期的任务，也是孕育新兴产业和高端纳米产业的摇篮。因此，从现在开始，必须做出规划，加速推动纳米技术和纳米产业在这一领域的发展，纳米材料和技术在低碳经济、绿色经济和循环经济中将扮演重要的角色。

利用多孔纳米结构组装相应的纳米材料可以有效地选择性分离 CO_2 和 CO，为纯化天然气、收集 CO_2 提供了新的技术途径。碱和盐的矿物纳米材料可以高效率封存 CO_2。CO_2 的捕获、封存、收集和储存是低碳经济最引人关注的核心技术，国际上简称为 CCS 技术，中美新能源合作也包括了这些内容。

3. 绿色经济与环境

污染物的探测和治理是环境安全领域两个重要的组成部分。研究表明纳米材料和技术可以探测常规技术难以探测的污染物（包括有机污染物、重金属）；能治理传统技术不能治理的污染物，特别是在痕量探测有机污染物和削减大气、水和土壤中污染物具有特殊的功效；颗粒状纳米材料通过铆固技术和传统材料相结合，既能发挥纳米效应和奇特的功能，同时还不会给环境带来二次污染。利用纳米材料表面活性增强氧化还原效应和表面等离子共振吸收效应可以设计新型的探测设备，实现现场快速检测，检测精度可以达到 ppb（10^{-9}）和 ppt（10^{-12}）数量级。利用多孔纳米结构、空心纳米结构和零价的纳米颗粒，可以有效地清除水和土壤中的有机污染物和重金属。纳米材料和纳米技术对常规技术难以探测治理的多氯联苯、二噁英等有毒的有机污染物已显示出明显的优越性。纳米技术与微生物技术相结合，削减和捕获土壤中有机污染物和 Cr、As、Pb、Hg 等重金属离子的能力是传统技术难以比拟的。国内已有一批纳米产业开始关注这一领域的研发，并有针对性地提供环保领域需求的纳米材料。预计这一领域的纳米材料和技术产业，在未来的 5 ~ 10 年将成为这一领域的骨干产业。

4. 海水淡化

我国是人均淡水资源贫乏的国家之一。发展廉价、高效的海水淡化技术，不但对沿海缺水城市极为重要，对满足海岛、舰船需要的淡水也极为重要。以往的海水淡化技术包括电解法、分离膜法、蒸发法等，不但要消耗大量的能源，而且海水淡化的效率较低，成本很高。纳米材料在海水淡化应用中的研究已有很好的苗头，纳米结构催化剂具有捕获金属离子，分离负离子的奇特功能，可以将氯化物中的金属离子清除，再通过纳米结构的还原剂将氯离子转变成为氯气，在室温下基本不消耗传统能源，实现海水淡化。在规模化实验成功后，相关的纳米材料和技术很可能提供新的海水淡化途径。依据这一原理设计以纳米材料为核心材料的海水淡化设备可以使舰船、海岛方便地从海水中提取淡水。预计围绕海水淡化这一领域将诞生一批富有活力的新型纳米产业。

此外，纳米材料在现代农业环境优化领域也大有用武之地，特别是将矿物纳米材料与微生物技术相结合，可为土壤优化、改良提供新的途径。矿物纳米材料保水保墒技术、多孔矿物纳米材料与农药组装技术在节水、节约农药、减少对土壤环境的污染等方面已取得明显的效果。海南在热带水果保鲜中应用纳米技术收到了很好的效果。以上成果的取得是纳米产业所为，他们把实验室直接搬到田地现场，提高了技术转移的速度，加快了产业化进程。在医药和医疗领域、信息领域，纳米产业也同样存在巨大的发展潜力。它们与传统主旋律产业相配合，对产品升级换代起到了积极的作用。

根据以上分析，为促进纳米产业化进程，提出如下建议。

（1）制定纳米产业发展规划，由近及远，分阶段部署，对具有核心竞争力的领域，重点优先扶植。

（2）建立产学研结合的团队，探索产学研结合的新模式，使企业在研发阶段就介入，加快技术转移和产业化进程，使研、产无缝对接，克服常规对接存在的障碍，加快产业化的速度。

（3）加强建立研发、制造和应用的连接，上游和下游的连接，科研单位和产业的连接，形成一个链条，建立和谐协作，优势互补，有利于产业化创新的氛围。

（4）建立科学评价体系。

参 考 文 献

张立德 . 2007. 市场需求变化与纳米粉体产业技术升级走向 . 新材料产业，6：25.

张立德 . 2007. 纳米材料产业面临转折和挑战 . 新材料产业，6：7.

张立德 . 2007. 纳米材料技术应用新趋势和传统产品升级概述 . 新材料产业，6：21.

Banerhee R, Phan A, Wang B, et al. 2008. High-Throughput Synthesis of Zeolitic Imidazolate Frameworks and Application to CO_2 Capture. Science, 319: 939 ~ 943.

Bickel C. 2009. Round and round: A guide to the carbon cycle. Science, 325: 1642, 1643.

Fenn J. 2009. China Grapples with a burning question. Science, 325 : 1646.

Gray M L, Champagne K J, Fauth D, et al. 2008. Performance of immobilized tertiary amine solid sorbents for the capture of carbon dioxide. International Journal of Greenhouse Gas Control, 2: 3 ~ 8.

Haszeldine R S. 2009. Carbon capture and storage: How green can black be? Science, 325: 1647 ~ 1652.

Keith D W. 2009. Why capture CO_2 from the atmosphere? Science, 325: 1654, 1655.

Kevitiyagala N. 2009. Carbon Sequestration. Science, 325: 1644, 1645.

Khodakov A Y, Chu W, Fongarland P. 2007. Advances in the development of novel cobalt fischer? Tropsch Catalysts for Synthesis of Long-Chain Hydrocarbons and Clean Fuels. Chem Rev, 107: 1692 ~ 1744.

Lackner K S. 2003. A guide to CO_2 sequestration. Science, 300: 1677、1678.

Orr F M. 2009. Science On shore geologic storage of CO_2. Science, 325: 1656 ~ 1658.

Rochelle G T. 2009. Amine scrubbing for CO_2 capture. Science, 325: 1652 ~ 1654.

Schrag D P. 2009. Storage of carbon dioxide in offshore sediments. Science, 325: 1658、1659.

Smith H J, Uppenbrink J F, Coontz R. 2009. Clearing the air. Science, 325: 1641.

Varghese O K, Paulose M, LaTempa T J, et al. 2009. High-rate solar photocatalytic conversion of CO_2 and water vapor to hydrocarbon fuels. Nanoletter, 9: 731 ~ 737.

Xiao Y, Low B T, Hosseini S S, et al. 2009. The strategies of molecular architecture and modification of polyimide-based membranes for CO_2 removal from natural gas—a review. Prog Polym Sci, 34: 561 ~ 580.

The Current Situation and Opportunities of Nanomaterilas Industry in China

Zhang Lide

(Institute of Solid State Physics, CAS)

The development of nanomaterials industry since 1990's has been reviewed in this paper. And then the current situation of nanomaterials industry and its properties and distribution have also been analyzed. The nano material related product are now still in the early developing stage, which is showed in small nanopowders production capacity, lack of diversity quality of nano material related products. Particularly, more efforts are needed for commercial nanopowder products of ultrahigh quality. The application of nano-materials products have been extended to various fields, including textile, chemical industry, construction, transportation and new materials, which have made gratifying achievements. However the applications of nanomaterials in high-tech field in our country are still behind the developed countries. Furthermore, this paper analyzes the opportunities faced by China's nano-industry, and pointing out that the development of nanomaterials should be guided by the national strategic neds. Development of nanomateirals with pertinence should be focused on the new energy, environment comprehensive utilization of resources. Low-carbon economy and fighting against climate change offer another two opportunities to the application of nano-materials. Information industry and bio-medicine have also provided a broad scope for innovation of nanomaterials. The article further points out that nanomaterials industry in China is currently in the best period of development, and it has great possibilities.

第五章 产业国际竞争力评价

5.1 中国制造业创新能力评价

陈　芳　穆荣平

（中国科学院科技政策与管理科学研究所）

制造业是国民经济的主要支柱。中国是全球制造大国，但不是强国，表现在制造技术基础薄弱和创新能力不强，制造过程资源消耗大和污染严重。创新能力建设是加速中国从制造大国向制造强国转变的关键，在相当大程度上决定了中国制造业现代化乃至创新型国家建设进程。2006 年 2 月，国务院颁布实施的《国家中长期科学和技术发展规划纲要（2006～2020 年）》（以下简称《规划纲要》）明确将制造业技术水平进入世界先进行列纳入 2020 年发展目标，并将制造业作为重点领域与优先主题之一进行了部署。《规划纲要》配套政策与实施细则为全面提升制造业创新能力奠定了重要发展环境基础。本文旨在从创新实力、创新效力和创新环境等三个方面监测中国制造业各行业创新能力建设进展，识别影响能力建设的关键因素，为优化创新资源配置，推进中国制造业创新能力建设提供有效决策支撑。

一、中国制造业创新能力与环境

制造业创新能力是指制造业在一定发展环境和条件下，从事技术发明、技术扩散、技术成果商业化等活动，实现节能、降耗、减排和获取经济收益的能力。制造业创新能力强弱决定其发展水平，并在一定程度上决定一个国家或地区的产业结构、产业发展水平。本文从创新实力和创新效力两个方面表征制造业创新能力，涉及创新投入、创新产出和创新绩效三个方面①，综合分析制造业创新活动规模、创新活动效率与效益对制造业创新能力的影响，通过制造业 29 个行业②创新能力指数演进，监测 29 个行业创新能力建设进展情况。

1. 中国制造业创新能力

2008 年，中国制造业创新能力指数排名前 10 位行业依次为：通信设备、计算机及其他电子设备制造业，交通运输设备制造业，电气机械及器材制造业，黑色金属冶炼及压延加工业，通用设备制造业，医药制造业，烟草制品业，化学原料及化学制品制造业，专用设备制造业和仪器仪表及文化、办公用机械制造业。与 2007 年相比，通用设备制造业，烟草制品业，仪器仪表及文化、办公用机械制造业创新能力指数排名上升，专用设备制造业 2008 年创新能力指数排名下滑 2 名，如图 1 所示。

2008 年与 2007 年比，家具制造业，塑料制品业，通信设备、计算机及其他电子设备制造业，仪器仪表及文化、办公用机械制造业，通用设备制造业，烟草制品业，交通运输设备制造业，黑色金属冶炼及压延加工业创新能力指数增速较快，名列前 10 位，分别增长 31.82%、26.48%、20.66%、16.90%、14.36%、12.76%、12.54% 和 12.40%。其中，通信设备、计算机及其他电子设备制造业和交通运输设备制造业的创新能力指数显著增加，增加量分别达到 6.68 和 3.61。导致行业创新能力指数快速增加的原因有三种：一是来自创新实力指数和创新效力指数增长的共

---

① 制造业创新能力评价指标体系参见：中国科学院创新发展研究中心 . 2009 中国创新发展报告 . 北京：科学出版社，2009。指标权重依据其重要性由专家赋权确定。

② 包括：农副食品加工业，食品制造业，饮料制造业，烟草制品业，纺织业，纺织服装、鞋、帽制造业，皮革、毛皮、羽毛（绒）及其制品业，木材加工及木、竹、藤、棕、草制品业，家具制造业，造纸及纸制品业，印刷业和记录媒介的复制，文教体育用品制造业，石油加工、炼焦及核燃料加工业，化学原料及化学制品制造业，医药制造业，化学纤维制造业，橡胶制品业，塑料制品业，非金属矿物制品业，黑色金属冶炼及压延加工业，有色金属冶炼及压延加工业，金属制品业，通用设备制造业，专用设备制造业，交通运输设备制造业，电气机械及器材制造业，通信设备、计算机及其他电子设备制造业，仪器仪表及文化、办公用机械制造业和工艺品及其他制造业。

同贡献，如通信设备、计算机及其他电子设备制造业；二是主要来自创新实力指数增长的贡献，如交通运输设备制造业和黑色金属冶炼及压延加工业；三是主要得益于创新效力增长的贡献，如通用设备制造业，家具制造业，仪器仪表及文化、办公用机械制造业，塑料制品业和烟草制品业行业。

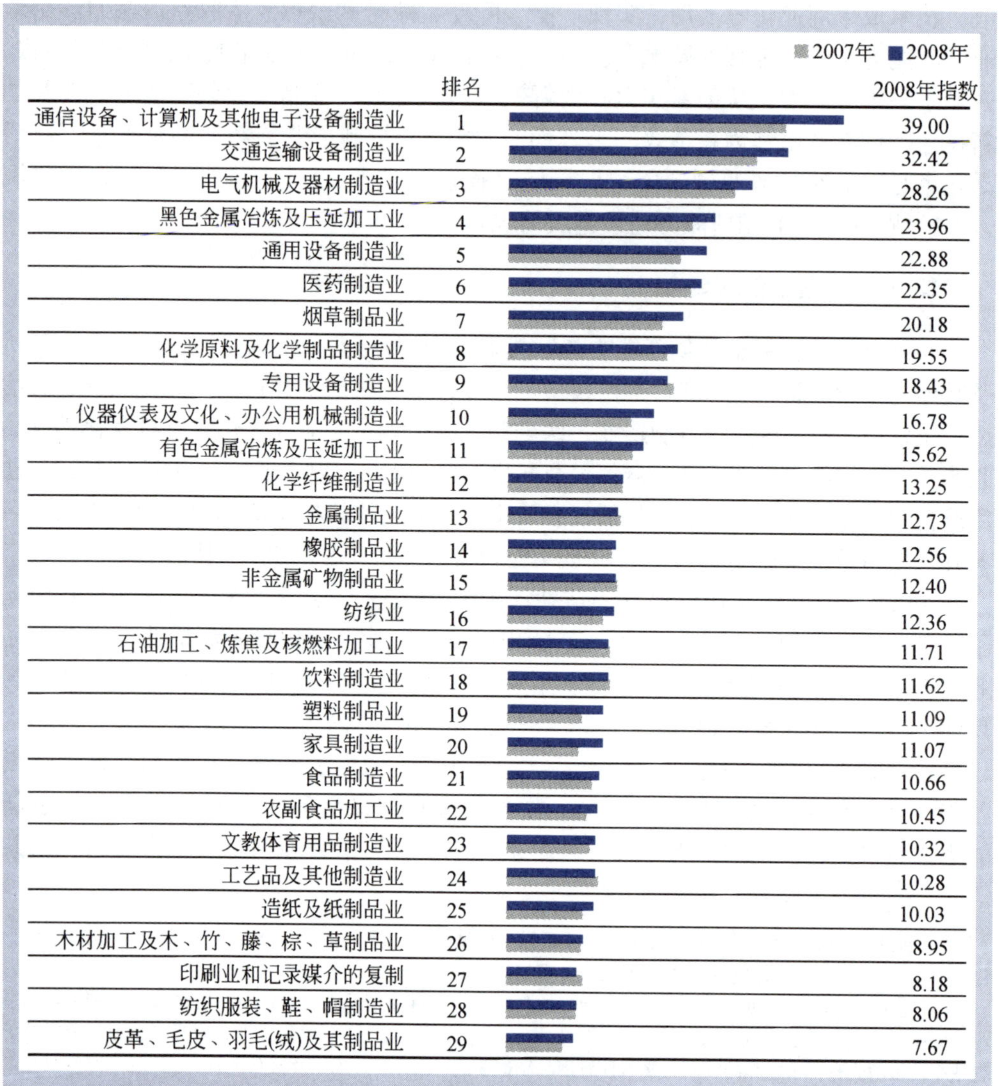

图1　中国制造业创新能力指数

与2007年比，2008年纺织服装、鞋、帽制造业，饮料制造业，石油加工、炼焦及核燃料加工业，非金属矿物制品业，工艺品及其他制造业，金属制品业，专用设备制造业和印刷业和记录媒介的复制 8 个行业创新能力指数略有下降，主要原因是创新效力下滑，其中专用设备制造业创新效力指数下降最多，尤其是创新投入和创新绩效效力问题突出。

2001～2008 年，中国制造业各行业创新能力指数均呈现增长态势。烟草制品业，黑色金属冶炼及压延加工业，通信设备、计算机及其他电子设备制造业，交通运输设备制造业，金属制品业，有色金属冶炼及压延加工业，农副食品加工业，通用设备制造业，化学原料及化学制品制造业和医药制造业创新能力指数年均增速排名前 10 位，其中 7 个行业 2008 年创新能力指数排名前 10 位；29 个行业中有 15 个行业创新能力指数年均增速超过 6.40%（29 个行业创新能力指数年均增速平均水平）。专用设备制造业创新能力指数年均增速排名第 20 位，如图 2 所示。

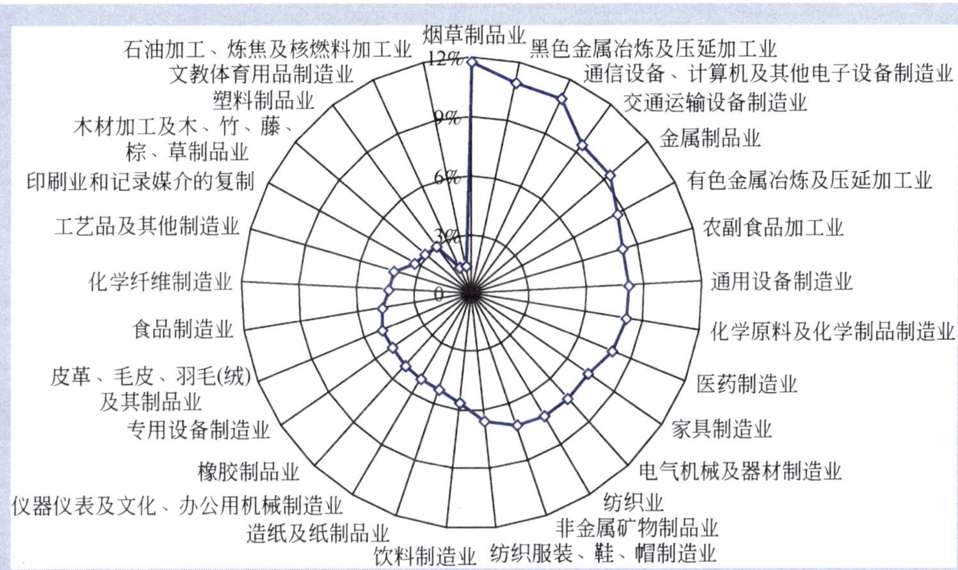

图 2　中国制造业创新能力指数年均增速（2001～2008 年）

中国制造业贸易竞争能力主要依赖于低劳动力成本优势。从制造业创新能力指数和贸易竞争指数相关性看，中国制造业创新能力指数相对大的行业贸易竞争能力较弱。2008 年，通信设备、计算机及其他电子设备制造业，交通运输设备制造业，电气机械及器材制造业，黑色金属冶炼及压延加工业和通用设备制造业行业创新能力指数依次排名前 5 位，但是贸易竞争指数小于家具制造业，纺织服装、鞋、帽制造业，文教体育用品制造业等创新能力指数较小的行业。2008 年，医药制造业，烟草制品业，化学原料及化学制品制造业，专用设备制造业和仪器仪表及文化、办公用机械制造业创新能力指数依次排名第 6 至第 10 位，除专用设备制造业之外，其他 4 个行业的贸易竞争指数小于 0，如图 3 所示[①]。

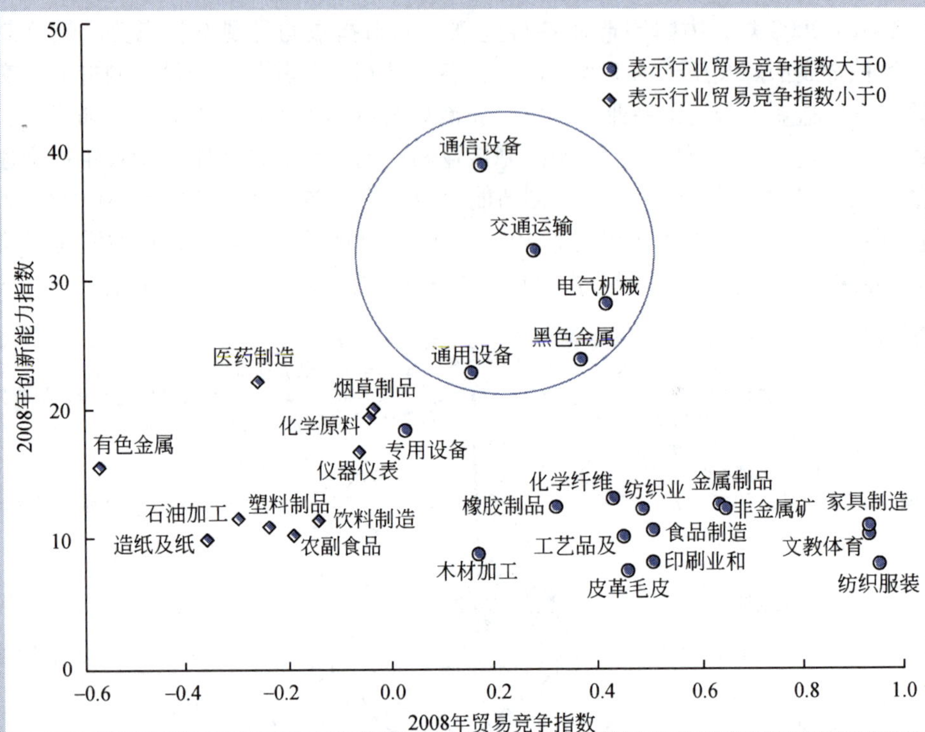

图 3　2008 年中国制造业创新能力指数和贸易竞争指数关系图

2. 中国制造业创新环境指数

中国制造业创新环境指数涉及政府财税政策以及金融机构对创新活动的支持力度。本文构建了制造业创新环境评价指数，包括享受各级政府对技术开发的减免税、科技活动经费筹集中来自政府的资金和科技活动经费筹集中来自金融机构的资金等 3 个指标[②]。

2008 年，中国制造业创新环境指数排名前 10 位的行业为交通运输设备制造业，

① 数据来源：依据《中国统计年鉴 2009》和《中国海关统计年鉴 2008》数据整理而得。

② 指标权重由专家赋权，分别为 0.4、0.3、0.3。

电气机械及器材制造业，化学原料及化学制品制造业，通信设备、计算机及其他电子设备制造业，黑色金属冶炼及压延加工业，通用设备制造业，专用设备制造业，医药制造业，有色金属冶炼及压延加工业和纺织业。电气机械及器材制造业、化学原料及化学制品制造业、专用设备制造业和医药制造业 4 个行业创新环境指数排名较 2007 年有所上升，另有 4 个行业创新环境指数较 2007 年有所下降，黑色金属冶炼及压延加工业下降幅度最大，如图 4 所示。

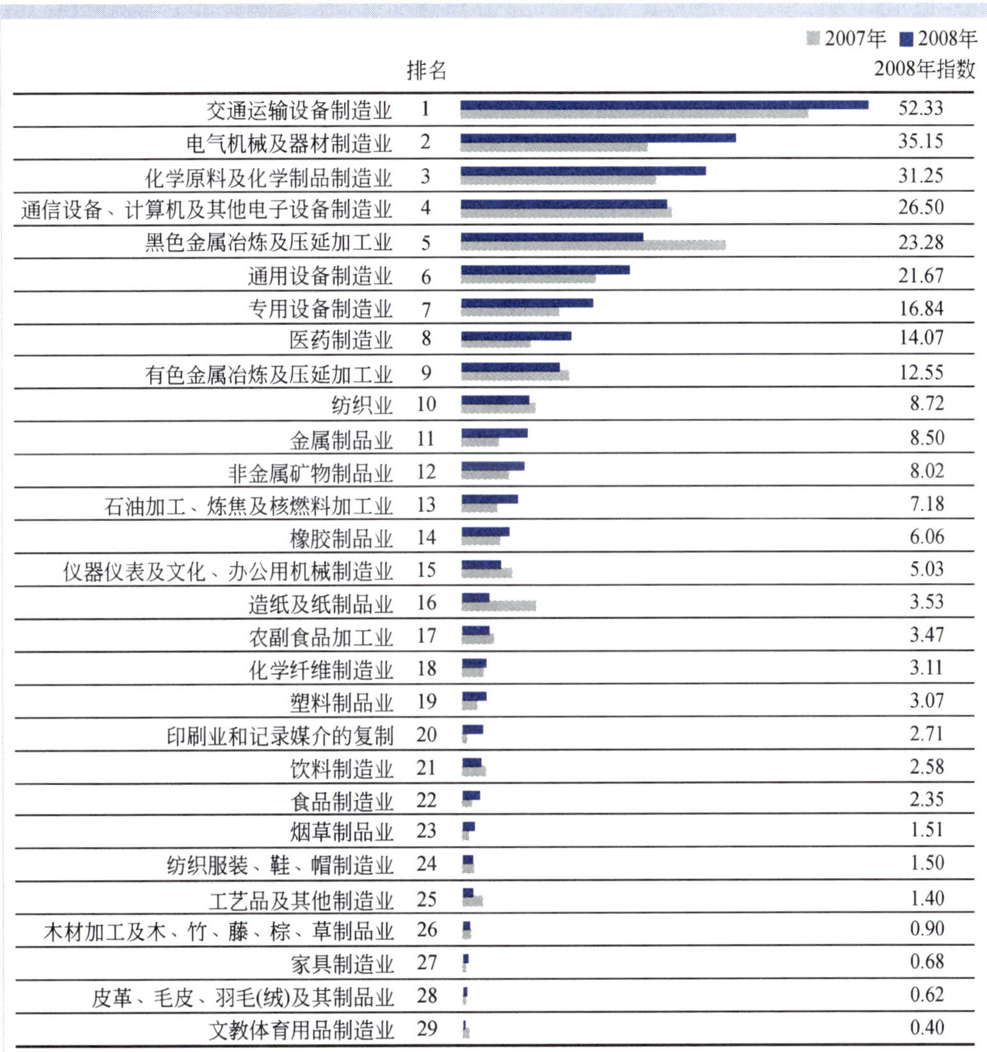

图 4 中国制造业创新环境指数

与2007年比，2008年电气机械及器材制造业、交通运输设备制造业、化学原料及化学制品制造业、医药制造业和专用设备制造业创新环境指数增加量均超过4。同期，印刷业和记录媒介的复制（285.38%），金属制品业（75.18%），食品制造业（74.25%），医药制造业（56.69%），石油加工、炼焦及核燃料加工业（56.67%），烟草制品业（47.37%），电气机械及器材制造业（46.93%），塑料制品业（46.07%），专用设备制造业（34.14%）和非金属矿物制品业（30.27%）创新环境指数增长均在30%以上，烟草制品业创新环境改善主要得益于金融支持，其他行业主要得益于各级政府加大对技术开发活动财税激励政策的落实力度。随着国家十大振兴产业规划的实施、装备制造业振兴、医疗卫生体制改革、刺激消费政策的进一步落实，交通运输设备制造业、电气机械及器材制造业和医药制造业等行业创新环境将会进一步改善。

2008年，中国制造业中有12个行业创新环境指数有所下降，主要原因包括：一是金融机构对其科技活动经费支持力度大幅下降以及对技术开发活动的财税政策激励力度减弱，如黑色金属冶炼及压延加工业和纺织业；二是金融机构支持力度大幅下降，如通信设备、计算机及其他电子设备制造业，仪器仪表及文化、办公用机械制造业，文教体育用品制造业，饮料制造业，纺织服装、鞋、帽制造业，木材加工及木、竹、藤、棕、草制品业；三是各级政府对技术开发活动的财税政策激励力度减弱，如造纸及纸制品业、有色金属冶炼及压延加工业、农副食品加工业、工艺品及其他制造业。

总体而言，中国制造业创新环境明显改善。2001～2008年，29个行业的创新环境指数均呈现增长态势，其中26个行业创新环境指数年均增速超过10%，有15个行业的指数年均增速超过25%，如图5所示。制造业创新环境改善主要得益于税收优惠政策和政府财政支持，29个行业中有20个行业创新环境改善主要来自各级政府加大对技术开发活动财税激励政策的落实力度，有16个行业主要来自政府科技投入的大力支持。另外，家具制造业，橡胶制品业，石油加工、炼焦及核燃料加工业，纺织业，纺织服装、鞋、帽制造业行业来自金融机构的科技活动经费支持力度比较大。创新环境好的行业中，黑色金属冶炼及压延加工业，有色金属冶炼及压延加工业，通信设备、计算机及其他电子设备制造业行业得到政府财政政策支持力度较大；通用设备制造业、专用设备制造业、医药制造业、交通运输设备制造业行业享受税收优惠政策比享受财政金融支持力度大；化学原料及化学制品制造业、电气机械及器材制造业和纺织业享受税收优惠政策的支持力度仍然不够大。

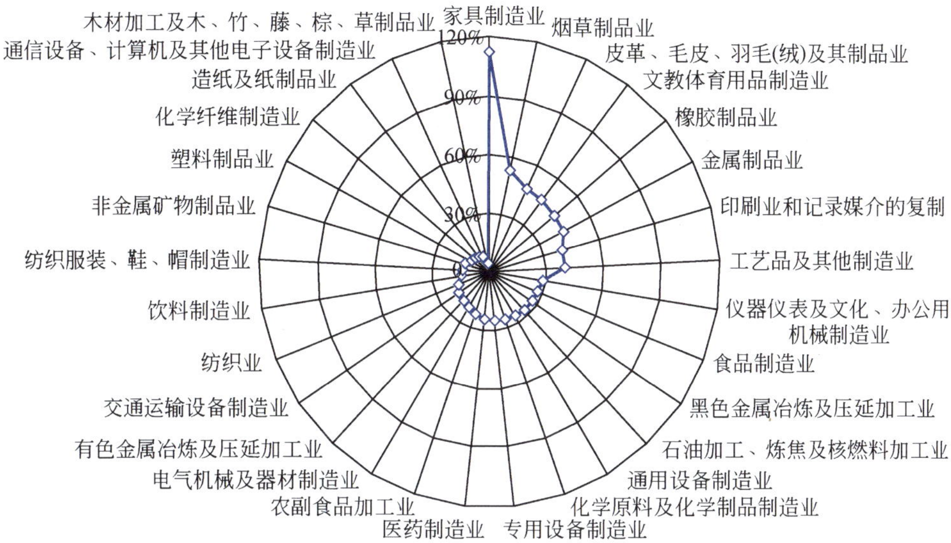

图 5　中国制造业创新环境指数年均增速（2001 ~ 2008 年）

二、中国制造业创新实力

1. 中国制造业创新实力指数

2008 年，中国制造业创新实力指数排名前 10 位行业依次为通信设备、计算机及其他电子设备制造业，交通运输设备制造业，黑色金属冶炼及压延加工业，电气机械及器材制造业，化学原料及化学制品制造业，通用设备制造业，专用设备制造业，有色金属冶炼及压延加工业，纺织业和医药制造业。与 2007 年相比，2008 年前 10 位行业没有变化。29 个行业中，仅印刷业和记录媒介的复制和化学纤维制造业 2 个行业创新实力指数呈负增长；电气机械及器材制造业，烟草制品业和仪器仪表及文化、办公用机械制造业 3 个行业创新实力指数排名与 2007 年相比略有下降，如图 6 所示。

从创新投入、产出和绩效实力指数看，通信设备、计算机及其他电子设备制造业，交通运输设备制造业和电气机械及器材制造业保持领先。化学原料及化学制品制造业、通用设备制造业和专用设备制造业创新投入实力指数增长缓慢。

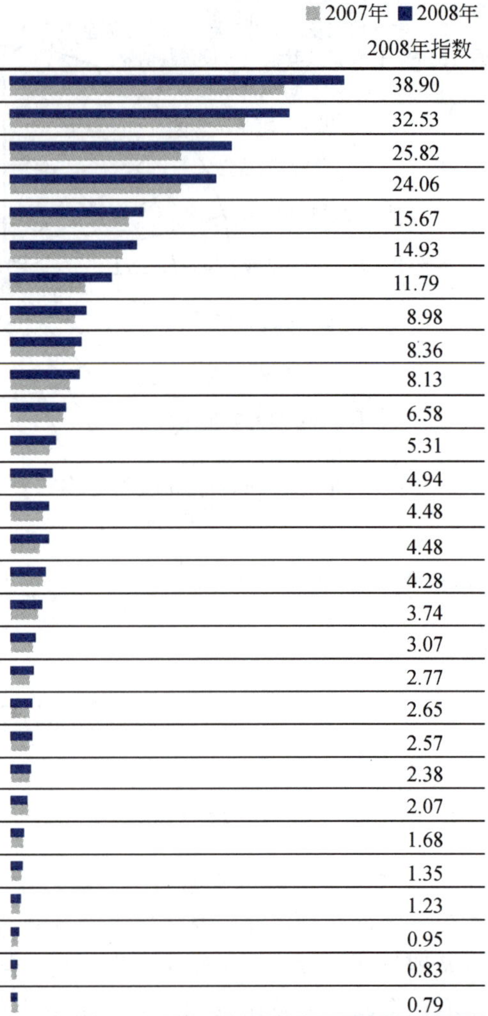

行业	排名	2008年指数
通信设备、计算机及其他电子设备制造业	1	38.90
交通运输设备制造业	2	32.53
黑色金属冶炼及压延加工业	3	25.82
电气机械及器材制造业	4	24.06
化学原料及化学制品制造业	5	15.67
通用设备制造业	6	14.93
专用设备制造业	7	11.79
有色金属冶炼及压延加工业	8	8.98
纺织业	9	8.36
医药制造业	10	8.13
非金属矿物制品业	11	6.58
石油加工、炼焦及核燃料加工业	12	5.31
金属制品业	13	4.94
农副食品加工业	14	4.48
仪器仪表及文化、办公用机械制造业	15	4.48
烟草制品业	16	4.28
饮料制造业	17	3.74
食品制造业	18	3.07
造纸及纸制品业	19	2.77
塑料制品业	20	2.65
橡胶制品业	21	2.57
纺织服装、鞋、帽制造业	22	2.38
化学纤维制造业	23	2.07
皮革、毛皮、羽毛(绒)及其制品业	24	1.68
工艺品及其他制造业	25	1.35
文教体育用品制造业	26	1.23
家具制造业	27	0.95
木材加工及木、竹、藤、棕、草制品业	28	0.83
印刷业和记录媒介的复制	29	0.79

图 6　中国制造业创新实力指数

2001～2008 年，家具制造业，木材加工及木、竹、藤、棕、草制品业，金属制品业，工艺品及其他制造业，文教体育用品制造业，黑色金属冶炼及压延加工业，有色金属冶炼及压延加工业，皮革、毛皮、羽毛（绒）及其制品业，纺织服装、鞋、帽制造业和农副食品加工业创新实力指数年均增速排名前 10 位，其中，黑色金属冶炼及压延加工业和有色金属冶炼及压延加工业 2 个行业 2008 年创新实力指数排名制造业29个行业前10位。2008年中国制造业创新实力指数排名前10位的行业中，医药制造业、化学原料及化学制品制造业、纺织业3个与民众生活关系密切的行业创新实力指数年均增速排名后10位，创新活动规模增长缓慢，如图7所示。

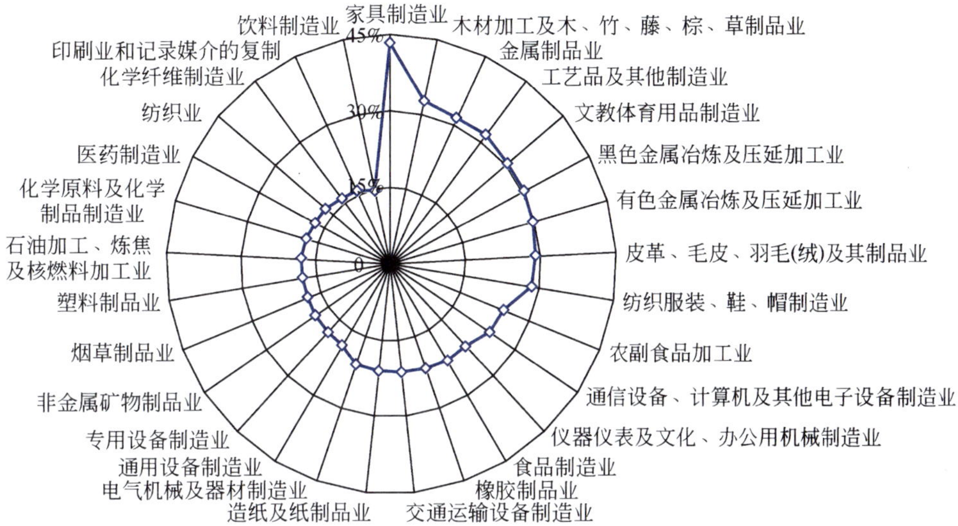

图7 中国制造业创新实力指数年均增速（2001~2008年）

产业发展规模与产业创新实力密切相关，扩大产业规模有利于增强创新实力。制造业29个行业规模不断扩大，制造业行业总产值平均水平2008年达到9289.67亿元，创新实力指数平均水平也由2006年的5.64增加到2008年的8.46；产业规模与产业创新实力之间相关系数一直在增加，2008年高达0.953。2006~2008年，制造业工业总产值10 000亿元以下的行业与29个行业平均水平相比，产业规模与产业创新实力之间的相关系数均有所下降。数据显示，产业发展规模是产业创新实力提升的重要影响因素之一，规模越大的产业，其创新投入、产出和绩效规模越大，如图8所示。

2. 中国制造业创新投入实力

2008年，中国制造业创新投入实力指数排名前10位行业依次为通信设备、计算机及其他电子设备制造业，交通运输设备制造业，电气机械及器材制造业，黑色金属冶炼及压延加工业，化学原料及化学制品制造业，通用设备制造业，专用设备

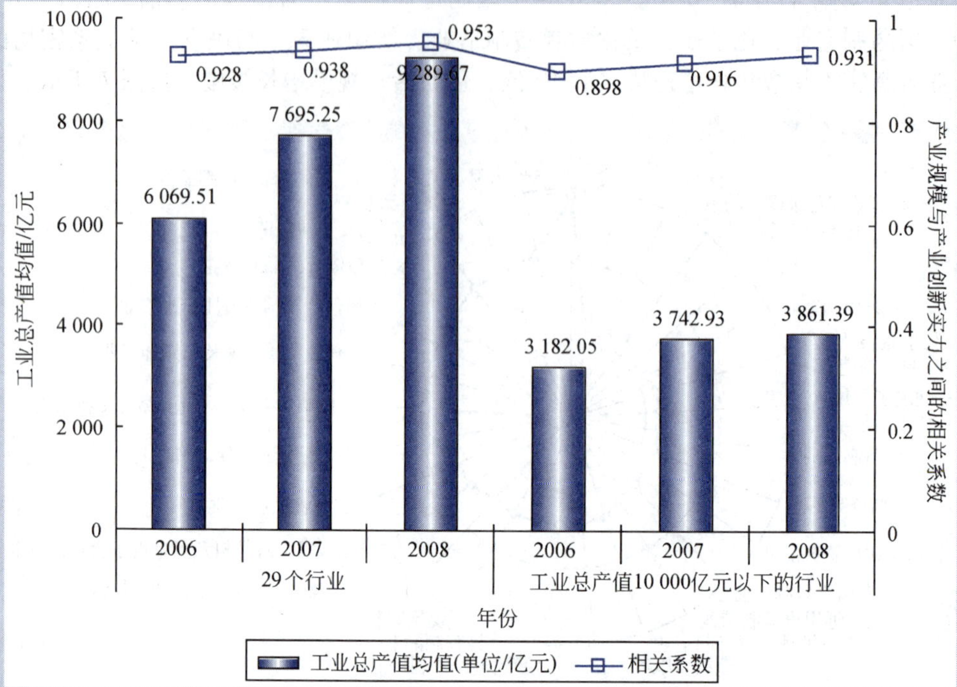

图 8　中国制造业工业总产值及其与创新实力之间的相关系数

制造业，医药制造业，有色金属冶炼及压延加工业和纺织业。与 2007 年相比，2008 年化学原料及化学制品制造业、通用设备制造业和医药制造业创新投入实力指数增长量较小，化学原料及化学制品制造业创新投入实力指数排名下降 1 位。29 个行业中有 5 个行业创新投入实力指数出现下降，如图 9 所示。

2001 ~2008 年，工艺品及其他制造业，文教体育用品制造业，家具制造业，纺织服装、鞋、帽制造业，金属制品业，木材加工及木、竹、藤、棕、草制品业，黑色金属冶炼及压延加工业，皮革、毛皮、羽毛（绒）及其制品业，有色金属冶炼及压延加工业和通信设备、计算机及其他电子设备制造业创新投入实力指数年均增速排名前 10 位，其中，通信设备、计算机及其他电子设备制造业，黑色金属冶炼及压延加工业和有色金属冶炼及压延加工业 2008 年创新投入实力指数排名前 10 位。2008 年中国制造业创新投入实力指数排名前 10 位的行业中，通用设备制造业、专用设备制造业和化学原料及化学制品制造业技术含量高的装备制造业和化工行业创新投入实力指数年均增速排名后 10 位，创新投入增长缓慢，如图 10 所示。

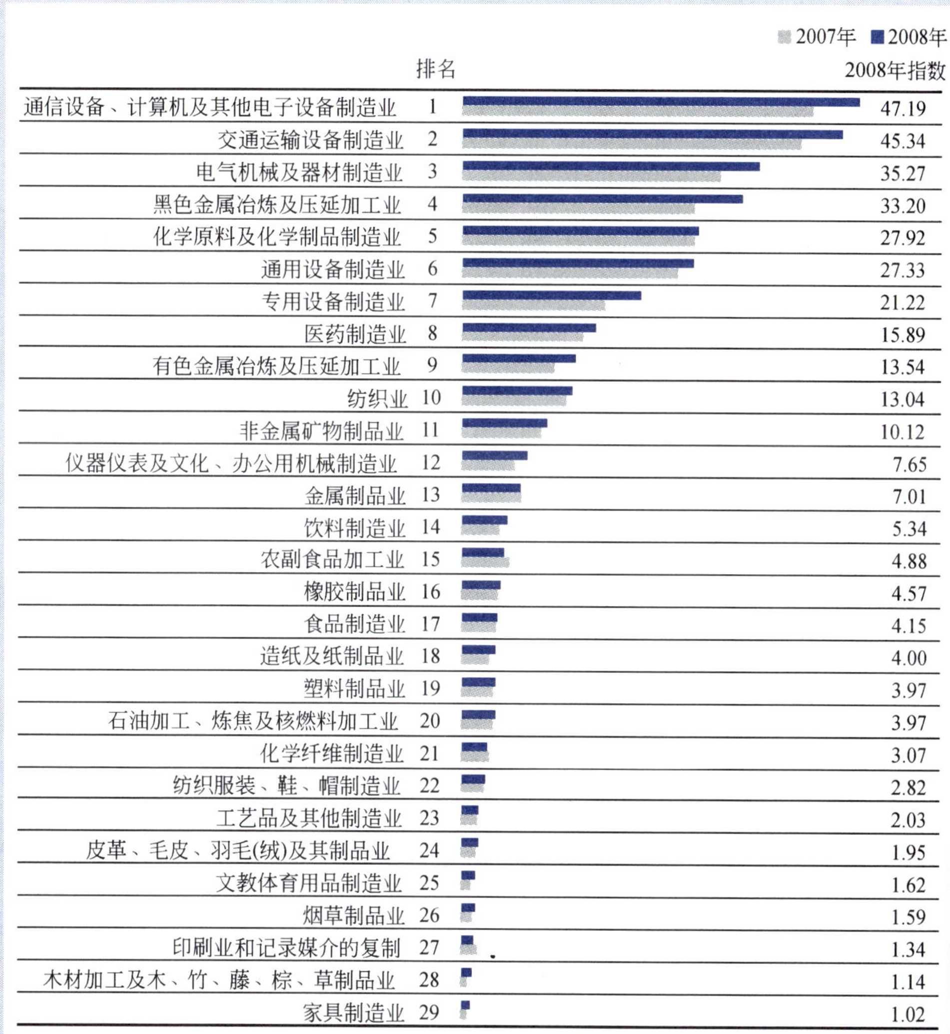

图9　中国制造业创新投入实力指数

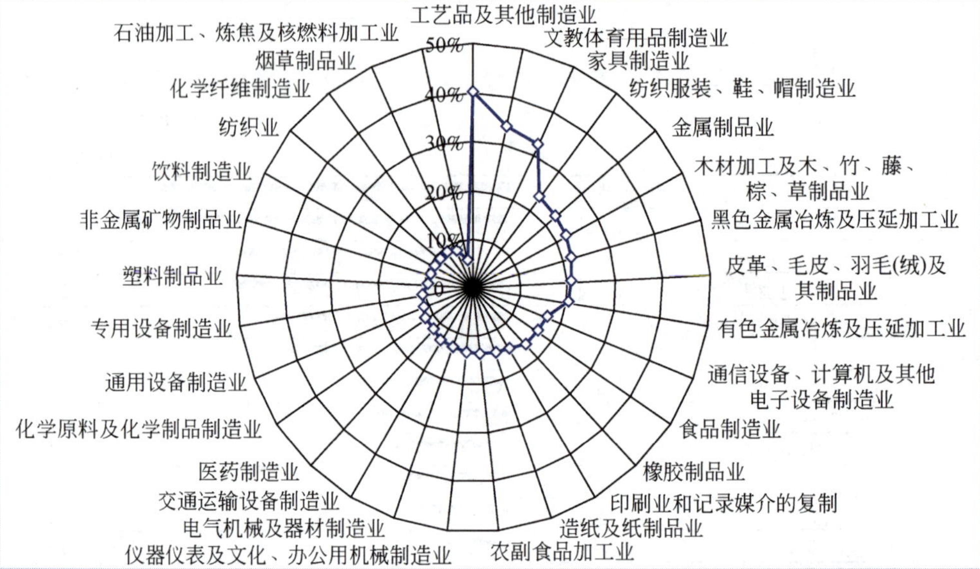

图 10　中国制造业创新投入实力指数年均增速（2001～2008 年）

3. 中国制造业创新产出实力

2008 年，中国制造业创新产出实力指数排名前 10 位行业依次为通信设备、计算机及其他电子设备制造业，电气机械及器材制造业，交通运输设备制造业，专用设备制造业，通用设备制造业，化学原料及化学制品制造业，纺织业，医药制造业，仪器仪表及文化、办公用机械制造业和金属制品业；与 2007 年相比，2008 年专用设备制造业，化学原料及化学制品制造业，仪器仪表及文化、办公用机械制造业和金属制品业 4 个行业创新产出实力指数排名上升，如图 11 所示。

2001～2008 年，木材加工及木、竹、藤、棕、草制品业，皮革、毛皮、羽毛（绒）及其制品业，通信设备、计算机及其他电子设备制造业，纺织业，金属制品业，纺织服装、鞋、帽制造业，造纸及纸制品业，有色金属冶炼及压延加工业，化学纤维制造业和仪器仪表及文化、办公用机械制造业创新产出实力指数年均增速排名前 10 位。其中，通信设备、计算机及其他电子设备制造业和仪器仪表及文化、办公用机械制造业 2008 年创新产出实力指数名列前 10 位。2008 年中国制造业创新产出实力指数排名前 10 位行业中，化学原料及化学制品制造业创新产出实力指数年均增速排名第 20 位，如图 12 所示。

2007年 ■ 2008年

	排名	2008年指数
通信设备、计算机及其他电子设备制造业	1	27.02
电气机械及器材制造业	2	14.55
交通运输设备制造业	3	10.82
专用设备制造业	4	6.40
通用设备制造业	5	5.91
化学原料及化学制品制造业	6	4.12
纺织业	7	4.11
医药制造业	8	3.96
仪器仪表及文化、办公用机械制造业	9	3.37
金属制品业	10	2.96
黑色金属冶炼及压延加工业	11	2.79
有色金属冶炼及压延加工业	12	2.56
非金属矿物制品业	13	2.27
文教体育用品制造业	14	1.38
塑料制品业	15	1.12
工艺品及其他制造业	16	1.03
饮料制造业	17	0.97
家具制造业	18	0.94
食品制造业	19	0.92
农副食品加工业	20	0.66
橡胶制品业	21	0.62
石油加工、炼焦及核燃料加工业	22	0.61
纺织服装、鞋、帽制造业	23	0.51
造纸及纸制品业	24	0.46
皮革、毛皮、羽毛(绒)及其制品业	25	0.46
烟草制品业	26	0.42
化学纤维制造业	27	0.42
木材加工及木、竹、藤、棕、草制品业	28	0.36
印刷业和记录媒介的复制	29	0.20

图 11 中国制造业创新产出实力指数

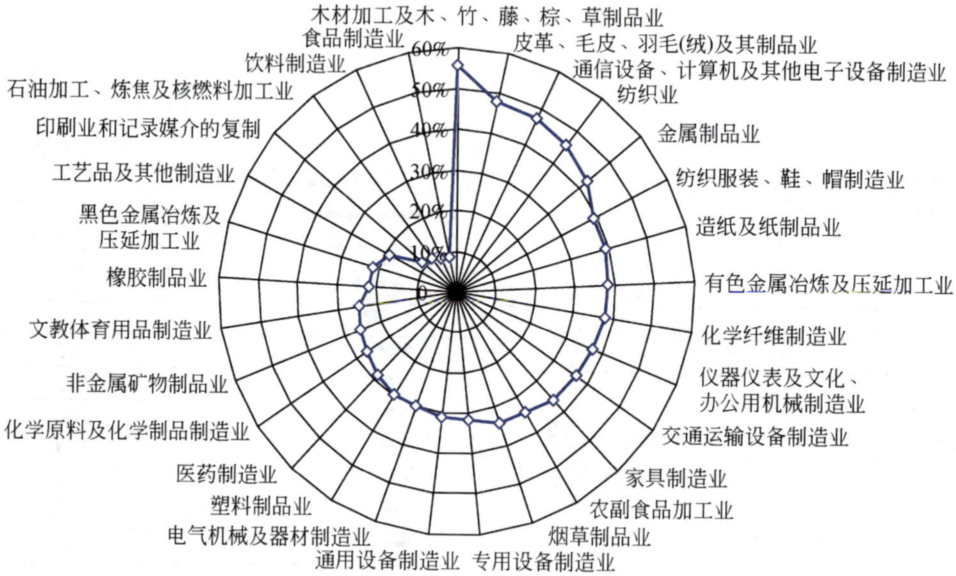

图 12　中国制造业创新产出实力指数年均增速（2001 ~ 2008 年）

4. 中国制造业创新绩效实力

2008 年，中国制造业创新绩效实力指数排名前 10 位行业依次为通信设备、计算机及其他电子设备制造业，交通运输设备制造业，黑色金属冶炼及压延加工业，电气机械及器材制造业，化学原料及化学制品制造业，通用设备制造业，有色金属冶炼及压延加工业，专用设备制造业，石油加工、炼焦及核燃料加工业和烟草制品业。与 2007 年相比，2008 年专用设备制造业创新绩效实力指数排名上升。值得关注的是，29 个行业创新绩效实力指数均呈现增长，但仅有排名前 4 位的行业指数增长幅度超过 5，如图 13 所示。

2001 ~ 2008 年，家具制造业，工艺品及其他制造业，木材加工及木、竹、藤、棕、草制品业，有色金属冶炼及压延加工业，文教体育用品制造业，金属制品业，黑色金属冶炼及压延加工业，食品制造业，皮革、毛皮、羽毛（绒）及其制品业和仪器仪表及文化、办公用机械制造业创新绩效实力指数年均增速排名前 10 位，其中，黑色金属冶炼及压延加工业 2008 年创新绩效实力指数排名第 3。值得关注的是，2008 年中国制造业创新绩效实力指数排名前 10 位行业中，通信设备、计算机及其他电子设备制造业，化学原料及化学制品制造业，石油加工、炼焦及核燃料加工业和烟草制品业创新绩效实力指数年均增速排名后 10 位，如图 14 所示。

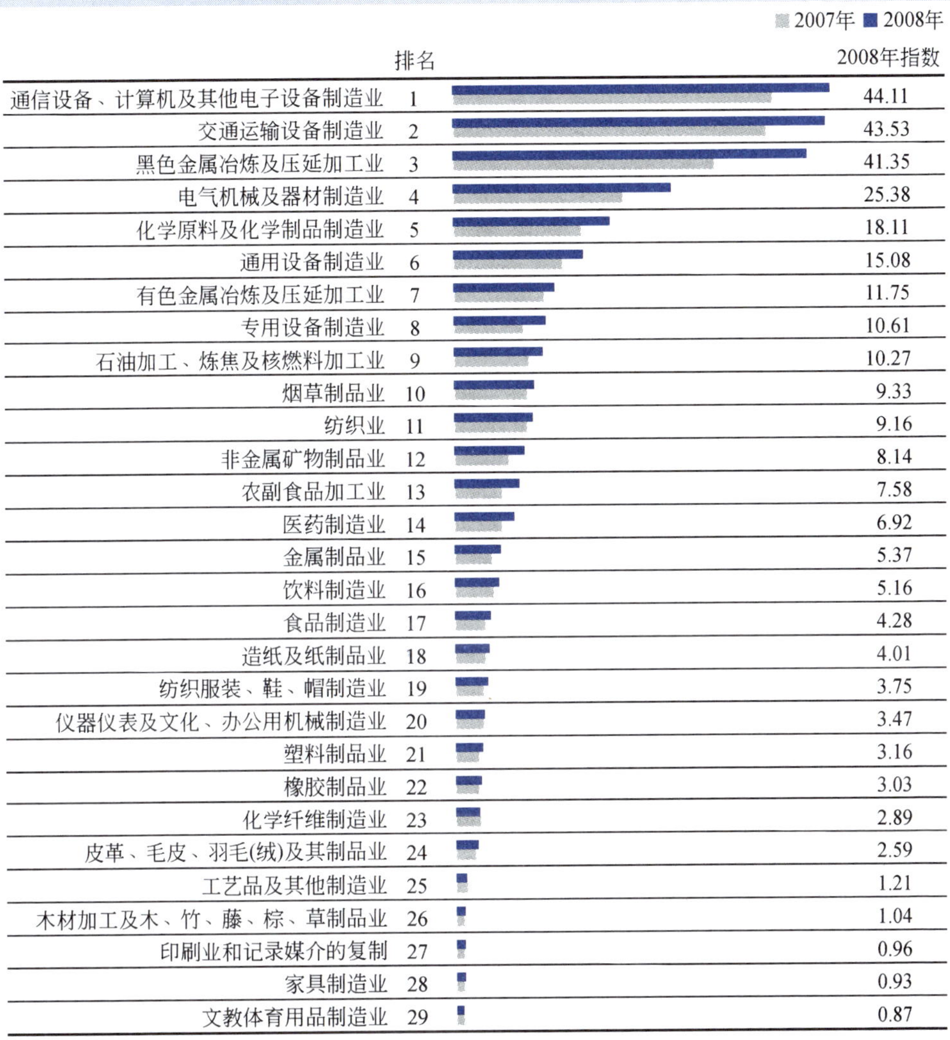

图 13　中国制造业创新绩效实力指数

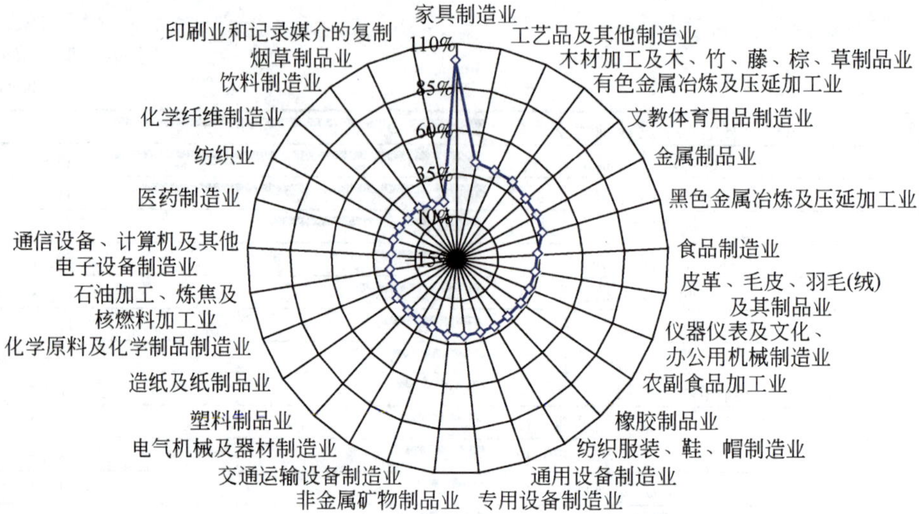

图 14　中国制造业创新绩效实力指数年均增速（2001～2008 年）

三、中国制造业创新效力

1. 中国制造业创新效力指数

2008 年，中国制造业创新效力指数排名前 10 位行业依次为通信设备、计算机及其他电子设备制造业，医药制造业，烟草制品业，电气机械及器材制造业，交通运输设备制造业，通用设备制造业，仪器仪表及文化、办公用机械制造业，专用设备制造业，化学纤维制造业和化学原料及化学制品制造业；与 2007 年相比，前 10 位行业没有变化，通信设备、计算机及其他电子设备制造业，烟草制品业，通用设备制造业，仪器仪表及文化、办公用机械制造业排名上升。值得关注的是，29 个行业中有 10 个行业创新效力指数下降，其中电气机械及器材制造业和专用设备制造业 2008 年创新效力指数排名前 10 位，如图 15 所示。

从创新投入、产出和绩效效力指数看，医药制造业，交通运输设备制造业，电气机械及器材制造业，仪器仪表及文化、办公用机械制造业和通信设备、计算机及其他电子设备制造业创新效力各方面均较强。烟草制品业和通用设备制造业创新投入、产出和绩效效力指数增长较快。2008 年电气机械及器材制造业创新产出效力出现快速下降，值得关注。专用设备制造业和化学原料及化学制品制造业创新投入和创新绩效效力问题突出，尤其是2008年专用设备制造业创新投入和创新绩效效力指数快速下滑。

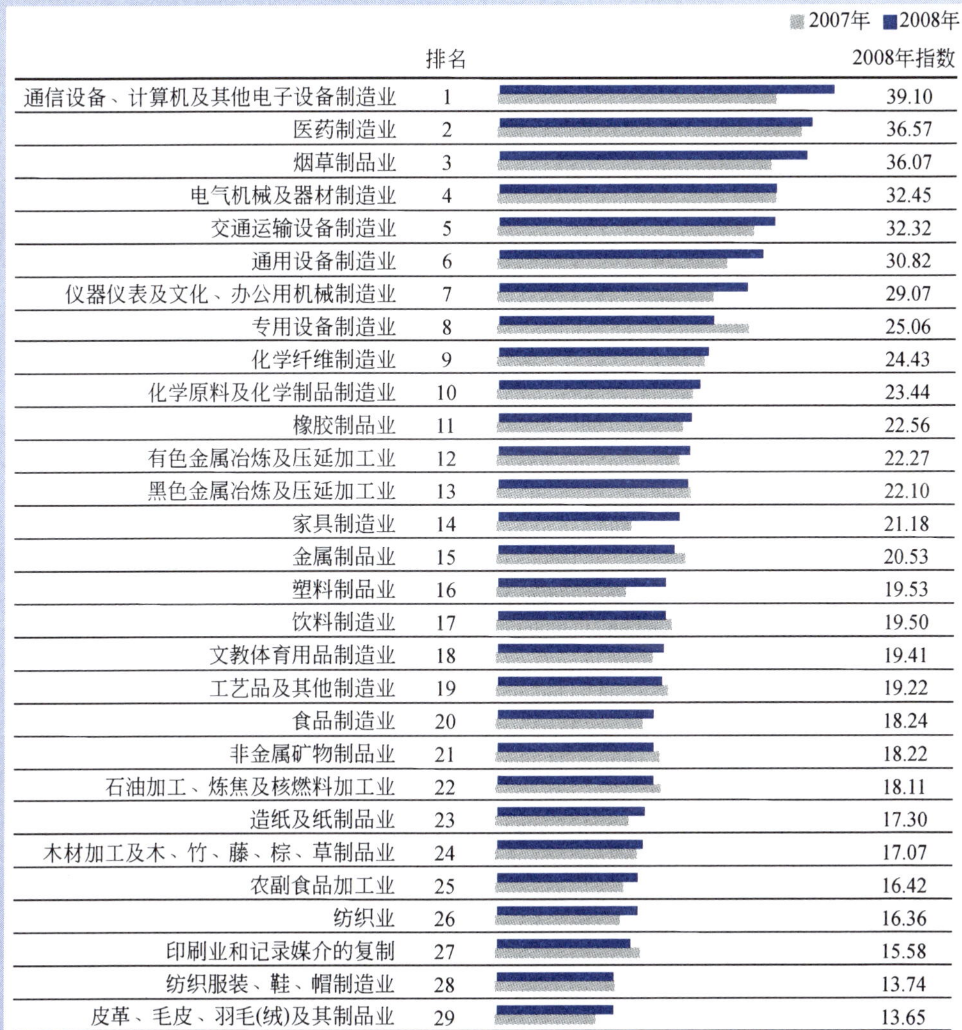

图 15 中国制造业创新效力指数

2001～2008年，烟草制品业，金属制品业，家具制造业，医药制造业，农副食品加工业，通用设备制造业，纺织服装、鞋、帽制造业，有色金属冶炼及压延加工业，非金属矿物制品业和饮料制造业创新效力指数年均增速排名前 10 位，其中医药制造业、烟草制品业和通用设备制造业 2008 年创新效力指数排名前 10 位。2008 年中国制造业创新效力指数排名前 10 位行业中，电气机械及器材制造业、交通运输设备制造业和通用设备制造业创新效力指数年均增速排名后 10 位，创新效率和效益增长速度相对缓慢，值得关注，如图 16 所示。

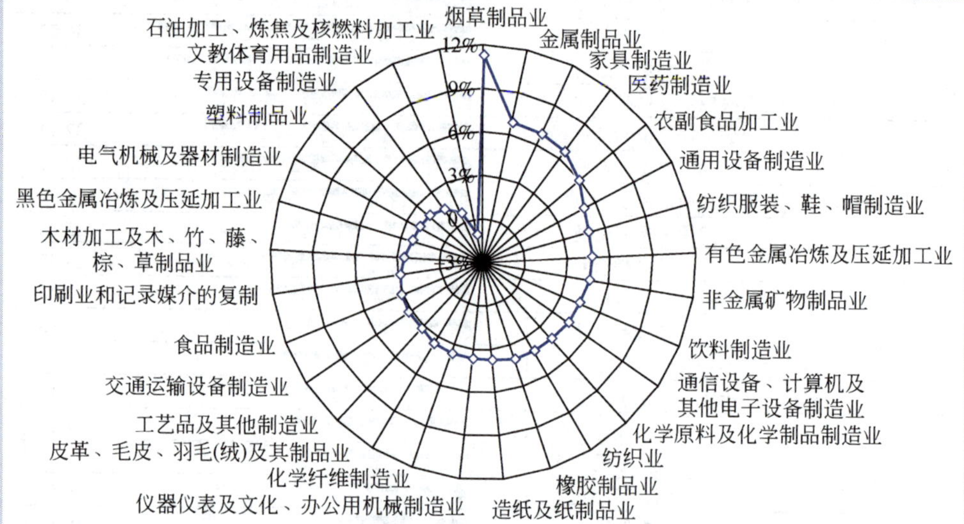

图 16 中国制造业创新效力指数年均增速（2001～2008 年）

2. 中国制造业创新投入效力

2008 年，中国制造业创新投入效力指数排名前 10 位行业依次为医药制造业，通用设备制造业，交通运输设备制造业，电气机械及器材制造业，仪器仪表及文化、办公用机械制造业，化学纤维制造业，专用设备制造业，化学原料及化学制品制造业，通信设备、计算机及其他电子设备制造业和橡胶制品业；与 2007 年相比，前 10 位行业没有变化；其中，通用设备制造业，电气机械及器材制造业和仪器仪表及文化、办公用机械制造业排名上升。2008 年，29 个行业中有 14 个行业创新投入效力指数下降，其中有 5 个行业 2008 年创新投入效力指数排名前 10 位，如图 17 所示。

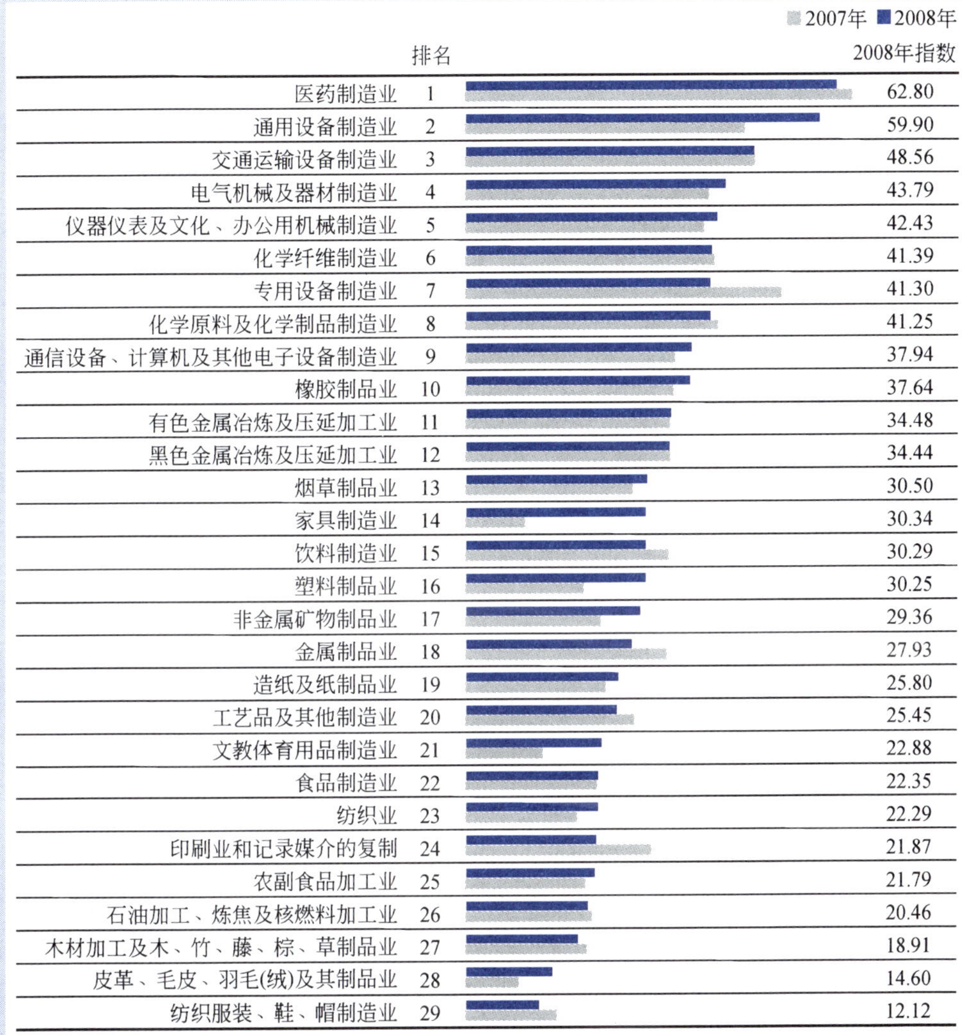

图 17　中国制造业创新投入效力指数

2001～2008 年，中国制造业创新投入效力指数年均增速排名前 10 位行业为家具制造业，皮革、毛皮、羽毛（绒）及其制品业，工艺品及其他制造业，文教体育用品制造业，农副食品加工业，印刷业和记录媒介的复制，橡胶制品业，纺织业，烟草制品业和非金属矿物制品业，其中，橡胶制品业 2008 年创新投入效力指数排名第 10。值得关注的是，2008 年中国制造业创新投入效力指数排名前 10 位行业中，有 5 个行业年均增速排名后 10 位，创新投入效率增长较慢，如图 18 所示。

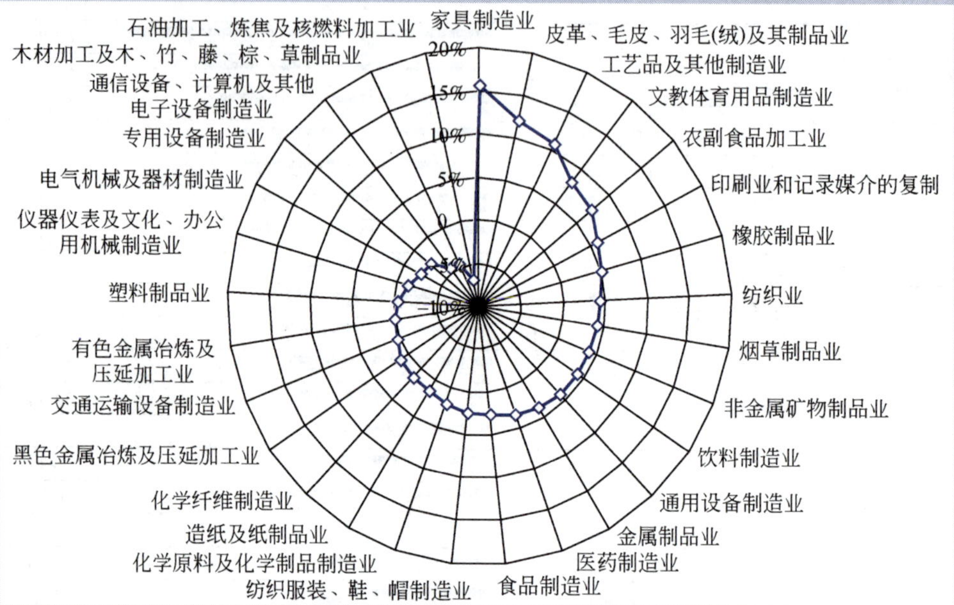

图 18　中国制造业创新投入效力指数年均增速（2001～2008 年）

3. 中国制造业创新产出效力

2008 年，中国制造业创新产出效力指数排名前 10 位行业依次为通信设备、计算机及其他电子设备制造业，医药制造业，电气机械及器材制造业，仪器仪表及文化、办公用机械制造业，烟草制品业，专用设备制造业，文教体育用品制造业，交通运输设备制造业，工艺品及其他制造业和有色金属冶炼及压延加工业，与 2007 年相比，有 7 个行业排名上升；其中，专用设备制造业，交通运输设备制造业和有色金属冶炼及压延加工业创新产出效力指数增加较快，排名进入前 10 位。与 2007 年相比，29 个行业中有 8 个行业创新产出效力指数下降，其中电气机械及器材制造业和非金属矿物制品业下降幅度较大，如图 19 所示。

2001～2008 年，木材加工及木、竹、藤、棕、草制品业，烟草制品业，化学纤维制造业，通信设备、计算机及其他电子设备制造业，纺织业，医药制造业，造纸及纸制品业，仪器仪表及文化、办公用机械制造业，专用设备制造业和交通运输设备制造业创新产出效力指数年均增速排名前 10 位，其中有 6 个行业 2008 年创新产出效力指数排名前 10 位，如图 20 所示。

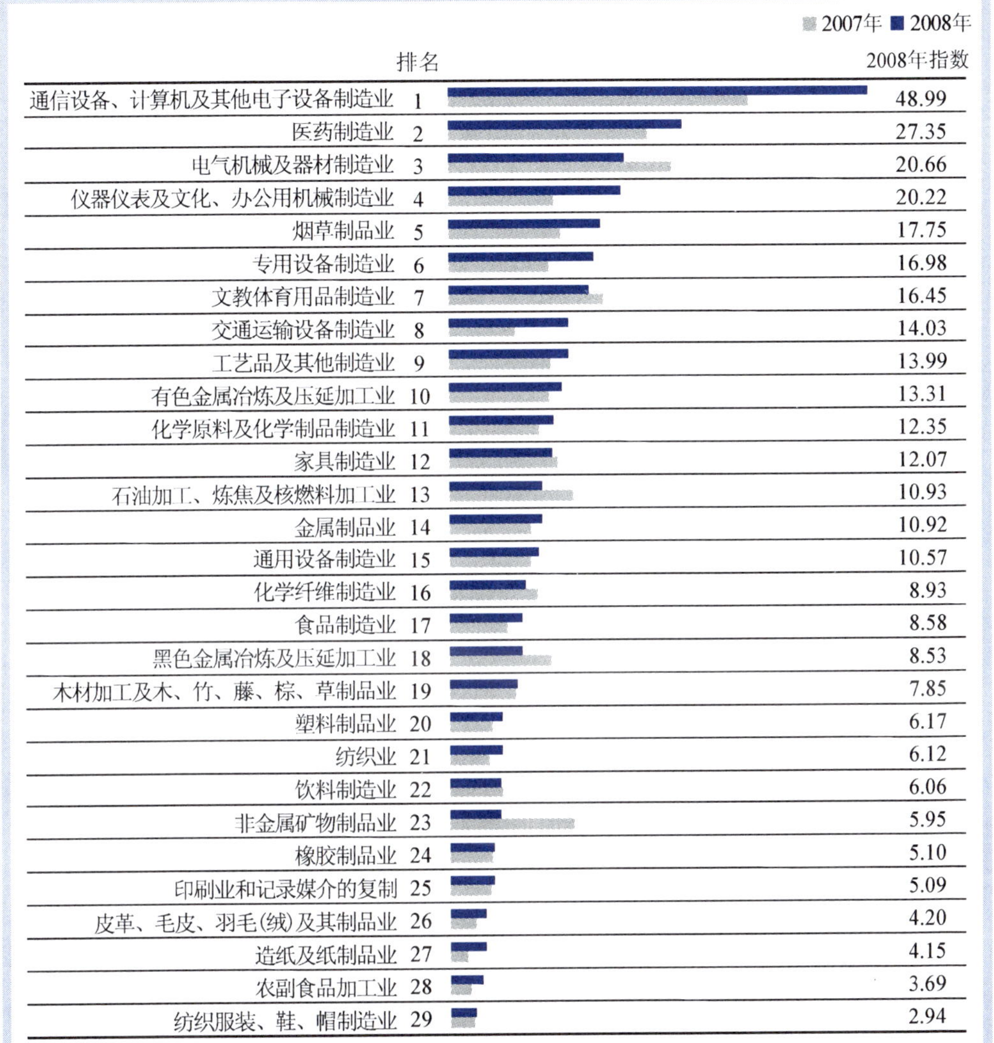

图 19 中国制造业创新产出效力指数

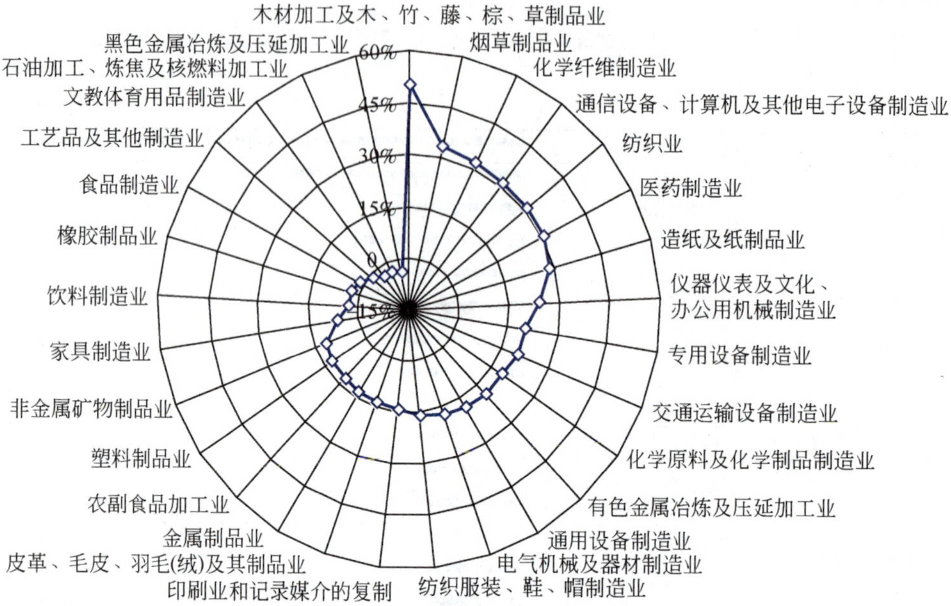

图 20　中国制造业创新产出效力指数年均增速（2001～2008 年）

4. 中国制造业创新绩效效力

2008 年，中国制造业创新绩效效力指数排名前 10 位行业依次为烟草制品业，交通运输设备制造业，电气机械及器材制造业，通信设备、计算机及其他电子设备制造业，通用设备制造业，仪器仪表及文化、办公用机械制造业，橡胶制品业，医药制造业，化学纤维制造业和黑色金属冶炼及压延加工业，与 2007 年相比，有 4 个行业排名上升，其中，化学纤维制造业和黑色金属冶炼及压延加工业排名进入前 10 位。与 2007 年相比，29 个行业中有 4 个行业创新绩效效力指数下降，专用设备制造业创新绩效效力指数下降幅度最大，如图 21 所示。

2001～2008 年，烟草制品业，金属制品业，黑色金属冶炼及压延加工业，石油加工、炼焦及核燃料加工业，有色金属冶炼及压延加工业，饮料制造业，纺织服装、鞋、帽制造业，农副食品加工业，食品制造业和通用设备制造业创新绩效效力指数年均增速排名前 10 位；其中，烟草制品业、通用设备制造业和黑色金属冶炼及压延加工业 2008 年创新绩效效力指数排名前 10 位。电气机械及器材制造业和通信设备、计算机及其他电子设备制造业 2008 年创新绩效效力指数排名第 3 位和第 4 位，但年均增速排名均在后 10 位，如图 22 所示。

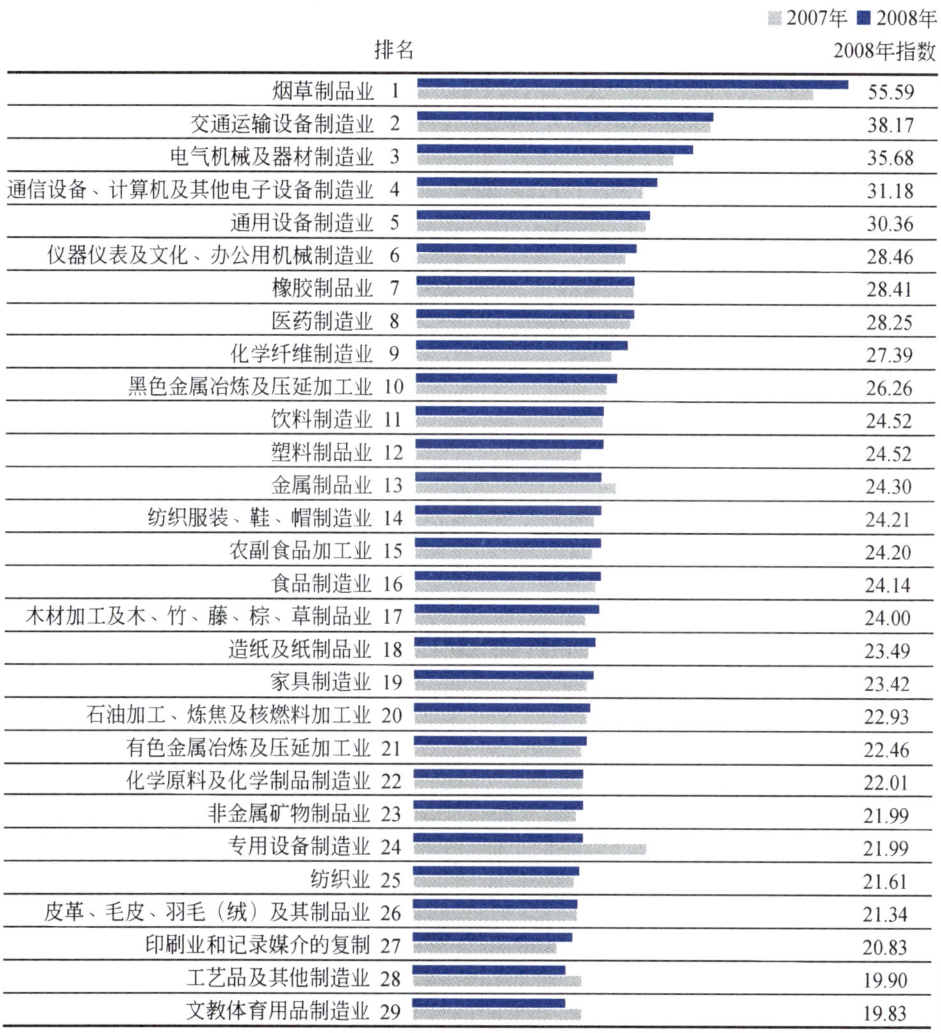

图 21　中国制造业创新绩效效力指数

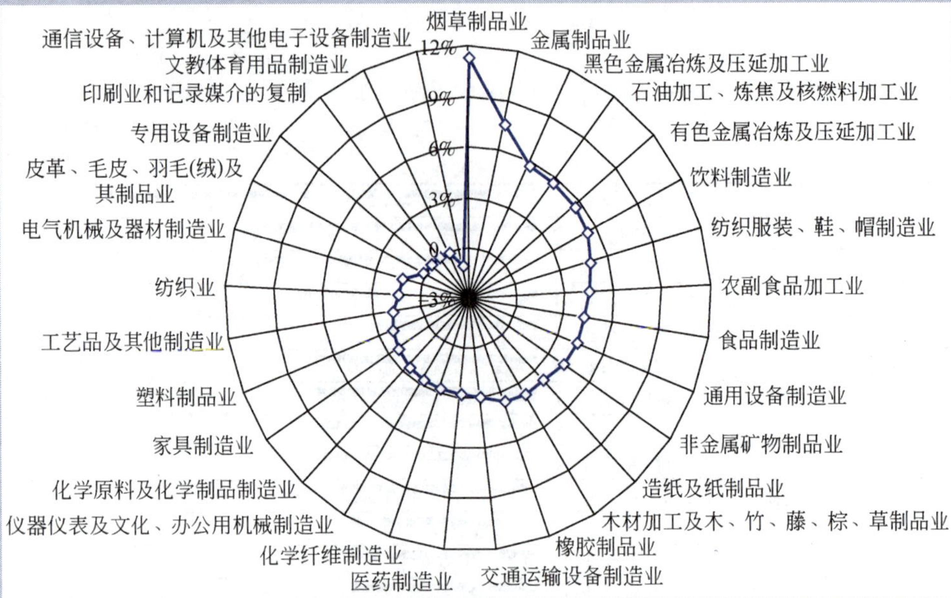

图 22　中国制造业创新绩效效力指数年均增速（2001～2008 年）

四、主要结论及建议

中国制造业创新能力、创新实力、创新效力和创新环境监测结果表明，2008 年中国制造业创新能力指数排名前 10 位行业依次为通信设备、计算机及其他电子设备制造业，交通运输设备制造业，电气机械及器材制造业，黑色金属冶炼及压延加工业，通用设备制造业，医药制造业，烟草制品业，化学原料及化学制品制造业，专用设备制造业和仪器仪表及文化、办公用机械制造业。其中，通用设备制造业，烟草制品业，仪器仪表及文化、办公用机械制造业创新能力指数排名由于增速名列前茅而上升，专用设备制造业创新能力指数排名由于创新投入和创新绩效方面存在的问题而下滑，值得关注。

综上所述，本文得出以下结论，并提出相关建议。

（1）中国制造业整体创新能力持续增强，但与发达国家相比仍存在较大差距。2001～2008 年，中国制造业 29 个行业创新能力指数均呈现增长态势，中国制造业（大中型企业）R&D 支出从 2001 年的 412.13 亿元增加到 2008 年的 2546.38 亿元。2007 年，中国制造业（规模以上企业）增加值达到 12 359 亿美元，低于美国（2007 年 17 556 亿美元），高于日本（2006 年 9231 亿美元）和德国（2007 年 7118 亿美元）；

中国制造业（大中型企业）R&D 支出占增加值比例达到3.5%①，远低于2006 年美国（10.1%）、德国（7.5%）、日本（11.0%）制造业 R&D 支出占增加值比例②。

（2）财税政策激励是增强制造业创新能力的重要因素，创新效率和效益是关键。由于政府加大了对技术开发的财税政策激励力度，促进了许多行业创新活动规模的扩张，明显增强了中国制造业创新实力，但制造业创新效率和效益改进仍然缓慢，已经成为阻碍创新能力快速提升的主要因素。中国制造业特别是制造业重点行业的发明专利拥有量占发明专利申请量的比例不断降低，通信设备、计算机及其他电子设备制造业，交通运输设备制造业，电气机械及器材制造业等创新能力强的10个重点行业由2001 年的2.2 件下降到2007 年的1.0 件，2008 年又回升到1.2 件。

提高中国制造业创新能力必须着力解决以下5 个问题。

（1）加大财政政策支持力度，提升产业创新效率和效益，增强知识产权创造、保护、运用和管理能力，突破国外知识产权壁垒。

（2）大力发展绿色制造技术，特别是清洁高效制造业设备和工艺，增强制造业设计、系统集成和制造能力，提升制造业技术水平。

（3）加强制造业创新基础能力建设和行业研究开发体系建设，突破行业共性、关键核心技术，加快制造业结构优化与升级。

（4）推进电子通信设备、交通运输设备、电气机械及器材和通用（专用）设备制造业升级改造并向服务业延伸发展。

（5）加速新能源、生物医药、节能环保和社会信息服务产业发展，使其成为支撑我国经济社会持续发展的战略性新兴产业，从而改变制造业发展基本格局。

致谢：感谢中国科学院科技政策与管理科学研究所丁华、王婷博士研究生帮助整理数据。

参考文献

国家统计局，国家发展和改革委员会．2006～2009．工业企业科技活动统计资料2006～2009．北京：中国统计出版社．

国家统计局．2002～2009．中国统计年鉴2002～2009．北京：中国统计出版社．

张晓强．2009．中国高技术产业发展年鉴2009．北京：北京理工大学出版社．

中国科学院创新发展研究中心．2009．中国创新发展报告2009．北京：科学出版社．

---

① 数据来源：国家统计局，国家发展和改革委员会．工业企业科技活动统计资料2006～2008，北京：中国统计出版社．

② 数据来源：OECD Structural Analysis Databases.

中国科学院 . 2009. 高技术发展报告 2009. 北京：科学出版社 .
中华人民共和国海关总署 . 2009. 中国海关统计年鉴 2008. 北京：《中国海关》杂志社 .
OECD. 2009. European Innovation Scoreboard 2008. http：//www. proinno-europe. eu/EIS2008/website/docs/EIS_ 2008_ Final_ report. pdf [2009-01-31] .

The Evaluation of Innovation Capacity of Chinese Manufacturing

Chen Fang, Mu Rongping
(Institute of Policy and Management, Chinese Academy of Sciences)

The paper analyses manufacturing innovation capacity in China, based on the evaluation framework of Manufacturing Innovation Capacity Index (MICI) which consists of two sub-indexes (the innovation strength and the innovation effectiveness) and 27 indicators. The innovation strength index and the innovation effectiveness index are both described from three indices, namely: innovation input index, innovation output index, and innovation performance index. 29 industries of Chinese manufacturing (CM) are selected for comparative studies.

It turns out that in 2008, in terms of the MICI, top 10 industries in China are the Communication Equipment, Computers and Other Electronic Equipment Manufacturing, the Transport Equipment Manufacturing, the Electrical Machinery and Equipment Manufacturing, the Smelting and Pressing of Ferrous Metals Manufacturing, the General Purpose Machinery Manufacturing, the Medicines Manufacturing, the Tobacco Manufacturing, the Raw Chemical Materials and Chemical Products Manufacturing, the Special Purpose Machinery Manufacturing, and the Measuring Instruments and Machinery for Cultural Activity and Office Work Manufacturing.

The innovation capacity of CM has continuously been strengthened in general; however there is still big gap in innovation capacity between CM and that of developed countries. MICI of 29 industries in China has experienced faster growth during 2001 to 2008. R&D inputs in Large-Middle (L-M) enterprises for CM increase from 41.2 billion RMB in 2001 to 254.6 billion RMB in 2008. But R&D intensity (R&D inputs on values added) of L-M enterprises for CM is 3.5% in 2007, which is much lower than that of America (10.1%), Germany (7.5%) and Japan (11.0%) in 2006.

The financial incentives and tax policies are the main factors to enhance the manufacturing innovation capacity, but the innovation efficiency and benefit are the key issues. Because the Chinese government enhances financial and tax policies' support for technological development activities, many industries of CM quickly expand their scales of innovative activities, obviously reinforcing their innovation strength. However, the innovation effectiveness makes a little progress that has been the important factor to hinder promoting the innovation capacity rapidly.

In order to enhance the manufacturing innovation capacity of China, the paper puts forwards five crucial issues to resolve, namely: (1) to increase the support from financial policy, promote manufacturing innovation efficiency and benefit, enhance creation, protection, utilization and management capabilities for IPRs, and break through the barriers of IPRs; (2) to develop green manufacturing technology, especially clean and highly efficient manufacturing equipment and process, and strengthen manufacturing design, system integration and manufacturing capacity; (3) to build innovation infrastructure and industrial R&D system so as to speed up the upgrading and the restructuring of industries; (4) to boost the upgrading, extension and development towards the service sector for the Communication Equipment, Computers and Electronic Equipment, Transport Equipment, Electrical Machinery and Equipment, General Purpose Machinery, Special Purpose Machinery Manufacturing; (5) to accelerate the development of the strategic emerging industries, concerning new energy, biological medicine, environmental protection and social information service, so as to support the sustainable development of China.

5.2　中国高技术产业国际竞争力评价

穆荣平　曲　婉　王　婷

（中国科学院科技政策与管理科学研究所）

一、中国高技术产业发展概述

改革开放30多年来，中国高技术产业①快速发展，技术水平呈跨越式上升态势，自主创新能力显著提升，在推动产业结构优化升级和经济发展方式转变等方面发挥巨大作用。中国高技术产业规模快速增长。中国高技术产业总产值（当年价）从1995年的2552.28亿元持续增加到2008年的47 294.30亿元，年均增幅达25.18%。同期，中国高技术产业从业人员从2000年的223.98万人增加到2008年的696.78万人，年均增

① 高技术产业包括医药制造业、航空航天器制造业、电子及通信设备制造业、电子计算机及办公设备制造业、医疗设备及仪器仪表制造业等行业。有关数据主要来源于历年《高技术产业统计年鉴》，如无特殊说明，数据统计口径均为大中型工业企业。

幅为15.24%。其中，电子计算机及办公设备制造业①和电子及通信设备制造业②从业人员数量增长较快，分别从7.99万人和97.52万人增加到148.84万人和385.13万人，年均增幅高达42.50%和19.98%。医疗设备及仪器仪表制造业③和医药制造业④从业人员数量增速低于中国高技术产业平均水平，分别从23.54万人和57.99万人增加到46.22万人和89.34万人，年均增幅分别为8.80%和5.55%。航空航天器制造业⑤从业人员数量呈下降趋势，年均降幅达5.00%，如图1所示。

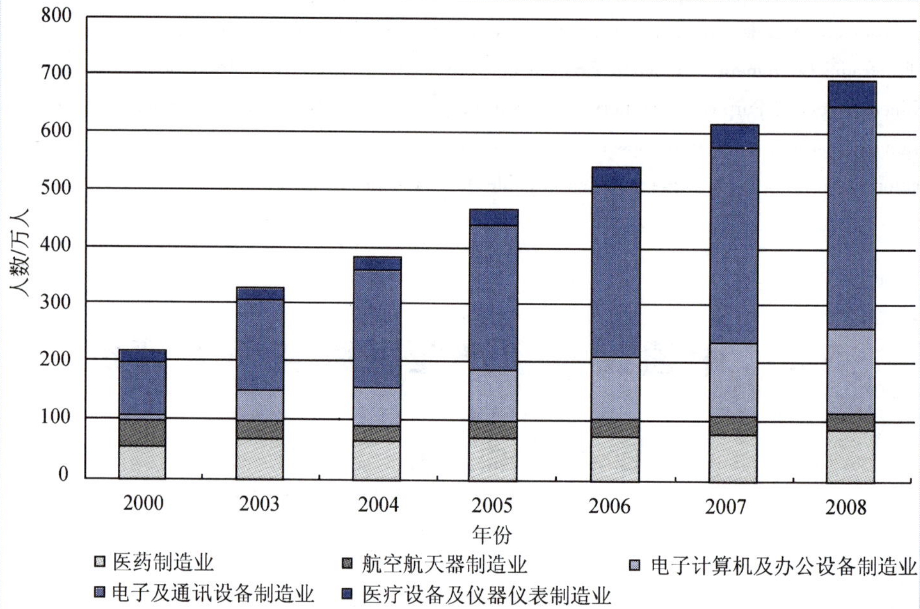

图1　中国高技术产业从业人员情况（2000~2008年）

数据来源：国家统计局，国家发展和改革委员会，科学技术部．中国高技术产业统计年鉴2008．北京：中国统计出版社，2008；国家统计局，国家发展和改革委员会．2009工业企业科技活动统计资料．北京：中国统计出版社，2009.

---

① 根据《国民经济行业分类》（GB/T4754—2002），电子计算机及办公设备制造业包括电子计算机整机制造、计算机网络设备制造、电子计算机外部设备制造，办公设备制造4个行业。

② 电子及通信设备制造业包括通信设备制造、雷达及配套设备制造、广播电视设备制造、电子器件制造、电子元件制造、家用视听设备制造、其他电子设备制造7个行业。

③ 医疗设备及仪器仪表制造业包括医疗设备及器械制造和仪器仪表制造2个行业。

④ 医药制造业包括化学药品原药制造，化学药品制剂制造，中药饮片加工，中成药制造，兽用药品制造，生物、生化制品的制造，卫生材料及医药用品制造7个行业。

⑤ 航空航天器制造业包括飞机制造及修理、航天器制造、其他飞行器制造3个行业。

中国高技术产业企业数量快速增加，平均规模有所扩大，但部分行业企业平均规模仍然偏小。1995～2003年，中国高技术产业企业（大中型工业企业，下同）数量从1968个增加到2562个，年均增长3.35%；同期，中国高技术产业企业平均规模快速增长，从1.3亿元增加到6.7亿元，年均增幅达22.8%。2004～2008年，中国高技术产业企业数量从3118个增加到4915个，年均增幅达12.1%；同期，企业平均规模从7.4亿元持续增长到9.7亿元，年均增幅仅6.8%。1995～2008年，中国医药制造业、航空航天器制造业和医疗器械及仪器仪表制造业企业平均规模均保持较快增长，分别从0.92亿元、1.42亿元和0.52亿元快速增加到4.37亿元、7.63亿元和3.74亿元，年均增幅分别达13.6%，14.9%和17.1%，如图2所示。

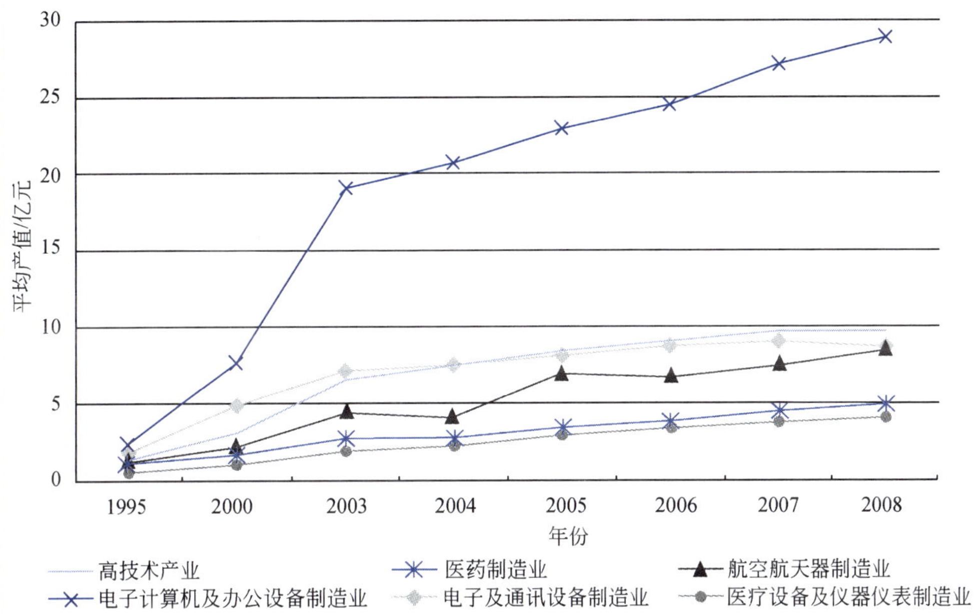

图2　中国高技术产业平均产值（1995～2008年）

数据来源：国家统计局，国家发展和改革委员会，科学技术部．中国高技术产业统计年鉴2008．北京：中国统计出版社，2008；国家统计局，国家发展和改革委员会．2009工业企业科技活动统计资料．北京：中国统计出版社，2009.

“三资”企业在中国高技术产业发挥着重要作用。2008年，“三资”企业占高技术产业总产值（当年价）比重达70.25%，占高技术产业增加值比重达62.70%（2007年），占高技术产业固定资产原价比重达67.60%。“三资”企业在中国电子计算机及办公设备制造业占据绝对主导地位，总产值（当年价）、增加值和固定资产原价所占比例均在80%以上，航空航天器制造业中“三资”企业份额相对较少，如表1所示。

表1　中国高技术产业中“三资”企业主要经济指标（2008年）（单位:%）

	当年价总产值	增加值*	固定资产原价
高技术产业	70.25	62.70	67.60
医药制造业	27.09	27.30	26.63
航空航天器制造业	15.59	18.45	10.42
电子计算机及办公设备制造业	91.94	90.64	80.23
电子及通讯设备制造业	75.24	71.25	90.76
医疗设备及仪器仪表制造业	42.74	42.58	40.22

数据来源：国家统计局，国家发展和改革委员会，科学技术部．中国高技术产业统计年鉴2009．北京：中国统计出版社，2009.

*为2007年数据

本文从竞争实力、竞争潜力、竞争环境和竞争态势4个方面分析中国高技术产业国际竞争力现状和发展态势，力图发现中国高技术产业发展面临的重大问题，识别影响中国高技术产业发展的关键因素，并提出相应的对策与建议。

二、中国高技术产业竞争实力

竞争实力主要体现在资源转化能力、市场转化能力和技术能力3个方面。

1. 资源转化能力

资源转化能力是衡量生产要素转化为产品服务效率和效益的重要指标，主要由工业增加值率①、产值利润率②和全员劳动生产率③3个指标表征。工业增加值率反映降低中间消耗的经济效益；产值利润率反映产业生产盈利能力；全员劳动生产率是衡量企业生产技术水平、经营管理水平、职工技术熟练程度和劳动积极性的重要指标。

与制造业相比，中国高技术产业生产盈利能力和经济效益相对较差。2008年，

① 工业增加值率 =（工业增加值/工业总产值）×100%。

② 产值利润率 =（利润总额/工业总产值）×100%。

③ 全员劳动生产率 = 工业增加值/全部从业人员平均人数。

中国高技术产业产值利润率为4.54%，比中国制造业产值利润率低0.14个百分点。2007年，中国高技术产业增加值率为21.40%，比同期制造业工业增加值率低4.20个百分点。同期，医药制造业和医疗设备及仪器仪表制造业工业增加值率分别为36.47%和28.30%，产值利润率分别为11.16%和8.58%，显示出相对较强的生产盈利能力；电子计算机及办公设备制造业工业增加值率和产值利润率仅为14.79%和3.19%，远低于高技术产业平均水平。2007年，中国高技术产业全员劳动生产率为14.60万元/（人·年），低于制造业平均水平。中国医药制造业和电子计算机及办公设备制造业全员劳动生产率相对较高，分别为17.23万元/（人·年）和16.56万元/（人·年），航空航天器制造业、电子及通信设备制造业、医疗设备及仪器仪表制造业全员劳动生产率低于高技术产业和制造业平均水平，如表2所示。

表2　中国高技术产业主要经济指标（2008年）

	增加值率*/%	产值利润率/%	劳动生产率*/(万元/人·年)
制造业	25.60	4.68	15.67
高技术产业	21.40	4.54	14.60
医药制造业	36.47	11.16	17.23
航空航天器制造业	28.34	5.38	9.32
电子计算机及办公设备制造业	14.79	3.19	16.56
电子及通讯设备制造业	22.19	3.69	14.02
医疗设备及仪器仪表制造业	28.30	8.58	11.92

数据来源：国家统计局，国家发展和改革委员会，科学技术部．中国高技术产业统计年鉴2008．北京：中国统计出版社．2008；国家统计局，国家发展和改革委员会．2009工业企业科技活动统计资料．北京：中国统计出版社．2009.

*为2007年数据。

与发达国家相比，中国高技术产业资源转化能力仍然存在较大差距。2006年，美国、日本、德国、法国、英国高技术产业增加值率①分别高达41.2%、36.8%、38.8%和41.4%②，比中国高技术产业增加值率（2007年）高出15～20个百分点。同期，按照人均增加值计算的劳动生产率，美国高技术产业为14.34万美元/(人·年)，日本为10.68万美元/(人·年)，德国为10.18万美元/(人·年)，法国为12.42万美元/(人·年)，中国高技术产业（2007年）全员劳动生产率约合2.18万

① 这里增加值率指单位产值的增加值。

② 数据来源：科学技术部．中国高技术产业数据2009. 2009.

美元/(人·年)①，仅为发达国家的15%~21%。

2. 市场竞争能力

市场竞争能力主要由产品目标市场份额和贸易竞争指数②两项指标表征。产品目标市场份额反映一国某商品对目标市场的贸易出口占目标市场该商品贸易进口的比例。贸易竞争指数反映了一国某商品贸易进出口差额的相对大小，1代表只有出口，-1代表只有进口。

中国高技术产品具有较强国际市场竞争力。2008年，中国高技术产品出口4128.30亿美元，进口3390.20亿美元，贸易顺差达738.10亿美元。欧盟、美国和东盟是中国高技术产品主要出口市场。2008年，中国向欧盟、美国和东盟出口高技术产品971.34亿美元、773.33亿美元和309.08亿美元，分别占中国高技术产品出口总量的23.53%、18.73%和7.49%。东盟、韩国和日本是中国高技术产品主要进口国。2008年，中国从东盟、韩国和日本进口高技术产品587.72亿美元、522.31亿美元和458.96亿美元，分别占中国高技术产品进口总量的17.34%、15.41%和13.54%。在全球市场，中国高技术产品显示出一定国际竞争力。2008年，中国高技术产品贸易竞争指数为0.0982，市场竞争力低于日本，但与美国、德国、法国、英国相比有较强市场竞争力③。在美国市场和欧盟市场，中国高技术产品具有较强市场竞争力，2008年贸易竞争指数分别为0.5375和0.5359，对美国市场和欧盟市场高技术产品进出口量占中国高技术产品进出口总量的30.20%。在东盟市场、日本市场和韩国市场，中国高技术产品缺乏市场竞争力，2008年贸易竞争指数分别为-0.3107、-0.3273和-0.4495，三大市场上中国高技术产品进出口量占中国高技术产品进出口总量的30.71%。2008年，中国高技术产品在印度市场和俄罗斯市场有较大发展空间，虽然贸易竞争指数高达0.9498和0.8379，但贸易活动较少，对印度市场和俄罗斯市场高技术产品进出口量仅占中国高技术产品进出口总量的1.65%，如表3所示。

---

① 数据来源：科学技术部．中国高技术产业数据2009. 2009.

② 贸易竞争指数=（出口额-进口额）/（出口额+进口额）。

③ 2006年，美国高技术产业贸易竞争指数为-0.9717，贸易逆差高达3870.20亿美元；日本、德国、法国、英国贸易竞争指数分别为0.1420、0.0253、0.0290和0.0852，贸易顺差分别为378.39亿美元、103.57亿美元、60.84亿美元和222.00亿美元。数据根据OECD. Stan database for structural analysis (2008). 2008. 计算得到。

表3 中国高技术产品国际贸易情况（2008年）

	全球市场	美国市场	欧盟市场	东盟市场	日本市场	韩国市场	印度市场	俄罗斯市场
出口/亿美元	4128.30	773.33	971.34	309.08	232.63	198.35	78.67	39.77
进口/亿美元	3390.20	232.65	293.48	587.72	458.96	522.31	2.02	3.51
贸易顺差/亿美元	738.10	540.68	677.86	-278.64	-226.33	-323.96	76.64	36.26
贸易竞争指数	0.0982	0.5375	0.5359	-0.3107	-0.3273	-0.4495	0.9498	0.8379

数据来源：国家发改委高技术产业司，商务部机电和科技产业司，科技部发展计划司，海关总署综合统计司.2003～2008中国高新技术产品进出口数据汇编.

3. 产业技术能力

技术能力主要体现在新产品开发能力与产业技术水平两方面。新产品开发能力间接体现在新技术的市场化收益能力上，采用新产品销售率①和新产品出口销售率②两项指标表征。产业技术水平采用产业关键技术水平和产业装备水平两项指标表征。

中国高技术产业新产品开发能力较强。2008年，中国高技术产业新产品销售率为27.81%，新产品出口销售率达49.24%，远高于制造业平均水平（分别为18.87%和25.96%）。其中，医药制造业行业特点决定其新产品销售率和新产品出口销售率相对较低；航空航天器制造业新产品开发能力较强且主要面向国内市场，新产品销售率达43.65%，新产品出口销售率仅为4.92%；电子计算机及办公设备制造业和电子及通信设备制造业对外依存度较高，新产品销售率分别为27.12%和29.34%，一半以上的新产品销往海外市场，如表4所示。

表4 中国高技术产业新产品开发能力指标情况（2008年） （单位:%）

	新产品销售率	新产品出口销售率
制造业	18.87	25.96
高技术产业	27.81	49.24
医药制造业	20.86	15.42
航空航天器制造业	43.65	4.92

① 新产品销售率=（新产品销售收入/主营业务收入）×100%。

② 新产品出口销售率=（新产品出口销售收入/新产品销售收入）×100%。

续表

	新产品销售率	新产品出口销售率
电子计算机及办公设备制造业	27.12	57.44
电子及通讯设备制造业	29.34	53.65
医疗设备及仪器仪表制造业	23.02	24.88

数据来源：国家统计局，国家发展和改革委员会，科学技术部. 中国高技术产业统计年鉴 2008. 北京：中国统计出版社. 2008；国家统计局，国家发展和改革委员会. 2009 工业企业科技活动统计资料. 北京：中国统计出版社. 2009.

中国高技术发展能力显著提高，但与发达国家相比仍然存在较大差距。中国未来 20 年技术预见研究组德尔菲调查结果表明①，生物技术与药物技术领域未来 20 年最重要 101 项技术课题中，美国有 94 项技术课题的研究开发水平排名世界第一，7 项排名世界第二；日本有 6 项技术课题排名世界第一，23 项居世界第二位；欧盟有 1 项技术课题排名世界第一，74 项居世界第二位。空间技术领域未来 20 年最重要 78 项技术课题中，美国有 76 项技术课题研究开发水平排名世界第一，2 项排名世界第二；欧盟有 50 项技术课题研究开发水平居世界第二位；俄罗斯有 2 项技术课题排名世界第一，26 项技术课题居世界第二位。信息、通信与电子技术领域未来 20 年最重要 150 项技术课题中，美国的研究开发水平全部排名世界第一；日本有 1 项技术课题研究开发水平与美国并列第一，97 项技术课题研究开发水平居世界第二位；欧盟有 56 项技术课题居世界第二位，其中 3 项技术课题与日本并列第二。

中国高技术产业装备水平仍然不高②。2008 年，中国高技术产业微电子控制设备占年末固定资产原价的比重为 17.66%，低于“三资”企业 2.24 个百分点。其中，医药制造业和医疗设备及仪器仪表制造业微电子控制设备占年末固定资产原价的比重分别为 8.54% 和 10.68%，分别低于“三资”企业 1.61 和 3.43 个百分点；医药制造业、电子及通信设备制造业微电子控制设备的比重略低于“三资”企业水平；航空航天器制造业微电子控制设备的比重高于其“三资”企业 4.40 个百分点，如表 5 所示。

---

① 中国未来 20 年技术预见研究组. 中国未来 20 年技术预见研究报告. 北京：科学出版社，2006；中国未来 20 年技术预见研究组. 中国未来 20 年技术预见研究报告（续）. 北京：科学出版社，2008.

② 国际技术转移研究表明，“三资”企业装备水平一般不高于母公司装备水平。此处以“三资”企业装备水平为比较对象，作为判断中国高技术产业装备水平与发达国家差距的基础。

表5　中国高技术产业固定资产中微电子控制设备比重（2008年）（单位:%）

	大中型工业企业	
		其中：三资企业
高技术产业	17.66	19.90
医药制造业	8.54	10.15
航空航天器制造业	10.80	6.40
电子计算机及办公设备制造业	22.47	23.10
电子及通讯设备制造业	12.00	12.26
医疗设备及仪器仪表制造业	10.68	14.11

数据来源：国家统计局，国家发展和改革委员会，科学技术部. 中国高技术产业统计年鉴2009. 北京：中国统计出版社. 2009.

总体而言，中国高技术产业相对制造业而言产业技术能力较强，但资源转化能力和产业盈利能力不强。与发达国家相比，中国高技术产品依靠低成本优势获得了一定国际市场份额，但是中国高技术产业在资源转化能力、市场竞争能力和产业技术能力等方面都存在较大差距。

三、中国高技术产业竞争潜力

竞争潜力体现在产业运行状态、技术投入、比较优势和创新活力4个方面。由于缺乏产业运行状态相关统计数据，本文仅从技术投入、比较优势和创新活力3个方面分析中国高技术产业的竞争潜力。

1. 技术投入

高技术产业是知识技术密集型产业，技术投入强度高低直接影响高技术产业未来技术水平和核心竞争力。技术投入主要体现在研发人员比例、研发经费强度、技术改造经费比例①以及消化吸收经费比例②4项指标。

中国高技术产业整体而言技术投入相对较低，仅航空航天器制造业例外。2008年，中国高技术产业研发人员比例为4.09%，研发经费强度仅为1.41%，高于制造业平均水平。中国航空航天器制造业研发人员比例和研发经费强度分别高达6.61%

① 技术改造经费比例 =（技术改造经费/主营业务收入）×100%。

② 消化吸收经费比例 =（消化吸收经费/技术引进经费）×100%。

和4.80%；医疗设备及仪器仪表、电子及通信设备制造业、医药制造业研发人员比例分别为4.82%、4.47%和4.50%，研发经费强度分别为1.97%、1.75%和1.74%；电子计算机及办公设备制造业技术投入最低，研发人员比例和研发经费强度分别为2.11%和0.52%。同期，中国高技术产业技术改造经费比例和消化吸收经费比例分别为0.47%和17.81%，分别比制造业平均水平低0.90和7.06个百分点。医药制造业两项指标分别高达1.13%和94.98%，电子计算机及办公设备制造业虽然技术改造经费比例仅为0.07%，但消化吸收经费比例高达94.58%[①]，电子及通信设备制造业两项指标仅为0.45%和9.08%，如表6所示。

表6　中国高技术产业技术投入指标（2008年）　（单位:%）

	研发人员比例	研发经费强度	技术改造经费比例	消化吸收经费比例
制造业	2.33	0.96	1.37	24.87
高技术产业	4.09	1.41	0.47	17.81
医药制造业	4.50	1.74	1.13	94.98
航空航天器制造业	6.61	4.80	3.07	5.98
电子计算机及办公设备制造业	2.11	0.52	0.07	94.58
电子及通讯设备制造业	4.47	1.75	0.45	9.08
医疗设备及仪器仪表制造业	4.82	1.97	0.97	35.30

数据来源：国家统计局，国家发展和改革委员会.2009工业企业科技活动统计资料.北京：中国统计出版社，2009.

中国高技术产业中，不同行业技术投入差异主要由中国高技术产业行业特点和当前技术发展水平决定。例如，中国航空航天器制造业主要依靠自主创新，因此研发人员比例、研发经费比例和技术改造经费比例较高；中国电子计算机及办公设备制造业目前仍以加工组装为主，较为依赖核心元器件的进口，研发经费比例、技术改造经费比例和消化吸收经费比例均较低；医药制造业具备一定的研发能力，但当前技术水平仍然较低，主要以模仿创新为主，强调技术改造和对引进技术的消化吸收，因此消化吸收经费比例极高。

中国高技术产业整体技术投入水平与发达国家差距显著。2006年，美国高技术产业研发经费占工业增加值比重高达39.8%，日本为28.9%，德国为21.5%，法国为31.9%，英国为26.6%，2007年中国高技术产业研发经费占工业增加值比重仅

① 电子计算机及办公设备制造业历年技术引进经费与消化吸收经费比例较低，2000~2007年该比例均低于10%，因此该数值可以作为畸点处理。

为6.0%，比发达国家低15.5~33.8个百分点。中国高技术产业中不同行业R&D经费投入与发达国家有不同程度的差距。例如，中国医药制造业研发经费占工业增加值比重仅为4.7%，美国、日本、法国、英国该指标均在30%以上，差距巨大，如表7所示。

表7 部分发达国家高技术产业研发经费占工业增加值比重（2006年） （单位:%）

	中国*	美国	日本	德国	法国	英国
高技术产业	6.0	39.8	28.9	21.5	31.9	26.6
医药制造业	4.7	46.2	37.1	23.9	33.4	42.3
航空航天器制造业	15.4	24.1	11.5	32.9	31.1	31.1
电子计算机及办公设备制造业	3.9	34.7	—	14.9	27.7	1.4
电子及通信设备制造业	6.8	43.3	13.4	28.8	50.9	23.9
医疗设备及仪器仪表制造业	6.3	48.3	31.9	13.6	19.0	7.8

数据来源：国家统计局，国家发展和改革委员会，科学技术部．中国高技术产业统计年鉴2008．北京：中国统计出版社．2008.

*为2007年数据，—表示数据未统计。

2. 比较优势

中国高技术产业发展的比较优势主要包括中国劳动力低成本优势、中国高技术产业的产业规模和中国高技术产品的市场规模3方面。

中国高技术产业劳动力低成本优势仍然显著。2008年，中国制造业平均工资为24 192元/年，约合295.24美元/月，比2006年增加15.84%。2007年，美国、日本、韩国、加拿大、英国制造业平均工资分别为3037.76美元/月，2702.66美元/月、2996.53美元/月、3862.19美元/月和4757.56美元/月，德国2006年制造业平均工资为3554.77美元/月，分别是中国2008年制造业平均工资的9~16倍①。

中国高技术产业已形成较大产业规模。2007年，中国高技术产业规模位居世界前两位，高技术产品在国际市场份额近20%②。2008年，中国高技术产业当年价产值高达6926.25亿美元，略少于美国2006年高技术产业产值，远高于日本、德国、

① 数据来源：国家统计局人口和就业统计司．中国人口和就业统计年鉴2009．北京：中国统计出版社，2009；各种货币对美元折算率参见国家外汇管理局《各种货币对美元折算率表》．http：//www.safe.gov.cn/model_safe/tjsj/tjsj_list.jsp? ID=11030000000000000.

② 数据来源：朱娅琼．高技术产业化十年一大步——专访国家发展和改革委员会高技术产业司巡视员綦成元．中国投资，2008：40~43.

法国、英国2006年高技术产业产值。2008年，中国医药制造业、航空航天器制造业和医疗设备及仪器仪表制造业当年价总产值分别为702.64亿美元、161.71亿美元和311.44亿美元，美国2006年为1785.12亿美元、1425.78亿美元和1221.63亿美元，中国与美国之间仍然存在巨大差距，如表8所示。

表8　中国和部分发达国家高技术产业当年价总产值（2006年）（单位：亿美元）

	中国*	美国	日本	德国	法国	英国
高技术产业	6926.25	7063.64	4042.51	1956.25	1661.62	815.17
医药制造业	702.64	1785.12	662.43	449.24	489.07	220.12
航空航天器制造业	161.71	1425.78	107.66	252.56	598.74	202.16
电子计算机及办公设备制造业	2282.82	657.46	570.39	172.21	27.63	102.72
电子及通信设备制造业	3467.64	1973.65	2369.09	505.45	273.45	132.08
医疗设备及仪器仪表制造业	311.44	1221.63	332.93	576.80	272.73	158.09

数据来源：OECD. Stan database for structural analysis（2008），2008；国家统计局，国家发展和改革委员会，科技部．中国高技术产业统计年鉴2008．北京：中国统计出版社．2008．

*为2008年数据．人民币、欧元、日元兑美元汇率按照国家外汇管理局2008年第12期公布的折算率表计算，见 http：//www. safe. gov. cn/model_ safe/tjsj/tjsj_ detail. jsp？ID = 110300000000000000，84&id = 5．

中国高技术产业发展市场空间广阔。2008年，中国电话用户数达98 203.4万户，比2007年增加6909.2万户。同年，中国网民人数达2.98亿人，超过美国网民数量居世界首位；Internet普及率达22.6%，超过全球平均水平（21.9%）。2008年以来，传感网、物联网在中国快速发展，应用遍及智能交通、环境保护、政府工作、公共安全、平安家居、智能消防、工业监测、老人护理、个人健康等多个领域，将带来上万亿元规模的高科技市场。2008年中国射频识别（RFID）市场规模为80.4亿元，2009年第三季度中国RFID市场规模达29.7亿元，环比上升8.4%①。2008年，全国光缆线路长度为676.8万千米，比2007年增加99.1万千米②。随着中国信息化基础设施建设和信息化与社会事业发展全面融合的进程加快，将带动中国信息通信设备制造业与相关服务业的快速发展。2008年，中国城镇人口医疗保健人均支出为786.20元，比2007年增加12.46%，农村居民家庭医疗保健人均支出为245.97元，比2007年增加16.99%③。专家预测，新医疗改革将拉动普药市场剧增

① 数据来源：驰昂咨询（Sinotes）．2008～2009年RFID产业发展研究年度报告．http：//www. rfid-world. com. cn/news/2009_ 3/20093241532588462. html［2009-3-24］．

② 数据来源：张晓强（主编）．中国高技术产业发展年鉴（2009）．北京：北京理工大学出版社，2009.

③ 数据来源：国家统计局．中国统计年鉴2009．北京：中国统计出版社，2009.

1600亿~1700亿元[①]。快速增长的个人医疗保健支出以及新的医疗改革，都将极大推动对中国医药产品和医疗设备的市场需求。2008年，中国民用航空客运量高达19 251万人，比2007年增加675万人；旅客周转量达28 827 993万人公里，比2007年增加910 736万人公里，货运量4 076 376吨，比2007年增加57 891吨。虽然2008年中国民用航空市场规模有较大增加，但民用航空客运量仅为中国客运总量的0.67%，航空市场消费潜力巨大[②]。

3. 创新活力

创新活力主要体现在专利申请量、发明专利拥有量和单位产值对应发明专利拥有量[③]3个方面。2008年，中国高技术产业专利申请量为39 656项，拥有发明专利23 915项，分别占制造业专利申请总量和发明专利拥有量的33.59%和44.10%。中国电子及通讯设备制造业创新活力较强，专利申请量和发明专利拥有量分别为25 909项和15 418项，占高技术产业的65.33%和64.47%；其次为电子计算机及办公设备制造业、医疗设备及仪器仪表制造业和医药制造业，专利申请量分别为4540项、4525项和3917项，发明专利拥有量分别为3344项、1583项和3170项；航空航天器制造业专利数量最少，专利申请和发明专利拥有量分别为1036项和400项。

2008年，中国高技术产业每亿元产值对应发明专利拥有量为0.51项，远高于中国制造业每亿元产值对应发明专利拥有量（0.20项）。医疗设备及仪器仪表制造业每亿元产值对应发明专利拥有量最高，为0.74项；其次为医药制造业和电子及通信设备制造业，每亿元产值对应发明专利拥有量分别为0.66项和0.65项；航空航天器制造业和电子计算机及办公设备制造业单位产值对应的专利数量较低，每亿元产值对应发明专利拥有量仅为0.36项和0.21项，如表9所示。

表9 中国高技术产业专利情况（2008年）

	专利申请量/项	拥有发明专利/项	单位产值发明专利拥有量/(项/亿元)
制造业	118 050	54 223	0.20
高技术产业	39 656	23 915	0.51

① 数据来源：张晓强（主编）. 中国高技术产业发展年鉴（2009）. 北京：北京理工大学出版社，2009.

② 数据来源：国家统计局. 中国统计年鉴2009. 北京：中国统计出版社，2009.

③ 单位产值对应发明专利拥有量=发明专利拥有量/工业总产值。

续表

	专利申请量/项	拥有发明专利/项	单位产值发明专利拥有量/(项/亿元)
医药制造业	3 917	3 170	0.66
航空航天器制造业	1 036	400	0.36
电子计算机及办公设备制造业	4 540	3 344	0.21
电子及通信设备制造业	25 909	15 418	0.65
医疗设备及仪器仪表制造业	4 254	1 583	0.74

数据来源：国家统计局，国家发展和改革委员会.2009 工业企业科技活动统计资料. 北京：中国统计出版社，2009.

与发达国家相比，中国高技术产业创新活力仍然较弱。截至2008年，美国高技术领域PCT专利申请量①高达48 759项，电气工程技术领域21 422项，仪器仪表技术领域12 863项，制药技术领域5441项，机械工程技术领域9033项。日本、德国、法国、英国高技术领域PCT专利申请量分别高达30 130项、17 125项、6101项和4440项。中国高技术领域PCT申请量仅为5504项，电气工程技术领域3655项，仪器仪表技术领域540项，制药技术领域360项，机械工程技术领域949项，远低于美国、日本和德国PCT专利申请量，如表10所示。

表10　中国与部分发达国家高技术领域PCT专利申请（2008年）（单位：项）

	中国	美国	日本	德国	法国	英国
高技术领域	5 504	48 759	30 130	17 125	6 101	4 440
电气工程	3 655	21 422	15 743	4 579	2 318	1 626
仪器仪表	540	12 863	4 843	3 928	1 085	825
制药	360	5 441	1 397	845	505	608
机械工程	949	9 033	8 147	7 773	2 193	1 381

数据来源：WIPO. Statistics on the PCT system. 2008；OECD. OECD work on patents. 2008.

中国高技术产业单位产值对应专利数量与发达国家还有较大差距。2008年，中国高技术产业每亿美元产值对应PCT专利申请量为0.79项；同期，德国、日本和

① 高技术产业PCT专利数量统计包括电气工程、仪器仪表、制药、机械工程4个领域。

美国高技术产业每亿美元产值对应 PCT 专利申请量高达 8.75 项、7.45 项和 6.90 项，英国和法国分别为 5.45 项和 3.67 项，分别是中国高技术产业单位产值对应 PCT 专利申请量的 4.6 ~ 11.0 倍①。

综上所述，中国高技术产业发展市场空间广阔且劳动力低成本优势明显，但高技术产业技术投入相对较低，研发经费占工业增加值比重和高技术领域 PCT 专利申请量与发达国家存在较大差距。

四、中国高技术产业竞争环境

竞争环境主要体现在国际政治、经济、贸易和技术环境等方面，涉及国家发展战略、政策以及相关产业发展态势等因素的变化。总体上看，中国高技术产业发展不仅受到全球经济、贸易环境和新技术革命等因素的影响，还受到中国发展理念与发展目标调整的影响。本文认为，中国高技术产业发展面临的竞争环境呈现 4 个主要特点：①全球金融危机加速国际经济秩序重构；②发展理念转变带动产业发展模式变革；③创新型国家建设将进入全面攻坚阶段；④战略性新兴产业引领高技术产业跨越。

1. 全球金融危机加速国际经济秩序重构

美国次贷危机引发的全球金融危机导致全球经济陷入严重衰退，国际市场高技术产品需求紧缩和结构调整，使得中国高技术产品出口严重受阻，对中国高技术产业发展带来巨大影响。金融危机之后，世界政治经济格局正在发生重大变化，发达国家利用其技术优势，以发展低碳经济、绿色环保、知识产权等为重要手段，推动国际经济秩序重构，加速在全球范围内整合资源，将高技术产业战略重心向产业链两端移动，聚焦设计研发和渠道销售等高附加值环节，通过专利、标准等手段控制产业高端环节，同时加速价值链中低环节向发展中国家转移，强化其全球竞争优势。

中国正处于重化工发展阶段，迫切需要提高自主创新能力，掌握自身发展的主导权，避免在国际经济新秩序构建和新一轮国际分工中陷入被动局面。2009 年，中

---

① 数据来源：WIPO. Statistics on the PCT system. 2008；OECD. OECD work on patents. 2008；国家统计局，国家发展和改革委员会 . 2009 工业企业科技活动统计资料 . 北京：中国统计出版社，2009. 注：美国、日本、德国、法国、英国高技术产业当年价总产值采用 2006 年数据。

国高技术产业为应对全球金融危机开始了艰难的结构调整，一方面加大高技术产业技术创新投入，突破发达国家不断抬高的知识产权壁垒，推进高技术产业结构调整与优化升级，应对国际高技术产品需求紧缩与结构调整；另一方面，探索开发国内高技术产品市场，利用全球高技术产业国际分工调整新机遇，寻求中国高技术产业可持续发展道路，开创中国高技术产业发展“高端出口带动技术创新，内需拉动支撑经济发展”的新格局。

2. 发展理念转变带动产业发展模式变革

科学发展观的第一要义是发展，核心是以人为本，基本要求是全面协调可持续，根本方法是统筹兼顾。坚持科学发展，就是转变发展理念，大力提高自主创新能力，实现从要素和投资驱动发展阶段向创新驱动发展阶段的转变，突破人口资源环境等瓶颈约束。

发展理念转变带动高技术产业发展模式变革，从主要依靠投资和出口拉动向消费、出口和投资协调驱动的发展方式转变。一方面，围绕13亿人民特别是日益众多的老龄人口健康需求，开发成本低、质量高、惠及广的医疗技术和产品，攻克重大疾病、重大和突发传染病的防治问题，发展中国特色生物医药产业；另一方面，围绕绿色增长和低碳发展目标，攻克一大批关键核心技术，争夺经济发展战略制高点，逐步使高技术产业成为经济社会发展的主导力量。

3. 创新型国家建设将进入全面攻坚阶段

2020年进入创新型国家行列是中国政府提出的宏伟目标。为此，中国政府颁布实施《〈国家中长期科学和技术发展规划纲要（2006~2020年）〉若干配套政策》（以下简称《配套政策》），发布了76个《配套政策》实施细则，为中国创新发展奠定了重要制度基础。几年来，在各项创新政策的推动下，中国自主创新总体呈现出良好的发展态势。一是科学技术和创新投入高速增长，2008年全社会研发经费支出比上年增长23.2%。二是科技产出能力和国际影响力显著增强，SCI收录中国科技论文（2008年）9.55万篇，居世界第4位；中国居民获得发明专利授权和PCT专利申请量（2008年）分别为4.66万件和6089件。三是中国企业新产品开发能力和国际竞争力显著增强，中国大中型工业企业（2008年）新产品销售收入比上年增长25.17%，新产品出口比上年增长33.14%。四是创新促进产业结构优化与升级效果显现，单位GDP对应能耗（2008年）比上年降低8.17%。

创新型国家是指创新成为发展主要驱动力的发展，具有创新能力强、创新发展水平高等基本特征。中国创新发展水平与发达国家相比仍然很低①，创新能力与发达国家相比仍然较弱。中国创新发展指数（2006 年）仅为 20.9，名列 34 个被监测国家的第 32 位，仅高于南非和印度。中国创新发展水平主要差距表现在工业化、城市化和教育卫生事业发展水平等方面；中国创新能力指数（2006 年）为 16.7②，名列 38 个被监测国家的第 17 位，约为美国（名列第 1）的 29.2%，日本的 45.3%，德国的 62.5%，韩国的 68.0%。中国创新能力差距主要表现在创新活动效率和效益方面。中国建设创新型国家仍然任重道远。因此，未来 10 年中国创新型国家建设将进入攻坚阶段，可以预期国家将进一步加大对自主创新能力建设的政策支持力度，为中国高技术产业创新发展提供良好的政策法律环境。

4. 战略性新兴产业引领高技术产业跨越

中国正处于从资源要素和投资驱动为主向创新驱动为主转变的关键时期，经济总量已位居世界第三位，但高消耗、高污染的粗放式发展方式仍未改变，能源消费量和 CO_2 排放量居世界第二位，单位能耗对应 GDP 仅为美国的一半，韩国的 2/3。近 10 年来，中国高技术产业国际竞争力有明显增强，表现在产业经济规模、贸易规模、贸易顺差规模和知识产权生产规模快速扩张，产业经济规模已经名列世界第二位。但是，中国高技术产业整体国际竞争力与发达国家相比仍然有较大差距，表现在技术创新投入强度较低、产业增加值率低、PCT 专利申请量偏小等方面，核心是创新效率与效益偏低。因此，中国高技术产业发展需要跨越，需要技术创新跨越，需要管理创新跨越。

近年来各国政府纷纷加大新能源、生物、信息等战略领域投入，力图创造新的经济增长点、新的就业岗位和新的经济社会发展模式。美国政府将清洁能源、互联网、健康、信息技术视为战略领域，将先进软件、控制器、传感器、网络和其他信息技术应用等智能集成领域作为制造业重点产业领域之一。欧盟“第七框架计划”预算重点投向健康、生物技术、信息通讯技术、能源环境等领域。2008 年，欧盟高技术产业研发经费支出占同期欧盟研发经费支出总额的 35%，制药与生物技术、信息通信技术、

① “创新发展”是指创新驱动的发展，包括创新促进经济社会发展和科学技术与创新自身的发展。创新发展水平是创新效率和创新效益及影响强度的集中体现，涉及工业化、信息化、城镇化、教育卫生和科技创新 5 个方面。2006 年，瑞典、瑞士和挪威等北欧国家的创新发展指数在 60 以上，英国、芬兰、荷兰、美国、爱尔兰、日本、法国、奥地利、德国、比利时和加拿大等创新大国的创新发展指数均在 50 以上。

② 国家创新能力是指一个国家从事科学发现、技术发明并将创新成果商业化的能力，是指一个国家整合创新资源并将创新资源转化为财富的能力，涉及创新投入、创新产出、创新条件、创新影响 4 个方面。国家创新能力不仅取决于创新活动效率，也取决于创新活动规模。

航空航天与国防技术领域研发经费支出分别占19.2%、18.3%和4.1%[①]。日本研发经费支出（2007年）重点领域包括信息通信领域（3.15万亿日元）、生命科学领域（2.69万亿日元）、环境领域（1.08万亿日元）、能源领域（1.03万亿日元）[②]。

世界正在经历一场以绿色、健康、智能和可持续为特征的技术变革。中国将加速推进信息化与城市化、教育卫生事业和科技创新的融合发展，培育新能源、信息网络、新材料与智能绿色制造、卫生健康和空间海洋产业等有广泛带动作用的战略性新兴产业，引领高技术产业跨越发展。

五、中国高技术产业竞争态势

竞争态势表征了产业竞争力演进方向和动力，主要体现在资源转化能力、市场竞争能力、技术创新能力和比较优势4个方面。中国高技术产业国际竞争力不仅取决于竞争实力、竞争潜力和竞争环境，还受到产业竞争态势的影响。

1. 资源转化能力竞争态势

资源转化能力竞争态势反映了产值利润率、全员劳动生产率和工业增加值率的变化趋势，是把握资源转化能力发展趋势的重要前提。

1995～2008年，中国高技术产业产值利润率有不同程度下降。1995～2000年，中国高技术产业产值利润率从5.49%增加到7.04%，年均增幅为5.09%；2000～2003年，中国高技术产业产值利润率快速下滑，从7.04%下降到4.68%，年均降幅高达12.07%；2004～2008年，中国高技术产业产值利润率震荡中略有回升，从4.49%震荡上升到4.54%，年均增幅为0.26%，如表11所示。

表11　中国高技术产业资源转化能力指标（1995～2008年）

行业	指标	1995	2000	2003	2004	2005	2006	2007	2008
制造业	工业增加值率/%	—	27.91	27.93	26.23	25.52	26.25	25.60	—
	产值利润率/%	—	4.01	5.50	5.69	5.10	4.89	5.94	4.68
	劳动生产率/(万元/人·年)	—	5.23	9.21	10.52	11.70	13.69	15.67	—

① European Commission. The 2009 EU Industrial R&D Investment Scoreboard. Luxembourg: Office for Official Publications of the European Communities, 2009.

② 数据来源：张晓强．中国高技术产业发展年鉴（2009）．北京：北京理工大学出版社，2009.

续表

行业	指标	1995	2000	2003	2004	2005	2006	2007	2008
高技术产业	工业增加值率/%	27.63	26.69	23.57	21.42	22.43	22.75	21.40	—
	产值利润率/%	5.49	7.04	4.68	4.49	3.99	4.05	4.49	4.54
	劳动生产率/(万元/人·年)	2.74	7.36	12.18	12.71	13.77	14.57	14.60	—
医药制造业	工业增加值率/%	27.79	35.45	35.87	36.25	36.63	36.22	36.47	—
	产值利润率/%	6.60	8.28	10.79	10.18	9.36	8.79	10.80	11.16
	劳动生产率/(万元/人·年)	2.69	6.71	9.90	11.05	13.46	14.39	17.23	—
航空航天器制造业	工业增加值率/%	29.47	26.65	25.44	29.73	25.94	28.47	28.34	—
	产值利润率/%	0.55	0.13	3.08	3.85	3.84	5.29	6.03	5.38
	劳动生产率/(万元/人·年)	1.32	2.20	4.14	5.35	6.75	7.73	9.32	—
电子计算机及办公设备制造业	工业增加值率/%	30.15	19.94	16.80	13.17	16.31	16.22	14.79	—
	产值利润率/%	2.56	5.12	2.72	2.30	2.32	2.14	2.91	3.19
	劳动生产率/(万元/人·年)	6.01	15.05	18.17	15.69	18.62	17.50	16.56	—
电子及通信设备制造业	工业增加值率/%	26.58	25.07	24.78	23.64	23.42	23.85	22.19	—
	产值利润率/%	6.68	7.80	4.54	4.95	3.93	4.19	4.04	3.69
	劳动生产率/(万元/人·年)	3.82	10.59	13.76	13.89	13.57	14.61	14.02	—
医疗设备及仪器仪表制造业	工业增加值率/%	31.02	30.19	28.92	30.94	28.59	30.82	28.30	—
	产值利润率/%	1.79	5.16	7.45	6.06	7.15	7.33	8.25	8.58
	劳动生产率/(万元/人·年)	1.37	3.46	5.94	7.36	8.89	11.18	11.92	—

数据来源：国家统计局，国家发展和改革委员会，科学技术部．中国高技术产业统计年鉴2008．北京：中国统计出版社．2008；国家统计局，国家发展和改革委员会．2009工业企业科技活动统计资料．北京：中国统计出版社．2009.

— 表示数据未统计，余同。

中国医药制造业和医疗设备及仪器仪表制造业产值利润率呈上升态势。1995～2000年，中国医药制造业和医疗设备及仪器仪表制造业产值利润率分别从6.60%和

1.79%提高到8.28%和5.16%，年均增幅为4.65%和23.55%；2000~2003年，中国医药制造业和医疗设备及仪器仪表制造业产值利润率增长相对较快，分别从8.28%和5.16%增加到10.79%和7.45%，年均增幅达9.23%和13.00%；2004~2008年，中国医药制造业产值利润率呈震荡上升态势，从10.18%震荡增加到11.16%，年均增幅2.35%，中国医疗设备及仪器仪表制造业产值利润率呈持续上涨态势，从6.06%持续增加到8.58%，年均增幅9.10%，如表11所示。

1995~2008年，中国航空航天器制造业产值利润率呈先抑后扬的增长态势。中国航空航天器制造业产值利润率从1995年的0.55%下降到2000年的0.13%，年均降幅达25.02%；2000~2003年，中国航空航天器制造业产值利润率从0.13%快速增加到3.08%，年均增幅高达187.79%；2004~2008年，中国航空航天器制造业产值利润率震荡中有所增长，从3.85%震荡增加到5.38%，年均增幅为8.73%。

1995~2000年，中国电子计算机及办公设备制造业产值利润率从2.56%增加到5.12%，年均增幅为14.85%；2000~2003年，中国电子计算机及办公设备制造业产值利润率显著下滑，从5.12%降到2.72%，年均降幅达18.96%；2004~2008年，中国电子计算机及办公设备制造业产值利润率震荡回升，从2.30%震荡上升到3.19%，年均增幅为8.47%。中国电子及通信设备制造业产值利润率从1995年的6.68%增加到2000年的7.80%，年均增幅为3.17%；2000~2003年，中国电子及通信设备制造业产值利润率大幅下滑，从7.80%快速下降到4.54%，年均降幅达16.49%；2004~2008年，中国电子及通信设备制造业产值利润率震荡中继续下滑，从4.95%震荡下降到3.69%，年均降幅为7.08%，如表11所示。

中国高技术产业工业增加值率呈下降态势，从1995年27.63%震荡下降到2007年21.40%，年均降幅2.11%。中国高技术产业全员劳动生产率有较大提升。1995~2007年，中国高技术产业劳动生产率从2.74万元/(人·年)持续增加到14.60万元/(人·年)，年均增幅高达14.98%。其中，医疗设备及仪器仪表制造业、航空航天器制造业和医药制造业全员劳动生产率增幅显著，分别从1.37万元/(人·年)、1.32万元/(人·年)和2.69万元/(人·年)持续增加到11.92万元/(人·年)、9.32万元/(人·年)和17.23万元/(人·年)，年均增幅分别为19.78%、17.69%和16.73%；电子计算机及办公设备制造业与电子及通信设备制造业全员劳动生产率增速相对缓慢，分别从6.01万元/(人·年)和3.82万元/(人·年)增加到16.56万元/(人·年)和14.02万元/(人·年)，年均增幅分别为8.81%和11.45%，如表11所示。

从资源转化能力发展态势来看，中国高技术产业资源转化能力总体呈震荡下降趋势，生产要素转化为产品和服务的效率和效益总体下滑，迫切需要尽快提升产业技术能力，在高端技术和产品上抢占制高点，遏止产业利润持续走低趋势。

2. 市场竞争能力竞争态势

市场竞争能力竞争态势主要反映产品目标市场份额和贸易竞争指数的变化趋势，是把握高技术产业市场竞争格局演进的重要前提。

中国高技术产业国际市场竞争能力不断提高，高技术产品进口和出口总额呈持续上升态势，贸易顺差逐年扩大，贸易竞争指数不断震荡上扬。2003～2008 年，中国高技术产业出口额从 1103.2 亿美元快速增加到 4128.3 亿美元，年均增幅高达 30.20%；同期，中国高技术产业进口额从 1193.0 亿美元持续增加到 3390.2 亿美元，年均增幅为 23.23%。2003 年中国高技术产品贸易逆差为 89.8 亿美元，2004 年中国高技术产品首次出现贸易顺差（41.1 亿美元），2008 年贸易顺差则高达 738.1 亿美元。同期，在全球市场，中国高技术产品贸易竞争指数从 -0.0391 震荡增长到 0.0982，如图 3 和表 12 所示。

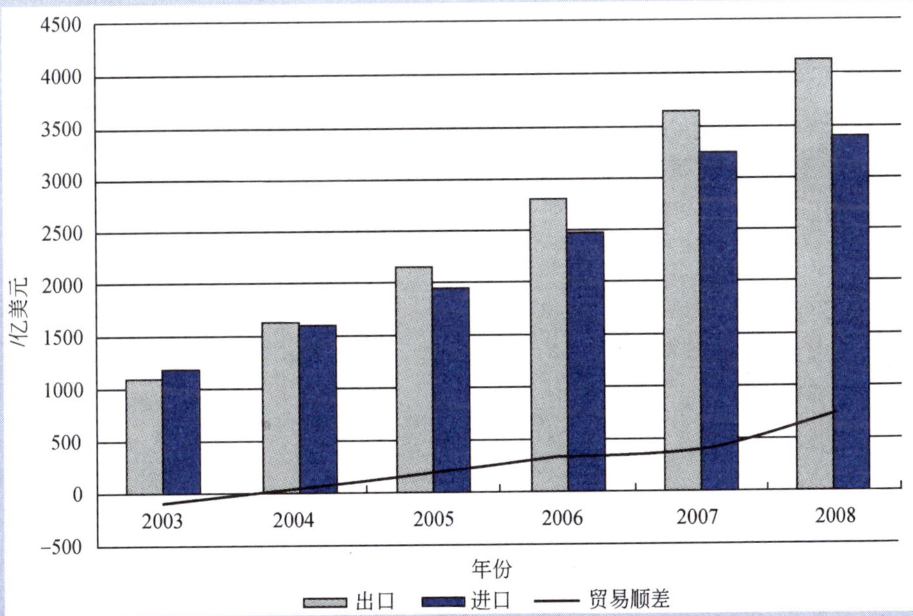

图 3　中国高技术产品进出口情况（2003～2008 年）

数据来源：国家发展和改革委员会高技术产业司，商务部机电和科技产业司，科技部发展计划司，海关总署综合统计司. 2003～2008 年中国高新技术产品进出口数据汇编.

中国高技术产品对美国、欧盟、东盟、日本等目标市场进出口规模和市场竞争力均有不同程度增长。2003～2008 年，中国高技术产品对美国市场出口呈持续增长态势，从 267.11 亿美元增加到 773.33 亿美元，进口则呈震荡上升态势，从 118.78 亿美元增加到 232.65 亿美元，贸易顺差从 148.33 亿美元增加到 540.68 亿美元，贸易竞争指数从 0.3844 震荡上升到 0.5375，显示出中国高技术产品在美国市场的竞争力逐渐增强。同期，中国高技术产品对欧盟市场进出口数额快速上涨，贸易顺差不断扩大，从 136.41 亿美元持续快速增加到 677.86 亿美元，贸易竞争指数从 0.3884 持续提高到 0.5359，显示出中国高技术产品在欧盟市场的竞争力也呈不断提升态势。在东盟、日本和韩国市场，中国高技术产品进出口数额持续增加，贸易逆差则呈上升态势，分别从 131.16 亿美元、119.29 亿美元和 89.57 亿美元震荡增加到 278.64 亿美元、226.33 亿美元和 323.96 亿美元，贸易竞争指数震荡中略有增加，分别从 －0.4330、－0.3351 和 －0.5936 增加到 －0.3107、－0.3273 和 －0.4495。在印度市场和俄罗斯市场，中国高技术产品市场竞争力快速提升，贸易顺差从 6.24 亿美元和 －6.08 亿美元增加到 76.64 亿美元和 36.26 亿美元，贸易竞争指数则从 0.7862 和 －0.3853 持续提高到 0.9498 和 0.8379，但中国在印度市场和俄罗斯市场贸易活动仍然偏小，2008 年中国在印度市场和俄罗斯市场进出口数额仅占中国同期高技术产品进出口总额的 1.65%，如表 12 所示。

表 12　中国高技术产品对目标市场进出口情况（2003～2008 年）

		2003	2004	2005	2006	2007	2008
全球市场	出口/亿美元	1103.2	1655.4	2182.5	2814.9	3651	4128.3
	进口/亿美元	1193	1614.3	1977.1	2473.1	3253	3390.2
	贸易顺差/亿美元	－89.8	41.1	205.4	341.8	398	738.1
	贸易竞争指数	－0.0391	0.0126	0.0494	0.0646	0.0576	0.0982
美国市场	出口/亿美元	267.11	402.15	520.38	660.97	738.70	773.33
	进口/亿美元	118.78	145.78	161.11	224.09	234.28	232.65
	贸易顺差/亿美元	148.33	256.36	359.27	436.88	504.42	540.68
	贸易竞争指数	0.3844	0.4679	0.5272	0.4936	0.5184	0.5375
欧盟市场	出口/亿美元	243.81	373.31	500.87	610.11	844.36	971.34
	进口/亿美元	107.40	145.88	165.60	204.32	257.87	293.48
	贸易顺差/亿美元	136.41	227.43	335.26	405.79	586.49	677.86
	贸易竞争指数	0.3884	0.4381	0.5030	0.4983	0.5321	0.5359

续表

		2003	2004	2005	2006	2007	2008
东盟市场	出口/亿美元	85.87	130.76	159.65	219.25	277.45	309.08
	进口/亿美元	217.03	297.38	393.59	467.25	586.84	587.72
	贸易顺差/亿美元	-131.16	-166.61	-233.94	-248.00	-309.39	-278.64
	贸易竞争指数	-0.4330	-0.3892	-0.4229	-0.3613	-0.3580	-0.3107
日本市场	出口/亿美元	118.35	158.01	177.72	187.41	214.11	232.63
	进口/亿美元	237.64	298.39	303.77	352.70	440.18	458.96
	贸易顺差/亿美元	-119.29	-140.38	-126.05	-165.29	-226.06	-226.33
	贸易竞争指数	-0.3351	-0.3076	-0.2618	-0.3060	-0.3455	-0.3273
韩国市场	出口/亿美元	30.66	62.49	70.65	91.14	127.35	198.35
	进口/亿美元	120.23	178.46	258.69	325.83	515.60	522.31
	贸易顺差/亿美元	-89.57	-115.96	-188.04	-234.70	-388.25	-323.96
	贸易竞争指数	-0.5936	-0.4813	-0.5710	-0.5629	-0.6039	-0.4495
印度市场	出口/亿美元	7.09	15.21	21.78	39.52	68.07	78.67
	进口/亿美元	0.85	1.12	1.45	1.61	1.91	2.02
	贸易顺差/亿美元	6.24	14.09	20.33	37.90	66.17	76.64
	贸易竞争指数	0.7862	0.8624	0.8755	0.9216	0.9455	0.9498
俄罗斯市场	出口/亿美元	4.85	6.18	9.91	15.04	26.90	39.77
	进口/亿美元	10.93	4.85	2.65	1.61	2.13	3.51
	贸易顺差/亿美元	-6.08	1.33	7.26	13.43	24.77	36.26
	贸易竞争指数	-0.3853	0.1205	0.5777	0.8071	0.8533	0.8379

数据来源：国家发改委高技术产业司，商务部机电和科技产业司，科技部发展计划司，海关总署综合统计司.2003~2008年中国高新技术产品进出口数据汇编.

在全球市场，与美国、德国和法国相比，中国高技术产品国际市场竞争力相对较强，市场竞争能力呈上升态势。1995~2006年，美国和法国的高技术产业贸易竞争指数分别从-0.047和0.049震荡下降到-0.105和0.029，德国高技术产业贸易竞争指数从-0.006震荡上升到0.025，均低于中国2006年高技术产品贸易竞争指数。然而，日本高技术产业国际市场竞争力远高于中国高技术产业，2006年日本高技术产业贸易竞争指数为0.142，虽然低于1995年0.407的水平，但远高于中国高技术产业贸易竞争指数。英国高技术产业在国际市场也具有较强竞争力，贸易竞争指数从0.028增加到0.085，略高于中国2006年高技术产业贸易竞争指数，如表13所示。

表 13　部分发达国家高技术产业贸易竞争指数（全球市场，1995～2006 年）

	1995	1996	1997	1998	1999	2000	2001	2002	2003	2004	2005	2006
美国	-0.047	-0.011	0.014	0.005	-0.024	-0.059	-0.034	-0.085	-0.105	-0.123	-0.125	-0.105
日本	0.407	0.313	0.322	0.315	0.281	0.268	0.202	0.197	0.201	0.204	0.16	0.142
德国	-0.006	-0.003	0.017	-0.01	-0.003	-0.015	0.019	0.015	0.029	0.052	0.04	0.025
法国	0.049	0.045	0.057	0.046	0.051	0.034	0.057	0.068	0.04	0.025	0.017	0.029
英国	0.028	0.023	0.023	0.019	-0.006	-0.037	0.032	0.04	-0.026	-0.08	0.000	0.085

数据来源：OECD. Stan database for structural analysis（2008）2008.

从市场竞争能力竞争态势看，中国高技术产业市场竞争力呈总体上升态势，高技术产品在全球市场贸易顺差不断增加，贸易竞争指数呈增加态势。在美国、欧盟、东盟、日本和韩国等主要目标市场，中国高技术产品市场竞争能力也呈上升态势，贸易竞争指数均有不同程度增长。

3. 技术创新能力竞争态势

技术创新能力竞争态势主要反映产业技术能力、技术投入和创新活力等指数变化情况。

1995～2008 年，中国高技术产业技术投入总体呈震荡上升态势。1995～2000 年，中国高技术产业研发人员比例和研发经费强度有较快增长，分别从 2.24% 和 0.73% 增加到 4.09% 和 1.83%；2000～2003 年呈下滑态势，分别从 4.09% 和 1.83% 下降到 3.85% 和 1.31%；2004～2008 年呈震荡上升态势，分别从 3.11% 和 1.25% 震荡上升到 2008 年的 4.09% 和 1.41%，如表 14 所示。

中国医药制造业研发人员比例和研发经费强度呈持续上升态势，分别从 1995 年的 1.58% 和 0.75% 持续增加到 2008 年的 4.50% 和 1.74%。中国航空航天器制造业研发投入相对较高，研发人员比例与研发经费强度分别从 1995 年的 4.26% 和 2.57% 震荡增加到 2008 年的 6.61% 和 4.80%。2000～2003 年，中国电子计算机及办公设备制造业研发人员比例和研发经费强度呈下降态势，2004～2008 年震荡中略有回升，但远低于高技术产业的平均水平。2000～2008 年，中国电子及通信设备制造业研发人员比例从 4.08% 震荡上升到 4.47%，研发经费强度震荡中略有下降。1995～2008 年，中国医疗设备及仪器仪表制造业研发人员比例和研发经费强度呈快速上升态势，分别从 2.00% 和 0.93% 震荡增加到 4.82% 和 1.97%，如表 14 所示。

表 14　中国高技术产业技术投入指标（1995～2008 年）　　（单位:%）

		1995	2000	2003	2004	2005	2006	2007	2008
制造业	研发人员比例	—	1.35	1.73	1.38	1.79	1.84	2.13	2.33
	研发经费强度	—	0.80	0.83	0.80	0.85	0.88	0.90	0.96
	技术改造经费比例	—	2.47	2.11	2.09	1.80	1.54	1.44	1.37
	消化吸收经费比例	3.63	7.51	6.64	14.33	22.65	25.70	23.07	24.87
高技术产业	研发人员比例	2.24	4.09	3.85	3.11	3.67	3.46	3.99	4.09
	研发经费强度	0.73	1.83	1.31	1.25	1.26	1.31	1.29	1.41
	技术改造经费比例	3.35	1.72	0.91	0.80	0.55	0.49	0.50	0.47
	消化吸收经费比例	7.80	7.16	6.04	11.18	32.42	14.00	10.50	17.81
医药制造业	研发人员比例	1.58	2.09	2.52	2.09	2.66	3.26	3.75	4.50
	研发经费强度	0.75	1.26	1.42	1.42	1.49	1.75	1.77	1.74
	技术改造经费比例	4.77	2.68	2.41	2.88	1.65	1.60	1.27	1.13
	消化吸收经费比例	13.36	26.67	25.98	40.85	97.64	108.71	140.31	94.98
航空航天器制造业	研发人员比例	4.26	6.99	8.47	9.14	10.10	9.44	9.15	6.61
	研发经费强度	2.57	3.92	4.14	5.35	3.69	4.36	4.42	4.80
	技术改造经费比例	5.02	4.39	6.36	6.13	4.89	4.23	5.42	3.07
	消化吸收经费比例	0.75	6.52	1.66	4.73	4.73	9.32	16.36	5.98
电子计算机及办公设备制造业	研发人员比例	1.70	4.56	2.42	2.01	2.00	2.27	2.33	2.11
	研发经费强度	0.32	1.76	0.46	0.46	0.43	0.61	0.57	0.52
	技术改造经费比例	0.96	0.44	0.15	0.10	0.05	0.09	0.04	0.07
	消化吸收经费比例	12.03	7.88	0.87	3.88	7.67	4.50	9.97	94.58
电子及通信设备制造业	研发人员比例	1.58	4.08	3.92	2.98	3.78	3.31	4.17	4.47
	研发经费强度	0.39	1.82	1.63	1.60	1.63	1.53	1.51	1.75
	技术改造经费比例	2.63	1.39	0.69	0.72	0.42	0.35	0.39	0.45
	消化吸收经费比例	8.21	4.16	5.56	9.73	34.05	10.24	5.86	9.08
医疗设备及仪器仪表制造业	研发人员比例	2.00	3.41	3.90	3.45	3.74	3.90	4.45	4.82
	研发经费强度	0.93	1.64	1.97	1.75	1.82	1.65	1.83	1.97
	技术改造经费比例	4.02	2.17	1.63	1.41	1.26	1.45	1.23	0.97
	消化吸收经费比例	8.99	7.03	8.92	33.11	143.74	42.24	49.36	35.30

数据来源：国家统计局，国家发展和改革委员会，科学技术部．中国高技术产业统计年鉴 2008. 北京：中国统计出版社．2008；国家统计局，国家发展和改革委员会．2009 工业企业科技活动统计资料．北京：中国统计出版社．2009.

整体而言，中国高技术产业在产业规模扩张的同时日益重视引进技术的消化吸收。1995~2008 年，中国高技术产业技术改造经费比例从 3.35% 震荡下降到 0.47%，消化吸收经费比例从 7.80% 震荡上升到 17.81%。同期，中国医药制造业和航空航天器制造业也日益重视引进技术的消化吸收，技术改造经费比例均呈下降态势，消化吸收经费比例分别从 13.36% 和 0.75% 提高到 94.98% 和 5.98%。中国电子及通信设备制造业和医疗器械及仪器仪表制造业技术改造经费比例呈下降态势，消化吸收经费比例分别从 8.21% 和 8.99% 震荡上升到 9.08% 和 35.30%。值得指出的是，中国电子计算机及办公设备制造业技术改造经费比例从 0.96% 震荡下降到 0.07%，消化吸收经费比例也逐年下降，2007 年下降到 5.86%①，技术投入能力与其他产业相比差距巨大，如表 14 所示。

中国高技术产业新产品开发能力有较大提升。1995~2000 年，中国高技术产业新产品销售率从 21.89% 快速增加到 40.86%，年均增幅高达 13.29%；2000~2003 年，中国高技术产业新产品销售率有较大降幅，从 40.86% 下滑到 26.52%，年均降幅达 13.42%；2004~2008 年，中国高技术产业新产品销售率震荡中略有回升，从 26.07% 震荡上升到 27.81%，年均增幅为 1.63%。1995~2008 年，中国高技术产业新产品出口销售率呈震荡上升态势，从 12.91% 震荡上升到 49.24%，年均增幅高达 10.85%。其中，电子计算机及办公设备制造业和电子及通信设备制造业新产品开发能力有显著提升，电子计算机及办公设备制造业新产品销售率和新产品出口销售率分别从 21.43% 和 39.51% 震荡增加到 27.12% 和 57.44%，电子及通信设备制造业新产品销售率和新产品出口销售率分别从 26.66% 和 12.05% 震荡上升到 29.34% 和 53.65%，如表 15 所示。

表 15　中国高技术产业产业技术与创新活力指标（1995~2008 年）

		1995	2000	2003	2004	2005	2006	2007	2008
制造业	新产品销售率/%	—	18.89	17.16	18.17	17.05	17.57	18.19	18.87
	新产品出口销售率/%	—	16.65	18.29	23.81	23.08	23.60	24.34	25.96
	专利申请量/项	3 343	11 139	29 810	40 925	53 843	67 227	93 576	118 050
	发明专利拥有量/项	2 189	6 054	14 654	17 101	21 870	28 168	42 455	54 223
	单位产值发明专利拥有量/(项/亿元)	—	0.15	0.18	0.15	0.16	0.16	0.19	0.20

① 2008 年数据异常，难以解释，暂作数据畸点处理。

续表

		1995	2000	2003	2004	2005	2006	2007	2008
高技术产业	新产品销售率/%	21.89	40.86	26.52	26.07	24.02	23.60	24.46	27.81
	新产品出口销售率/%	12.91	27.31	31.38	44.67	38.56	40.51	42.24	49.24
	专利申请量/项	612	2 245	8 270	11 026	16 823	24 301	34 446	39 656
	发明专利拥有量/项	410	1 443	3 356	4 535	6 658	8 141	13 386	23 915
	单位产值发明专利拥有量/(项/亿元)	0.16	0.23	0.20	0.20	0.23	0.23	0.32	0.51
医药制造业	新产品销售率/%	10.74	15.93	15.63	19.64	17.55	18.91	19.15	20.86
	新产品出口销售率/%	10.75	8.93	12.58	13.73	15.15	13.00	19.74	15.42
	专利申请量/项	273	547	1 305	1 696	2 708	2 383	3 056	3 917
	发明专利拥有量/项	183	414	459	902	1 134	1 965	2 482	3 170
	单位产值发明专利拥有量/(项/亿元)	0.31	0.38	0.24	0.44	0.42	0.64	0.64	0.66
航空航天器制造业	新产品销售率/%	23.27	23.09	39.97	45.04	44.75	39.87	39.30	43.65
	新产品出口销售率/%	3.22	9.52	4.15	2.39	2.02	4.07	3.13	4.92
	专利申请量/项	94	79	282	155	328	510	810	1036
	发明专利拥有量/项	87	139	141	73	192	228	270	400
	单位产值发明专利拥有量/(项/亿元)	0.33	0.38	0.26	0.15	0.25	0.29	0.28	0.36
电子计算机及办公设备制造业	新产品销售率/%	21.43	81.76	17.02	15.71	20.63	24.97	19.68	27.12
	新产品出口销售率/%	39.51	45.76	64.25	61.17	55.96	57.89	39.79	57.44
	专利申请量/项	12	263	1 243	1 334	1 863	3 221	3 266	4 540
	发明专利拥有量/项	9	131	271	711	473	1 174	3 210	3 344
	单位产值发明专利拥有量/(项/亿元)	0.06	0.20	0.05	0.09	0.05	0.10	0.22	0.21
电子及通信设备制造业	新产品销售率/%	26.66	43.60	34.37	34.12	26.72	23.11	28.02	29.34
	新产品出口销售率/%	12.05	24.47	25.21	45.16	35.85	35.59	48.76	53.65
	专利申请量/项	145	1 099	4 890	6 986	11 022	16 708	24 680	25 909
	发明专利拥有量/项	84	589	2 100	2 453	4 268	3 807	6 532	15 418
	单位产值发明专利拥有量/(项/亿元)	0.06	0.16	0.24	0.21	0.29	0.21	0.30	0.65

续表

		1995	2000	2003	2004	2005	2006	2007	2008
医疗设备及仪器仪表制造业	新产品销售率/%	20.90	24.70	27.38	21.44	20.44	18.93	23.06	23.02
	新产品出口销售率/%	13.90	16.55	16.12	20.42	26.37	22.85	38.49	24.88
	专利申请量/项	88	257	550	855	902	1 479	2 634	4 254
	发明专利拥有量/项	47	170	385	396	591	967	892	1 583
	单位产值发明专利拥有量/(项/亿元)	0.31	0.63	0.90	0.65	0.64	0.75	0.52	0.74

数据来源：国家统计局，国家发展和改革委员会，科学技术部．中国高技术产业统计年鉴 2008．北京：中国统计出版社．2008；国家统计局，国家发展和改革委员会．2009 工业企业科技活动统计资料．北京：中国统计出版社．2009.

中国高技术产业创新活力快速提升，专利总量快速增长，单位产值对应发明专利拥有量显著增加。1995～2008 年，中国高技术产业专利申请量和发明专利拥有量分别从 612 项和 410 项持续增加到 39 656 项和 23 915 项，年均增幅分别高达 37.83% 和 36.72%，每亿元产值对应发明专利拥有量从 0.16 项震荡增加到 0.51 项。其中，电子计算机及办公设备制造业和电子及通信设备制造业专利数量有较快增加，专利申请量分别从 1995 年的 12 项和 145 项增加到 2008 年的 4540 项和 25 909 项，年均增幅高达 57.87% 和 49.02%，发明专利拥有量分别从 9 项和 84 项持续增加到 3344 项和 15 418 项，年均增幅分别高达 57.65% 和 49.33%。值得指出的是，电子计算机及办公设备制造业单位产值对应发明专利拥有量虽有所增长但处于较低水平，2008 年仅为 0.21 项/亿元。医药制造业、航空航天器制造业和医疗设备及仪器仪表制造业专利申请量和发明专利拥有量均有不同程度增加，单位产值对应发明专利拥有量也分别从 0.31 项/亿元、0.33 项/亿元和 0.31 项/亿元震荡增加到 0.66 项/亿元，0.36 项/亿元和 0.74 项/亿元，如表 15 所示。

与发达国家相比，中国高技术领域专利数量还有较大差距。2000～2008 年，中国电气工程、仪器仪表、制药、机械工程领域 PCT 专利申请量共 5504 项，是 2000 年的 23.72 倍。电气工程和机械领域 PCT 专利申请量分别为 3655 项和 949 项，分别是 1995 年的 40.16 倍和 13.75 倍。仪器仪表和制药领域 PCT 专利申请量相对较少，2008 年仅为 540 项和 360 项。美国 2008 年电气工程、仪器仪表、制药、机械工程领域 PCT 专利申请量共 48 759 项，比 1995 年增加 19 117 项，4 个技术领域 2008 年 PCT 专利申请量分别为 21 422 项、12 863 项、5441 项和 9033 项，远高于中国同期水平。日本、德国和法国在电气工程、仪器仪表、制药、机械工程 4 个技术领域

PCT 专利申请量分别为 30 130 项、17 125 项和 6101 项，均高于中国该领域 PCT 专利申请量。英国 2008 年四个技术领域 PCT 专利申请量为 4440 项，比 1995 年增加 936 项，低于中国 PCT 专利申请量，如表 16 所示。综合考虑高技术产业规模和高技术领域 PCT 专利申请量，中国高技术产业的技术创新能力与英国仍然有较大差距。

表 16 中国和部分发达国家 PCT 专利申请量（2000～2008 年）（单位：项）

		2000	2001	2002	2003	2004	2005	2006	2007	2008
中国	合计	232	1 061	728	802	1 065	1 480	2 418	3 915	5 504
	电气工程	91	197	236	385	552	870	1 443	2 665	3 655
	仪器仪表	39	64	73	108	115	161	272	354	540
	制药	33	665	253	108	162	171	237	240	360
	机械工程	69	135	166	201	236	278	466	656	949
美国	合计	30 642	39 309	39 509	39 573	34 990	41 210	44 370	47 226	48 759
	电气工程	12 614	18 348	17 748	16 409	14 087	16 704	17 954	20 624	21 422
	仪器仪表	8 166	9 900	10 649	11 493	10 028	11 366	12 386	12 873	12 863
	制药	3 646	4 109	3 973	3 961	3 842	4 895	5 300	5 140	5 441
	机械工程	6 216	6 952	7 139	7 710	7 033	8 245	8 730	8 589	9 033
日本	合计	6 749	9 794	11 450	14 116	16 151	20 584	27 060	27 972	30 130
	电气工程	3 374	5 101	6 105	7 122	8 725	10 784	14 337	14 724	15 743
	仪器仪表	1 173	1 588	1 785	2 416	2 488	3 297	4 301	4 457	4 843
	制药	503	754	840	962	1 029	1 309	1 633	1 447	1 397
	机械工程	1 699	2 351	2 720	3 616	3 909	5 194	6 789	7 344	8 147
德国	合计	10 446	12 178	12 309	12 934	13 078	14 515	14 949	15 853	17 125
	电气工程	3 259	3 834	3 769	3 915	3 853	4 098	3 998	4 220	4 579
	仪器仪表	2 428	2 858	2 840	2 952	2 946	3 301	3 444	3 661	3 928
	制药	577	656	845	824	690	817	948	876	845
	机械工程	4 182	4 830	4 855	5 243	5 589	6 299	6 559	7 096	7 773
法国	合计	3 056	3 463	3 826	4 447	3 990	4 512	5 265	5 908	6 101
	电气工程	996	1 348	1 547	1 882	1 652	1 807	2 051	2 410	2 318
	仪器仪表	636	653	687	776	680	820	957	999	1 085
	制药	287	306	323	360	308	335	421	478	505
	机械工程	1 137	1 156	1 269	1 429	1 350	1 550	1 836	2 021	2 193

续表

		2000	2001	2002	2003	2004	2005	2006	2007	2008
英国	合计	3 304	3 826	3 960	3 845	3 527	3 628	3 791	4 049	4 440
	电气工程	1 049	1 492	1 693	1 440	1 181	1 163	1 250	1 423	1 626
	仪器仪表	727	705	661	721	752	755	743	749	825
	制药	376	502	502	472	433	507	614	663	608
	机械工程	1 152	1 127	1 104	1 212	1 161	1 203	1 184	1 214	1 381

数据来源：WIPO. Statistics on the PCT system. 2008；OECD. OECD work on patents. 2008.

从技术创新能力竞争态势看，中国高技术产业技术投入有较大增长，新产品开发能力不断提升，专利申请量和发明专利拥有量快速增加，创新活力有显著提高。但是与发达国家相比，中国高技术产业 PCT 专利申请量存在一定差距并呈缩小态势，如果综合考虑产业规模与 PCT 专利申请量的对应关系，中国高技术产业技术创新能力的差距仍然较大。

4. 比较优势竞争态势

比较优势竞争态势反映了中国劳动力低成本优势和中国高技术产业规模 2 个指标变化趋势。随着社会经济发展水平提高和新劳动法颁布实施，中国高技术产业劳动力成本不断攀升，制造业平均工资从 2002 年的 110.76 美元/月持续提高到 2008 年的 295.24 美元/月，年均增幅达 17.75%。美国制造业平均工资从 2002 年的 2691.04 美元/月持续增加到 2007 年的 3037.76 美元/月，日本从 2002 年的 2422.77 美元/月震荡增加到 2007 年的 2702.66 美元/月，德国从 2002 年的 2597.46 美元/月震荡提高到 2006 年的 3554.77 美元/月，韩国从 2002 年的 1569.08 美元/月震荡上升到 2007 年的 2996.53 美元/月，与发达国家制造业平均工资水平相比，中国劳动力低成本优势仍然明显，如表 17 所示。

表 17　中国与部分发达国家制造业平均工资（2002～2008 年）

（单位：美元/月）

	2002	2003	2004	2005	2006	2007	2008
中国	110.76	125.80	141.29	162.39	190.02	233.47	295.24
美国	2691.04	2770.24	2842.40	2914.56	2958.56	3037.76	—
日本	2422.77	2570.06	2816.40	2455.10	2543.00	2702.66	—

续表

	2002	2003	2004	2005	2006	2007	2008
德国	2597.46	3163.64	3514.85	3240.91	3554.77	—	—
韩国	1569.08	1725.57	2133.12	2365.33	2777.73	2996.53	—
加拿大	2132.15	2672.73	2966.25	3058.75	3190.79	3862.19	—
英国	3090.68	3496.55	3915.91	3784.61	4320.59	4757.56	—

数据来源：国家统计局人口和就业统计司．中国人口和就业统计年鉴2009．北京：中国统计出版社，2009.

注：各种货币对美元折算率参见国家外汇管理局《各种货币对美元折算率表》. http：//www. safe. gov. cn/model_ safe/tjsj/tjsj_ list. jsp？ID＝110300000000000000.

中国高技术产业规模不断扩大。1995～2008年，中国高技术产业总产值（当年价，下同）从2552.28亿元增加持续到47 294.30亿元，年均增幅高达25.18%。其中，电子计算机及办公设备制造业总产值增幅最大，年均增幅高达42.27%；电子及通信设备制造业、医疗设备及仪器仪表制造业、医药制造业产业、航空航天器制造业规模呈持续增长态势，年均增幅分别为24.30%、22.66%、17.60%和11.75%，低于高技术产业平均水平，如表18所示。

表18　中国高技术产业当年价总产值（1995～2008年）（单位：亿元）

	1995	2000	2003	2004	2005	2006	2007	2008
制造业	—	41 137	82 048	112 185	139 773	176 082	223 265	269 596
高技术产业	2 552.3	6 172.6	17 159.9	23 073.4	28 950.6	34 991.5	42 426.0	47 294.3
医药制造业	582.8	1 097.0	1 920.6	2 035.3	2 704.4	3 089.6	3 873.9	4 797.8
航空航天器制造业	260.5	363.8	541.1	472.6	769.1	787.7	976.0	1 104.2
电子计算机及办公设备制造业	159.3	651.6	5 540.8	8 040.8	9 984.8	11 712.4	14 279.4	15 587.7
电子及通信设备制造业	1 400.1	3 790.7	8 729.0	11 918.7	14 568.0	18 118.5	21 579.0	23 678.0
医疗设备及仪器仪表制造业	149.5	269.5	428.4	606.0	924.3	1 283.2	1 717.7	2 126.6

数据来源：国家统计局，国家发展和改革委员会，科学技术部．中国高技术产业统计年鉴2008．北京：中国统计出版社．2008；国家统计局，国家发展和改革委员会．2009工业企业科技活动统计资料．北京：中国统计出版社．2009.

综上所述，中国高技术产业国际竞争力呈良性发展态势，但是与主要发达国家相比仍然存在较大差距，主要表现在：①中国高技术产业市场竞争力不断提升，贸易顺差持续扩大，贸易竞争指数尤其电子计算机及办公设备制造业和电子及通信设备制造业贸易竞争指数大幅增加；②中国高技术产业技术创新能力显著增强，研发人员投入比例和研发经费强度有较快增长，新产品开发能力有较大改善，专利数量呈快速增加态势；③中国高技术产业劳动力成本低、市场空间广阔等比较优势仍然显著，产业规模优势正在显现。④中国高技术产业资源转化能力呈下降态势，工业增加值率和产值利润率不断下滑，技术投入强度和创新效率与效益均远低于主要发达国家。

六、主要研究结论

综合竞争实力、竞争潜力、竞争环境和竞争态势分析，本文提出 4 点结论。

1. 中国高技术产业竞争实力不断增强，但是与发达国家相比差距仍然较大

中国高技术产业产值利润率、全员劳动生产率低于制造业平均水平，仅医药制造业例外。中国高技术产业增加值率约低于主要发达国家 15 ~ 20 个百分点，全员劳动生产率约为主要发达国家的 15% ~ 20%。中国高技术产品在全球市场具有较强国际市场竞争力，2008 年贸易总量已经名列世界第二，顺差高达 738.10 亿美元，主要依赖低成本优势。中国高技术产品在欧盟、美国市场竞争力比在东盟、日本和韩国市场竞争力强。中国高技术产业新产品开发能力远比制造业强。中国高技术产业新产品销售率和新产品出口销售率远高于制造业平均水平。但是，中国高技术产业装备水平仍然不高，微电子控制设备占年末固定资产原价的比重低于“三资”企业。

2. 中国高技术产业竞争潜力不断增强，与发达国家相比比较优势仍然明显

中国高技术产业技术投入水平与发达国家差距显著。中国高技术产业研发人员比例和研发经费强度高于制造业平均水平，但是中国电子计算机及办公设备制造业研发人员比例仅及高技术产业的一半。中国高技术产业技术改造经费比例和消化吸收经费比例分别为 0.47% 和 17.81%，低于制造业平均水平。中国高技术产业研发经费占工业增加值比重（2007 年）仅为 6.0%，比主要发达国家低 15 ~ 34 个百分点。中国高技术产业劳动力低成本优势仍然显著。主要发达国家制造业平均工资是中国的 9 ~ 16 倍。中国高技术产业规模位居世界前两位，高技术产品在国际市场份额近 20%，已形成规模优势。中国高技术产业发展市场空间广阔，中国电话用户数

和网民人数已居世界首位，互联网普及率超过全球平均水平，特别是城市化、信息化与社会事业发展全面融合将为中国高技术产业发展提供巨大市场空间。中国高技术产业每亿元产值对应发明专利拥有量为0.51项，远高于制造业平均水平，单位产值对应PCT专利申请量远低于主要发达国家。

3. 中国高技术产业竞争环境总体向好，创新跨越发展面临重大机遇与挑战

中国高技术产业创新跨越发展面临重大机遇与挑战。金融危机之后，发达国家利用其技术优势，以发展低碳经济、绿色环保、知识产权等为重要手段，推动国际经济秩序重构，强化其全球竞争优势。中国推进高技术产业结构调整与优化升级，探索开发国内高技术产品市场，开创“高端出口带动技术创新，内需拉动支撑经济发展”的新格局。中国转变发展理念，带动了高技术产业发展模式变革，从主要依靠投资和出口拉动向消费、出口和投资协调驱动的发展方式转变。中国创新发展水平与发达国家相比仍然很低，创新能力与发达国家相比仍然较弱，创新型国家仍然任重道远并将进入攻坚阶段，有望获得更大的政策支持。世界正在经历一场以绿色、健康、智能和可持续为特征的技术变革。中国高技术产业国际竞争力与发达国家相比仍然有较大差距，需要通过技术创新和管理创新，推进信息化与城市化、教育卫生事业和科技创新的融合发展，培育新能源、信息网络、新材料与智能绿色制造、卫生健康和空间海洋产业等有广泛带动作用的战略性新兴产业，引领高技术产业跨越发展。

4. 中国高技术产业竞争态势有利向好，与主要发达国家相比差距逐渐缩小

中国高技术产业国际竞争力呈良性发展态势，国际差距逐渐缩小。近年来，中国高技术产业全员劳动生产率持续稳定提高，产值利润率震荡中略有回升，工业增加值率呈下降态势，均低于制造业平均水平；中国高技术产品进出口总额呈持续上升态势，贸易顺差逐年扩大，对美国、欧盟、东盟、日本等目标市场进出口规模和市场竞争力均有不同程度增长；中国高技术产业在产业规模扩张的同时日益重视引进技术的消化吸收，研发人员比例和研发经费强度呈震荡上升态势；中国高技术产业新产品销售率震荡中略有回升，新产品出口销售持续稳定增长；中国高技术产业创新活力快速提升，专利总量快速增长，单位产值对应发明专利拥有量显著增加，与发达国家相比差距仍然较大但呈缩小态势；中国高技术产业劳动力成本低、市场空间广阔等比较优势仍然显著，产业规模优势正在显现。

参 考 文 献

国家统计局，国家发展和改革委员会，科学技术部 . 2009. 中国高技术产业统计年鉴 2009. 北京：中国统计出版社 .

国家统计局，国家发展和改革委员会 . 2009. 2009 工业企业科技活动统计资料 . 北京：中国统计出版社 .

蒋云飞，王昌林，曾智泽 . 2008. 高技术产业 2007 年发展形势及 2008 年展望 . 中国科技投资，3：19 ~ 22.

穆荣平 . 2000. 高技术产业国际竞争力评价方法初步研究 . 科研管理，21（001）：50 ~ 57.

张晓强 . 2009. 中国高技术产业发展年鉴 2009. 北京：北京理工大学出版社 .

中国科学院创新发展研究中心 . 2009. 2009 中国创新发展报告 . 北京：科学出版社 .

中国未来 20 年技术预见研究组 . 2006. 中国未来 20 年技术预见研究报告 . 北京：科学出版社 .

中国未来 20 年技术预见研究组 . 2008. 中国未来 20 年技术预见研究报告（续）. 北京：科学出版社 .

The Evaluation of International Competitiveness of Chinese High-tech Industries

Mu Rongping, Qu Wan, Wang Ting
(Institute of Policy and Management, CAS)

This paper analyzes the international competitiveness of Chinese High-tech industries from four dimensions, including competitive strength, competitive potential, competitive environment, and competitive tendency. Five industries are involved, namely aircraft and spacecraft, electronic and telecommunication equipments, computers and office equipments, pharmaceuticals, and medical equipments and meters manufacturing.

Four conclusions are drawn from the analysis of international competitiveness of Chinese High-tech industries. First of all, the competitive strength of Chinese High-tech industries continues to grow, but there is a huge gap between China and developed countries. The competitiveness of Chinese High-tech products in the international markets keeps enhancing with international trade ranking 2nd in 2008. Industrial technology capacity of Chinese High-tech industries continues to improve as well. However, there is still a huge gap between China and developed countries in terms of resource transformation and technological capacity. For example, the ratio of value added to gross industrial output value of Chinese High-tech industries is very low compared to developed countries, and the value added per capita of Chinese High-tech industries is only 15% to 20% of developed countries.

Secondly, the competitive potential of Chinese High-tech industries keeps developing, but there is still a significant gap compared to developed countries. The industrial scale of Chinese High-tech industries ranks 2nd in the world, and the low-cost advantage of Chinese workers will still last for a certain period. However, the gap of R&D intensity of High-tech industries in terms of the PCT applications per gross industrial output between China and developed countries is big.

Thirdly, the competitive environment of Chinese High-tech industries is favorable in general, with significant opportunities and challenges for leapfrogging and innovative development. Facing the financial crisis, developed countries promote the reconstruction of international economic order and strengthen the competitive advantages by means of developing low carbon and green economy, and IPR. China changes the developing mode, which promotes the development of Chinese High-tech industries to be transformed from an investment and export-driven mode to a harmonious developing mode driven by consumption, export and investment. Besides, strategic emerging industries such as new energy, communication network, new material and intelligent green manufacturing will be greatly developed to lead the leapfrogging of Chinese High-tech industries.

Last but not least, the competitive tendency of Chinese High-tech industries is improving with a narrowing gap between China and developedt countries. In terms of the value added per capita and the ratio of export sales of new products, Chinese High-tech industries keep growing steadily. And the profit per gross industrial output is growing as well with some fluctuation. The ratio of R&D personnel and the R&D intensity of Chinese High-tech industries show a rising trend with some fluctuation. The international trade of Chinese High-tech products continues to grow with an increasing surplus. There is still remarkable advantage of Chinese High-tech industries considering the low-cost labor and the broad market. Besides, innovation capacity of Chinese High-tech industries is enhancing. Compared to developed countries, the gap of innovation capacity of Chinese High-tech industries still exists but is narrowing.

第六章 高技术与社会

6.1 现代技术的社会风险及其应对

张文霞 赵延东
（中国科学技术发展战略研究院）

一、科学技术、风险与风险社会

科学技术发展到今天，已经成为一个对人类社会生活有着广泛而复杂影响的大系统，它如同一柄双刃剑，在给人类带来福祉的同时，也潜藏着对人类社会和自然生态、环境的各种威胁，成为现代社会风险的重要根源之一。在某种程度上，现代科学技术已经成为悬在人类头顶的一把达摩克利斯之剑，不知道何时会掉下来给人类以毁灭性的打击。正如德国社会学家贝克所指出的，由现代科学技术飞速发展所带来的各种可能风险（如化学污染、核辐射、转基因等）在一定程度上已经超越了人类思维所能达到的范围，对这些风险的防范和治理也已经具备了人类意识所无法企及的特征；当人类试图去控制自然和传统，并试图控制由此产生的种种难以预料的后果时，人类就面临着越来越多的风险[1]。

现代风险高度具有不确定性和不可预测性，没有任何专家或专家系统可以将这种不确定性转化为确定性。我们曾经相信，随着人类知识的不断发展，人们终将认识各种技术及其产品的潜藏风险，并对其做出有效的防范。但事实是现有的科学技术知识根本不可能穷尽对科技发展所可能带来的潜在威胁，从某种意义上说，现代风险正是现代科学技术发展到一定程度时的产物，科学技术发展得越快，风险就越多、越明显[1]。对于转基因产品、纳米材料等高技术的可能危害，科学研究至今还没有得到确切的结论。可以说，人类知识越多，人类对科技风险后果认识的任务也就越艰巨。由于现代技术的高度专业性和复杂性，任何个人的经验和知识都显得捉襟见肘。因此，人们的信任从“个人信任”转为“系统信任”，从个人经验转为系统的研究和评估。科学家和技术专家的知识成为人们安全感的重要基础[2]。但在很多时候，专家在面临新风险时也往往难以对其做出准确的说明与预测，这将大大动摇人们对于“专家系统”的基本信任，并有可能带来整个社会的信任缺失和心理危机，从而加大了风险治理的难度。

现代风险的影响具有前所未有的广泛性，已经成为一种普遍的存在，种类繁多、影响的地域范围大，其不良后果不仅涉及环境和健康，而且可能涉及产业发展、整个国家的经济运行以及社会稳定。在全球化的背景下，现代风险所造成的影响将不再限制在某个空间区域，而是极易迅速地放大、快速传播到其他地区，甚至会突破传统的民族国家的疆界，波及全世界。例如，大家所熟知的“非典”（传染性非典型肺炎，SARS）、“疯牛病”等，都是由一个国家内部开始，然后迅速扩散，直到最后造成世界性的灾难。这也是现代社会风险与传统社会风险的重要区别之一。有鉴于此，贝克在《世界风险社会》一书中指出：现代社会风险是世界性的、全球化的，因此“风险社会”实质上就是一个“世界风险社会”[3]。由科学技术发展所带来的各种风险，不能仅依靠单一国家去解决，更需要全社会和全人类的共同努力。

尽管现代风险有着其客观发生的事实基础，但其同时也是一种社会和文化概念，风险的社会影响是一个“社会建构”（social construction）的过程，它在很大程度上依赖于人们主观建构起来的风险感知（risk perception）。技术风险的危害与后果与其说是一种“技术事实”，倒不如说是一种“社会事实”（social fact）。许多研究都揭示，由于现代信息技术的普遍应用，关于某种风险可能产生某些后果的消息以及由此导致的恐惧感和不信任感往往会借助现代信息手段，以数倍于实际灾害的传播速度在社会公众中迅速传播蔓延，并在社会传播的过程中被放大、扭曲。人们对风险事件所产生的不安全感、恐惧和猜疑对社会所带来的影响，远比灾害本身严重得多，甚至可能引发大范围的社会恐慌和混乱。因此，现代技术安全的问题不仅涉及技术上的安全性，而且更重要的是涉及人们心理上的安全性；技术不仅要“安全”，而且要使人“安心”；技术风险的管理不仅要重视技术的研究和评估，更要重视其社会管理。

贝克等指出，正是由于现代风险与传统风险的本质和特征上存在以上的差异，现代世界已经步入一个与传统的现代化社会完全不同的“风险社会”（risk society）。在“风险社会”中，我们所面临的问题、挑战以及整个社会的运行逻辑已经与以往的社会有了根本性的区别。如果说工业社会的基本动力机制是基于财富分配的社会不平等的话，那么“风险社会”的基本动力机制就是面临社会风险威胁的一种共同的恐惧感。“风险社会”的概念在提醒我们：科学技术在给人类带来福祉的同时，也给社会带来大量潜在的风险。警惕、防范技术风险并与其可能的风险进行斗争，将是人类未来所面临的一场无休止的斗争。

二、技术的社会风险

技术的社会风险的表现是各式各样的。总的来说，其可能的风险主要有以下几个方面。

（1）技术设施故障和事故的风险，它可能带来对人身健康的伤害以及对环境的污染。典型的如核电站事故。

（2）技术产品使用过程中产生的副作用。如核电站中潜在的辐射和核扩散风险、农药对土壤的污染和对人体的伤害。

（3）技术和产品的滥用与不适当扩散所带来的一系列食品安全问题、环境安全问题等，典型的如我国2009年的三鹿奶粉事件。

（4）伴随技术事故、设施故障、产品安全问题可能带来的社会性恐慌和产业发展危机，典型的如2009年7月在河南杞县发生的“钴辐照源故障”所带来的全县民众恐慌和大迁移事件以及三鹿奶粉事件给我国奶业带来的巨大损失和长远伤害。

（5）由技术发展的后果的不可预测、不确定性带来的风险，如转基因食物。

以核能技术为例。核能发电是目前核能和平利用的最主要方式，核电相比火电等传统能源有着许多优点。但它在给人类创造巨大财富的同时，也存在着一定的风险。当前，核能风险主要包括：①核设施运行过程中发生严重事故的风险；②恐怖袭击的风险；③高放废物的辐射风险；④核扩散风险；⑤电力市场自由化对核安全的挑战。尽管世界上各个国家都非常重视核能系统的安全问题，在核能系统的设计和运行上采取了一系列的安全措施，建立起了比较完善的核安全法规体系、技术支持体系和应急机制，但还不能完全排除核能系统发生事故甚至严重事故的可能性。1979年3月28日发生在美国的三哩岛核电站事故和1986年4月26日发生在苏联的切尔诺贝利核电站事故就是最好的证明。尽管大量的研究和调查数据表明，在正常运行下，核电站对公众健康的影响远远小于人们日常生活中所经常遇到的一些健康风险，核电站发生事故的概率也微乎其微，但公众对于核电站的担心和恐惧还是无法完全消除。斯洛维奇等学者对美国公众的研究表明，核能被多数公众认为是“高度威胁的”、“令人恐惧的”、“不可接受的”风险，对核能的风险感知明显高于其他风险[4]。

再如，纳米技术在磁性材料、电子材料、光学材料、高致密度材料的烧结、催化、传感、陶瓷增韧等方面有广阔的应用前景，但它的风险也是不可小视的。材料变成纳米级后，活性和毒性都有所增加。纳米颗粒暴露在空气中，对人体将产生极大危害，对环境也有不可估量的破坏。滥用纳米必然会大量地消耗有限的地球资源，甚至会带来生态灾难。纳米微粒可能寄附在细菌上进入血液循环，或进入现有微粒不能进入的生命组织；伴随新的生物细胞和人造纳米机器的出现，生化武器将更具侵略性和隐蔽性；最危险的是纳米技术的自我催化反应，无需在实验室给予输入，就能够自己产生化学反应并不断加速[5]。因此，对纳米技术的发展和商业应用，必须进行审慎的社会、经济、健康和环境后果的评估。

从根本上来说，要完全消除技术风险以及其对公众的影响也许是不可能的。但加强风险的意识，并采取有效的政策和管理措施防范危险，对于降低或部分消除风险灾害的后果和社会影响是非常重要的。

三、技术风险的防范与社会治理

从已有的研究和国际经验来看，以下几个方面对于技术风险的防范是十分重要的。

首先，科技界要加强防范技术风险的意识。目前，科技的双面性及其风险问题在国外已得到科技界和社会公众的极大关注和重视。但在我国，很多公众对科技还有一种盲目尊崇的心理，很多科学家和专家还缺乏一种风险意识，或者对防范科技风险重要性还认识不足。近年来，在我国一些地方发生了一些风险事件，但我们看到的往往是这样一种情形：风险事件出乎意料地发生，公众反应激烈，社会影响巨大，而专家和政府管理者却处于后知后觉、措手不及的状态。这种状况与现代科技快速发展的形势、与我国和谐社会建设的目标是非常不协调的。因此，科技界要加强对防范科技风险重要性的认识，并把这种风险意识贯彻到科技管理、科学研究和技术开发过程。对于科研课题的管理而言，不仅要强调成果的有效性和创新性，强调其学术价值和商业前景，而且更要强调对人类的安全性。

其次，从制度设计上要建立健全一套技术风险的事前评估、论证和应急机制。对于一些比较成熟、风险比较明确的技术及其产品，我国目前有相应的防范和应急的机制，如核安全法规和管理体系；但对于一些新兴的技术还缺乏有效的安全保障体系。从理论上说，新兴技术的安全保障体系应重点考虑以下几个方面。

（1）从客观角度对技术的风险进行从“摇篮—坟墓—摇篮”的超全程评估，评估的内容应包括伦理性的评价、技术安全性的评价、环境安全性的评价、社会安全性的评价、资源安全性的评价等。近年来，对于技术风险的环境评估和技术安全评估在我国得到了越来越普遍的重视和应用，但是其他方面如对伦理、社会安全、资源的影响评估还没有得到足够的重视，没有进入政策和管理的视野。

（2）对风险事件处置的技术对策及其支撑体系。

（3）技术安全的法律法规体系建设，对技术的应用、扩散和风险责任、补偿机制等进行规范。

（4）针对风险事件发生后的社会应急机制，包括人员疏散、交通通信、社会动员、宣传疏导等。对某些涉及范围广的技术的普遍实施应达成充分的社会共识，并有相应的法律保障。

再次，加强对公众的技术风险知识教育和心理引导。对于技术的实施而言，不仅要做到技术上的安全，而且要让公众在主观意识上达到“安心”。而要让公众达到“安心”，加强对公众的风险知识普及以及专家与公众、政府与公众之间的沟通是十分必要的。已有研究发现，当人们对某些风险的知识越多，认识越深，政府和专家与公众的信息沟通越充分，在面临这一风险事件时，公众的心理恐慌和非理性的情绪反应会相应消减，其应对风险的行为会更趋于理性。传统的风险治理机制的重点在于对客观风险和灾难的防范、预警和事后处理，对主观层面的问题较少涉及。但由于现代风险的建构性特征，它对社会的影响更多地表现在对人们主观“风险认知”的冲击之上。因此，在建立现代风险治理机制时，必须充分考虑人们的主观“风险认知”因素，增加国民的“安全感”。为此，建立一种风险知识的教育体系以及风险事件发生后的心理疏导、沟通体系是十分必要的。

最后，非常重要的，还要建立一种广泛的多方合作与协调机制。由于现代风险的高度复杂性和广泛影响性（波及每一个社会成员），传统的以行政区域和民族国家为单位的风险治理机制已日益不能适应“现代风险社会”对风险治理的要求，仅靠政府力量来治理风险也是远远不够的。因此，建立起风险治理的区域合作机制，在公平、合理、有效的前提下开展风险治理的国际合作，已是一个刻不容缓的紧迫任务。风险治理的主体也不能再像过去那样仅由政府来承担，应该建立起双向沟通的“新合作风险治理”模式，在政府、企业、社区、非营利组织之间构筑起共同治理风险的网络联系和信任关系，建立起资源、信息交流与互补的平台[6]。只有这样才可能充分动员一切社会力量，共同应对未来可能发生的风险。

参 考 文 献

[1] Beck U. Risk Society: Towards a New Modernity. London: Sage Publications, 1992.

[2] 安东尼・吉登斯. 现代性与自我认同. 赵旭东，方文，王铭铭译，北京：三联书店，1998.

[3] Beck U. World Risk Society. Cambridge: Polity Press, 1999.

[4] 保罗・斯洛维奇. 风险的感知. 赵延东译. 北京：北京出版社，2007.

[5] 费多益. 灰色忧伤：纳米技术的社会风险. 哲学动态，2004 (1)：23~26，36.

[6] 顾忠华. "风险社会"之研究及其对公共政策之意涵. (台北) "国科会"研究计划，1993.

Social Risks and its Countermeasure for Modern Technology

Zhang Wenxia, Zhao Yandong

(Chinese Academy of S&T Strategic Development)

With the rapid development of science and technology, modern risk has become more uncertain, more broadly influential and more "socially constructed". The modern society is also called "risk society" therefore. Technology risk is an important form of modern risks. To cope with technology risk, we should not only depend on the further development of science and technology, but also focus on institutional development, such as the development of emergency response system, education system and cooperative system.

6.2 我国新能源产业发展的伦理考量：以光伏产业为例

杜 鹏[1,2] 曹一雄[3]

([1] 中国科学院科技政策与管理科学研究所；[2] 中国科学院科技伦理研究中心；[3] 中国科学技术大学)

近年来，随着能源危机和全球变暖问题的日益突出，新能源越来越受到各国政府的重视，在世界范围内得到迅速发展。发展新能源不仅是有效补充整个能源供应系统的手段，而且是环境治理和生态保护的重要措施，是满足人类社会可持续发展的最终选择。在世界经济面对金融危机的背景下，新能源产业也成为各国摆脱经济衰退、创造就业机会、抢占未来发展制高点的重要战略产业。

为建设资源节约型、环境友好型社会，在《中华人民共和国可再生能源法》、《可再生能源中长期发展规划》等国家政策法规和全球市场的推动下，我国的新能源产业发展势头迅猛，在全球新能源产业中所占的比重越来越大，见图 1。2008 年我国太阳能光伏电池产量已跃居世界首位[1]。

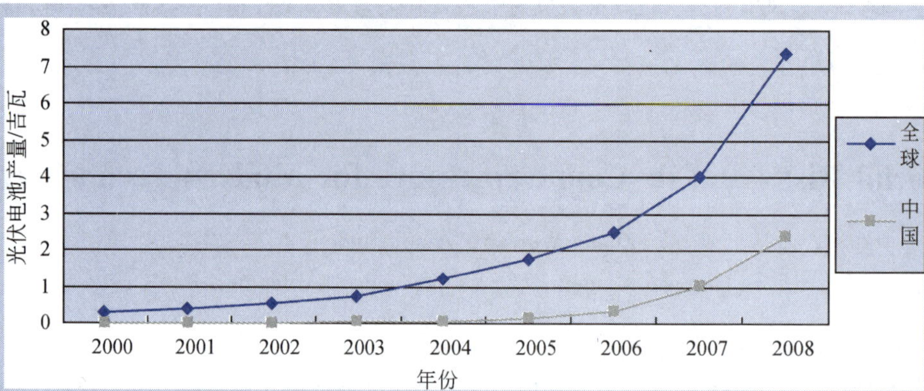

图 1　全球/中国太阳能光伏电池产量（2000～2008 年）

中国是一个能源消耗大国，新能源对缓解目前中国经济快速发展带来的能源压力有显而易见的效果，而且新能源产业带动的农业、工业、相关服务业增长又会给中国经济以强劲推动力，并能有效增加就业岗位。尽管如此，在新能源问题上，专家们的意见除了在发展新能源的必要性上高度统一之外，在其他大多数议题上，都还远未达成共识。例如，政府应该发挥怎样的作用，应该重点发展哪些领域，如何解决国家能源战略中各自为政、体系分割的问题等[2]。

值得注意的是，新能源的伦理问题并不在讨论的范围之列。而随着新能源产业的不断发展，相关伦理问题开始显现。例如，生物能源的利用与能源农业发展已经引起的国际粮食问题，加剧了全球粮荒[3]；光伏废弃物可能成为新的污染源[4]等。对此我们有理由相信，如果不能系统、客观地认识有关新能源的伦理问题，新能源技术和产业的发展必将引发相应的社会风险，也可能使新能源产业的发展陷入瓶颈。

基于此，本文以我国太阳能光伏产业为例，根据我国的发展情况，重新审视光伏产业与环境的关系，对其进行伦理的反思，其目的也是对如何发展新能源产业进行有益的探索和思考。

一、我国太阳能光伏产业中的环境污染

太阳能光伏技术是利用特定半导体材料的“光生伏打效应”（photovoltaic effect，简称“光伏效应”）将太阳能转化为电能。光伏系统的核心是太阳能电池，通常由半导体材料制成。目前硅（Si）基太阳能电池是技术最成熟、应用最广泛的太阳能光伏产品，2007 年占全球太阳能电池产量份额为 88.34%，其产业链见图 2。

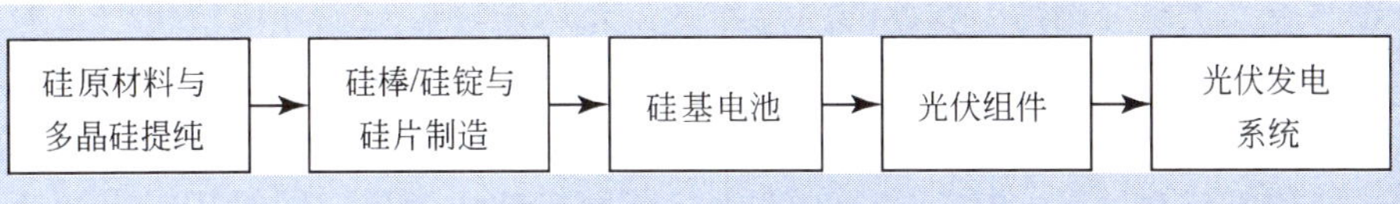

图 2　太阳能光伏产业链

从产业链来看，太阳能光伏产业属于传统行业，其前端属于化工业，中后端属于加工业。尽管化工业并不意味着重污染和高能源消耗，但由于技术落后、相关政策制度不规范等原因，我国光伏产业在多晶硅提纯阶段存在着较严重的环境问题。此外，光伏产品的废弃物也带来了一定的环境隐患。

1. 多晶硅提纯中的污染、耗能问题

多晶硅是由硅纯度较低的冶金级硅提炼而来，通常用氯化氢和工业硅粉在一定的温度下合成三氯氢硅，然后对三氯氢硅进行分离精馏提纯，提纯后的三氯氢硅在氢还原炉内运用化学气相沉淀法生产高纯多晶硅。这个过程，不仅耗电量很大，而且会产生大量的四氯化硅等氯硅烷污染物。目前国际上主流的生产方法是改良西门子法，采用闭环生产进行尾气回收，增加尾气运用效率，从而减少能耗，能有效控制环境污染。

但西门子改良法生产工艺的核心工艺仅仅掌握在美国、德国、日本等 7 家主要硅料厂商中。由于技术封锁，大部分国内厂商都是利用欧美的设备配合俄罗斯的技术，这些方法均不能实现整个生产流程的闭环运行，也不能很好地解决高能耗和环保问题。2008 年 3 月 9 日，《华盛顿邮报》在“太阳能公司将垃圾留在中国”（*Solar Energy Firms Leave Waste Behind in China*）一文称，“国内一家公司，生产的多晶硅被用于在全世界范围内销售的太阳能电池上，而副产品四氯化硅却是剧毒物质，严重污染了环境，倾倒或掩埋四氯化硅的土地将变成不毛之地，草和树都不会在这里生长。它不仅有毒，还污染环境，人根本不能接触，这给当地村民的正常生活带来了巨大的影响”[5]。

2. 光伏废弃物正在成为新的污染源

光伏发电在整个能源消费中所占比例虽然不大，但在某些应用场合却是无法替代的，目前我国光伏发电的40%以上用于解决边远无电地区人民生活用电问题。在这些地区，受客观条件制约，铅酸蓄电池等光伏废弃物很难得到有效回收处理，往往就地掩埋或倾倒处理，将可能直接污染当地环境以及畜产品、农产品和水产品。

青海省光伏废弃物污染状况的调查显示，光伏系统可造成环境污染的主要是废弃铅酸蓄电池和荧光灯。这两个部件之所以容易污染环境，一是因为铅酸蓄电池非光伏系统专用设备，使用寿命较短，而且电池中的介质是液态硫酸，当电池废弃后，用户一般将其扔在地上，对土壤、地下水、草原等造成污染。同时还因市场竞争激烈、信息不对称，小作坊式的厂子生产的产品充斥市场，正规厂家产品因成本及价格偏高而纷纷退出了市场，家用蓄电池质量普遍存在严重问题，使用寿命更短。二是直流灯具多采用单管间歇振荡或自激推挽电路，其匹配性能差、效率低，灯管使用寿命短。此外，灯管多是采用稀土三基色荧光粉和液体汞，破碎后对环境污染严重。虽然这些光伏废弃物目前的相对量不算大，但鉴于其成分属危险废物，污染具有严重性、长期性和隐蔽性特点，一旦积累到一定程度，渗透到土壤、地下水中，则很难消除，必将对居民的健康、对生物多样化、对畜牧业特别是有机畜牧业的发展产生很大影响。[4]

二、全球光伏市场中的环境非正义

欧盟《2009太阳能光伏态势报告》[1]数据显示，2008年中国（不包括中国台湾地区）太阳能光伏电池产量约为2.4吉瓦，占世界总产量32.7%，居世界第一位；但当年中国的光伏安装量只有40兆瓦，仅占全球安装量的0.73%，占国内太阳能电池产量的1.7%。为此，2009年9月26日，国务院在《批转发展改革委等部门关于抑制部分行业产能过剩和重复建设引导产业健康发展若干意见的通知》中明确指出，“多晶硅是信息产业和光伏产业的基础材料，属于高耗能和高污染产品。从生产工业硅到太阳能电池全过程综合电耗约220万千瓦时/兆瓦……我国光伏发电市场发展缓慢，国内太阳能电池98%用于出口，相当于大量输出国内紧缺的能源”。全球光伏的生产和使用结构已经产生了实质性的环境非正义问题。

一般来说，国际环境正义问题的核心议题是国际环境保护中权利和义务不对等，主要指不同国家、群体应得到公平、平等的对待以及环境后果和治理责任的合理分担。光伏市场在经济全球化背景下，在逐利的跨国资本和物质主义的大众消费欲望驱动下，不同国家遵守同样的贸易规则，即使受到相对公正与公平的对待，但市场逻辑使得经济实力不同、国际分工不同的国家在环境后果、收益以及责任分配上存在与传统环境正义类似的不公平关系。这种环境不公现象是隐藏的，但这是我国光伏产业在对现代化内涵与进程的片面理解下的主动选择的结果，这更值得深思。

长期以来，在全球性的环境危机背后存在着一个不争的事实，即一方面占全球极少数的发达国家消耗和浪费了过多的资源，造成了巨大的环境破坏和制造了大量的环境污染；另一方面，大多数发展中国家缺乏必要的资源，却承受了环境破坏和污染带来的巨大危害。不仅如此，发达国家还常常将大量生产和消费之后的有害垃圾和废弃物运往发展中国家，对相关国家的人民造成了巨大的危害[6]。在这些情况还没有得到根本性抑制的情况下，又产生了新的问题。

由于我国在电力储存、电网接入、太阳能光伏发电的间歇性等问题都没有完全解决，在未来一个相对较长的时期内，新能源无法成为商业化的主体替代能源。并且在我国，除少数几家新能源企业拥有核心技术和专业能力之外，其余企业仅仅依靠廉价劳动力、廉价土地参与国际竞争。在这种条件下，过分发展光伏产业的唯一结果就是发达国家享受到清洁能源，而我国承担相应的能源消耗和环境污染，这必将进一步加剧国际环境不公现象。

三、我国发展光伏产业的误区与思考

2004 年 6 月初，在德国召开的国际可再生能源大会提出了开发新能源、解决能源来源多元化与保障能源安全、发展经济与脱贫，以及减排温室气体与应对气候变化等一系列问题。自此，世界各国开始大规模地开发、利用新能源。我国政府也提出把发展新能源和提高能源效率作为应对气候变化的重要措施，2010 年和 2020 年新能源在我国整个能源中的比例将分别达到 10% 和 15%。在国家政策和全球市场驱动下，地方政府对发展新能源产业表现出异乎寻常的兴趣。全国超过一半的省份在打造新能源基地，或者把新能源作为支柱产业来发展，上百个城市在做新能源发展规划[7]。这是因为发展新能源项目符合国家战略需求，缓解能源危机，遏制全球变暖，更关键的是发展新能源是在金融危机使中国 GDP 增速放缓背景下的新的经济增长点。这种逻辑使得新能源背负过多的历史使命。在工业文明的经济增长与环境保护的冲突并没有解决的情况下，这种多重使命可能会使我国新能源产业的发展走入误区。

我国的光伏产业存在的问题直接反映了我国环境规制的不足。《环境保护法》第四条规定："环境保护工作同经济建设与社会发展相协调。"这就意味着经济建设在一定程度上优先于环境保护，多年来围绕这一立法目的的争议清晰地勾勒出了环境保护与经济发展的关系。今后，环境立法的主要难题是既得利益的博弈，是利益集团的经济利益与公众权利、个体权利之争，这也是当前环境立法的关键所在[8]。

对光伏产业来说，其造成的环境问题并不是全球普遍现象，发达国家往往通过严格的环境规制来控制污染。20 世纪 90 年代初德国学者 Hagedom 开始关注光伏系统各环节生产的能耗问题，开展光伏系统生命周期研究，目前太阳能并网光伏发电系统的能量回收期为 1.5 ~6.9 年，远远小于光伏系统的寿命期。随着技术水平的提高和产业的发展，未来单晶硅和多晶硅太阳能光伏系统的能量回收期都有可能降至 1 年以下[9]。因此虽然光伏产业在发达国家是清洁的，但由于很高的技术要求和较高的环境治理成本，使得该产业的资本回收期较长，集中度较高。

在"后京都时代"节能减排的背景下，原有的一些地方支柱产业面临转型，也使得地方政府把快速拉动 GDP 的希望寄托在新能源这个战略新兴产业上。在追求 GDP 的逻辑下，政府必将会重生产轻使用，往往放弃新能源发电项目而热衷于引入新能源设备制造项目。政府的层层鼓励和优惠，往往放宽了环境、资源的要求，扭曲了市场价格传导机制，使一些原本可能亏本的新能源项目变得有利可图，同时也引发了相应的环境问题。在缺少核心技术的情况下，这种意义上的新能源仅仅是标有新能源光环的一个冶炼或加工过程，是世界制造工厂在新能源领域的一个延伸，与新能源本身却没有多大关系。

从长远来说，世界经济要向低碳化、可持续、能循环、少污染的方向发展，因而新能源的重要性是毋庸置疑的，可以说它代表着未来能源的发展方向，是未来真正的替代能源。但是能源替代有一个相互竞争、相互比较的过程，新能源的发展必须循序渐进。目前来讲，新能源只能作为补充能源，还不能作为主流、主导能源。因为：第一，新能源价格比煤、石油、天然气要贵得多，需要逐渐降低成本以适应市场需求；第二，大部分新能源是间歇性能源，比如说风能、太阳能，在有风、有阳光的条件下才能发电，因而储能技术、大规模并网成为新能源发展所面临的最大瓶颈[10]。

发展新能源，需要一代人，甚至几代人共同的努力。而在发展新能源的道路上，GDP 导向下的急功近利的发展应该是最大的阻碍！只有合理地根据自身状况，认真、踏实地发展技术能力，才能迎接新技术的挑战。否则，不仅会引发环境问题，而且新能源的发展也可能陷入停滞。这才是应从各方面理性面对的大问题。

参 考 文 献

[1] Waldau A J. PV Status Report 2009—Research, Solar Cell Production and Market Implementation of Photovoltaics. 2009. http://www. epia. org/publications/other-publications. html [2009-12-31].

[2] 肖强．聚议新能源．瞭望东方周刊，2009，44：56，57.

[3] 张帆．中国能源农业政策可能产生的伦理冲突及其对策研究．黑龙江农业科学，2009，(5)：130～132.

[4] 王恒生．尼玛江才．对青海光伏废弃物污染状况的调查．青海社会科学，2007，(5)：58～60.

[5] Cha A E. Solar energy firms leave waste behind in China. The Washington Post, 2008-3-9.

[6] 杜鹏．环境正义：环境伦理的回归．自然辩证法研究，2007，6：4～7，19.

[7] 杨军．新能源冲动．南风窗，2009，(18)：36～39.

[8] 李萱．中国环境立法，已进入利益博弈时期．绿叶，2009，10：122～125.

[9] 胡润青．太阳能光伏系统的能量回收期有多长．太阳能，2008，3：6～10.

[10] 李俊峰．一个新的高风险、过度竞争产业：新能源．绿叶，2009，6：46～50.

Ethical Reflection on New Energy: the Case of PV Industry

Du Peng[1,2], Cao Yixiong[3]

([1]Institute of Policy and Management, CAS; [2]Ethics of Science and Technology Research Center, CAS; [3]University of Science and Technology of China)

To build a resource-saving and environment-friendly society, China's new energy industry developed rapidly, driven by the "Renewable Energy Law", "renewable energy medium and long-term development plan" and other national policies and global markets. But it has also brought some ethical issues. On the one hand environmental pollution generated during the process of production and use, on the other hand a substantial environmental injustice emerged from global trade. An important reason is that the local government has the thought of eager for quick success. Only considering the immediate interest for the need of the achievements, local government gives the green light to the profitable industry and disregard whether these industries or the projects have bad influence on resources, the environment, the people, and the economic development in the future.

6.3 关于加强中国纳米技术的社会和伦理问题研究的思考

樊春良
（中国科学院科技政策与管理科学研究所）

进入 21 世纪以来，在各国政府的大力支持下，纳米技术发展迅速，成为引领世界科学技术发展的前沿领域之一。人们普遍认为，纳米技术将会在材料、生物技术、医药、电子、工程、传感、航空、食品质量、环境监测和气象学等方面广泛的应用，甚至会给这些行业带来革命性的变革。但是，纳米技术的发展也存在着很大的风险和不确定性，并且会带来一些社会和伦理问题。在发展和使用新兴的纳米技术满足人类和社会紧迫需要的同时，如何充分而合理地去预见未曾想到的结果和减轻不利的影响，已成为各国政府和科学界关注和研究的一个重要问题。

中国纳米技术的研究开展较早，在 20 世纪 80 年代中期就开始了。近 10 年来，中国纳米技术发展很快，据 Web of Science 数据，1998 ~ 2008 年，中国纳米科学研究的论文总量达到 45 394 篇，仅次于美国（51 452 篇），居世界第二位[1]。在纳米技术的社会和伦理领域，虽然在安全性议题方面研究开展得较早，并取得了较好成绩，但在纳米技术的伦理与其他社会议题方面，与国外差距还比较大，与中国纳米技术的整体发展不相适应。面对纳米技术蓬勃发展的前景，应该加强纳米技术的社会和伦理问题的研究，以应对和解决纳米技术发展带来的社会和伦理方面的挑战。

一、纳米技术的社会和伦理问题

目前，国际上关于纳米技术还没有一个统一的定义。美国“国家纳米技术计划”（NNI）给纳米技术下的定义是：纳米技术是在 1 ~ 100 纳米尺度范围内理解和控制物质，在这个尺度，独特的现象可以带来新奇的应用。纳米技术的范围包括纳米科学、工程和技术，包括在这个尺度上对物质的成像、测量、建模和操作。纳米技术是一个多学科交叉的领域，包括物理学、化学、生物技术、材料科学与工程，打破了传统的基础研究与应用研究之间的区分。当前，纳米技术仍处于发展的早期，相当于信息技术在 20 世纪 60 年代和生物技术在 20 世纪 80 年代的水平。纳米技术有广泛的应用前景，被认为是互联网兴起以来左右科技产业最有影响的力量，将引导下一次工业革命。

从世界范围看，对纳米技术研究的支持早在20世纪80年代就开始了，到90年代，美国、日本和欧洲发达国家以及中国、印度等国都开始大力支持纳米技术的研究。2000年，美国NNI实施后，极大地刺激了世界其他国家政府支持纳米技术的发展。之后5年之内，大约有60个国家启动了纳米技术研发计划。

随着大规模支持的开始，在对纳米技术的产业和经济前景关注的同时，关于纳米技术发展对社会的广泛影响也引起日益的重视。2000年7月，美国国家科学基金会（NSF）设立关于纳米技术的环境和社会含义的研究与教育项目；9月，NSF召开第一次关于纳米科学与纳米技术发展社会含义的研讨会。2001年，纳米技术对伦理、法律和社会的影响和劳动力的教育与培训成为NNI投资战略的5个目标之一。2003年，美国国会制定《21世纪纳米技术研究与发展法案》，专门设立有关纳米技术社会含义的条款，规定“设立研究计划以确认与纳米技术相关的伦理、法律和其他适当的社会关心的议题，确保这样的研究结果可以得到广泛的扩散。”[2] 2003年，《科学》（*Science*）和《自然》（*Nature*）杂志开始讨论纳米材料的生物效应问题，纳米材料的毒性引起科学界的重视；2004年7月，英国皇家学会和皇家工程院发表《纳米科学和纳米技术：机遇与不确定性》报告，论述了纳米颗粒对健康、环境和安全可能的不利影响，建议成立一个多学科的研究中心，集中研究这些问题。同年，欧盟发布《欧洲纳米战略》，把纳米技术发展的公共健康、安全、环境和消费者保护作为其中一项重要内容。2005年，美国国家科学技术委员会（NSTC）纳米科学、工程和技术分委员会（NSET）成立了跨机构纳米技术环境和健康含义工作组（NEHI WG），联邦政府多个部门开始支持纳米技术的毒物学研究。2006年，联合国教科文组织发表《纳米技术伦理与政治》，探讨了纳米技术的伦理、法律和政治含义。2007年，美国NNI对纳米技术的社会潜在影响部分进行了修订，分为了两大类别：环境、健康和安全（EHS），教育与社会。

国际上把纳米技术发展带来的环境、健康、安全性、伦理、教育以及其他社会问题通称为纳米技术的社会和伦理问题。根据美国NNI，纳米技术的社会和伦理问题主要包括三方面的内容。

（1）纳米技术的环境、健康和安全议题。主要指纳米技术对人类健康和环境的毒性及风险，主要包括两个焦点：纳米微粒的危害与暴露风险。前者涉及纳米微粒对人体或自然生态系统的生物和化学影响，后者涉及纳米微粒的泄漏、流失、传播和附集问题，以及由此给人体或生态系统带来的危害[3]。

（2）纳米技术相关的教育活动，包括大学本科生和中学的教育，以及科普活动。

（3）纳米技术的伦理、法律和其他社会问题。例如，纳米研究材料的制造和检验应该遵守什么样的准则；如何更安全地使用纳米材料；如何让消费者获得充分的信息，并赢得消费者的信任；纳米技术有关的实验室和劳动场所应采取哪些安全措施；等等。

二、国际上应对和解决纳米技术社会和伦理问题的措施

国际上对纳米技术的发展已形成一个理念——负责任地发展纳米技术，即保持最高程度地促进纳米技术满足人类和社会紧迫需要的同时，充分和合理地尽力去预见和减轻不利的影响或未曾想到的结果[4]。在这样一个理念之下，发达国家应对和解决纳米技术社会和伦理问题，主要采取了以下几个方面的措施。

1. 在国家政策层面，出台相关的战略和政策文件，为各方提供指导

大多数发达国家都出台了纳米技术社会与伦理问题的政策文件，在指出纳米技术带来潜在利益的同时，还指明纳米技术存在着人们还没有充分认识到的潜在的风险。2003 年，美国国会制定《21 世纪纳米技术研究与发展法案》，专门设立有关纳米技术社会含义的条款，并于 2009 修订该法案，大大扩充了纳米技术社会含义的条款。美国 NNI 发布了多个关于纳米技术社会含义的重要文件。2004 年，针对皇家学会和皇家工程院联合发布报告《纳米科学和纳米技术：机遇与不确定性》，英国政府出台了回应报告，表示同意原报告中提出的建议。德国联邦教育及研发部于 2008 年发布《纳米粒子，小东西，大效应：机会和风险》，讨论了阐明纳米粒子在健康方面的效应和风险。日本政府在第三期科技基本计划中（2006～2010 年），强调要促进社会对新技术的信任和接受，鼓励研究人员要按照国际通行规则从事研究，特别促进纳米技术对社会影响开展全面和战略性的评估。澳大利亚于 2006 年发布《澳大利亚发展纳米技术中的环境、社会、法律、伦理方面的问题》。

2. 制定和发布伦理规范

2008 年，欧盟发布《负责任地开展纳米科学与纳米技术研究的行为准则》，建议“成员国由行为规则设立的普遍原则指导，在实施国家的研究与发展战略，或者建立部门或机构的研究与发展标准时，遵循这些普遍的原则”。这些原则包括：①有意义（meaning，研究对于公众是可以理解的）；②可持续性（sustainability，研究是安全的、符合伦理原则，对可持续发展有贡献）；③预防（precaution，研究活动要预知潜在的不利影响）；④广泛性（inclusiveness，包含所有利益相关者，开放，透明）；⑤卓越性（excellence，满足最好的科学标准）；⑥创新（innovation，鼓励创造性和灵活性）；⑦负责性（accountability，研究要为社会、环境和人类健康负责）[5]。

同年，英国皇家学会发布《负责任的纳米准则》，提出了纳米技术发展的 7 条准则：①广泛的责任性；②相关利益者介入；③工人的健康和安全；④公共健康、安全和环境风险；⑤更广泛的社会、环境、健康和伦理含义和影响；⑥与商业伙伴合作；⑦透明和信息披露[6]。

3. 开展纳米技术社会与伦理问题的研究

美国 NNI 从一开始就设立专题，研究纳米技术的社会含义问题。2005 年开始设立关于环境、健康和安全议题的研究，NSET 还于 2008 年 2 月提出《NNI 关于纳米技术相关的环境、健康和安全研究的战略》，研究资助稳定上升，2010 财年上升 8800 万美元（请求的），比 2005 年 3500 万美元增加到 2 倍多；关于教育、伦理和其他社会议题的研究预算 2010 年也达到 3610 万美元[7]。另外，2003 年，美国 NSF 成立国家纳米基础网络（NNIN），“纳米技术伦理与社会问题”是其研究的重点领域之一。2005 年，NSF 在加州大学圣坦巴巴拉分校和亚利桑那州立大学建立社会中的纳米技术研究中心（Centers for Nanotechnology in Society），专门从事纳米技术与社会关系的研究与教育活动。

欧盟从第五个框架计划就开始设立关于纳米技术社会与伦理议题方面的研究，表 1 是第七框架计划中与纳米技术社会与伦理问题相关的项目。德国政府在 2006 年由联邦教育及研发部发布《纳米计划——2010 年行动方案》，并设立 NanoDialog 项目，研究纳米技术的社会和伦理问题。英国经济与社会研究理事会于 2004 年设立专门的项目：纳米技术——风险和可持续性（2004～2006 年）。

表 1　欧盟框架计划资助的纳米社会与伦理方面的课题

框架计划	课题	承担单位	期限
第七框架计划	为规范纳米科学和纳米技术负责任的发展而搭建国际各有关利益方对话平台	The Innovation Society 等 5 家机构	2008. 05～2010. 05
	关于纳米科学和纳米技术出版物的网络目录、研究人员数据库和在线论坛，以公告并促进欧盟和国际合作伙伴国家的网络联系	葡萄牙 Sociedade Portuguesa de Inovação 等 6 家机构	2008. 06～2012. 05
	纳米医药的伦理、规范、社会和经济环境	英国基因利益小组等 9 家机构	2009. 01～2009. 12
	开发在欧洲消费者市场的纳米技术审议进程平台	英国曼彻斯特大学等 6 家机构	2008. 01～2009. 06
	基于科学的和经济专家对纳米技术分析的欧洲观测台	来自欧洲 8 个国家的 16 家机构	2008. 04～2012. 03

资料来源：Hullmann A. 2008. European activities in the field of ethical, legal and social aspects (ELSA) and governance of nanotechnology. European Commission, 15～44.

4. 开展科学与社会对话

与生命科学技术和环境等领域活跃的局面相比，纳米技术领域的科学与公众对话才刚起步，一些国家开始了相关的活动。例如，2004 年意大利开展纳米技术公众调查；法国 2005 年开展关于纳米粒子对环境和健康风险的辩论；美国 NSF 建立了“在社会中的纳米技术”和“纳米技术非正式科学教育”网络。在这方面做得最好的是英国，2005 年，英国科学与创新办公室（OST，现改为政府科学办公室）资助成立了纳米技术参与组（NEG），目的是鼓励关于公众参与纳米技术的研究与实践，并协调纳米技术领域的科学普及和公众参与等活动。

三、中国纳米技术社会与伦理问题的研究现状

在纳米技术的社会和伦理研究领域，在安全性研究方面，中国科学界开展得较早，几乎与国际科学界同步，并取得了不错的成绩；但在纳米技术的伦理、教育以及其他社会议题方面，中国学术界研究与国外差距较大，亟须加强。

1. 关于纳米技术安全性的研究

中国科学界对纳米技术的安全性问题关注较早，建立了专门的研究机构，多次召开相关的学术研讨会，取得了比较突出的成果。

2001 年 11 月，中国科学院高能物理研究所开始组建“纳米生物效应与安全性实验室”。2003 年，纳米生物效应与纳米安全性开放实验室成立。2006 年 6 月，国家纳米科学中心 - 中国科学院高能物理研究所“纳米生物效应与安全性联合实验室”成立。自成立以来，该实验室在纳米材料对生物与环境的影响研究方面取得了重要的进展，根据 Science Direct 公布的世界毒理学领域的论文排行榜，从 2005 年第 4 季度至 2008 年 7 月，每季度都有该实验室发表的纳米毒理学论文进入世界前 25 篇最热门的论文，2006 年该实验室研究人员在美国出版了该领域的第一本专著《纳米毒理学》①，2008 年应邀为 *Nature* 系列的杂志撰写纳米毒理学方面的评述文章②。

2003 年和 2005 年，国家自然科学基金委员会分别设立了碳纳米材料的毒理学效应和纳米材料生态与环境效应的重大项目。“十一五”期间，国家重点基础研究

---

① Zhao Yuliang，Hari Singh Nalwa. 2006. Nanotoxicology：Interactions of Nanomaterials with Biological System. California：American Scientific. Publishers.

② 纳米安全性：保证量子点安全应用的途径：纳米生物效应与安全性联合实验室研究工作取得重大进展 http：//www. nanoctr. cas. cn/xwdt/yndt/200906/t20090604_ 490888. html［2009-06-04］.

发展计划（“973”计划）和国家高技术研究发展计划（“863”计划）都设置有关纳米材料生物的重大项目。中国科学院也在知识创新工程重要方向项目中，设立了纳米材料应用安全议题的项目。

在学术会议方面，近几年，香山会议两次举办以探讨纳米风险为主题的会议，国家纳米科学中心、中国毒理学会与中国科学院高能物理研究所合作举办了三次关于纳米毒理学与纳米安全的会议，这些会议促进了纳米毒理学以及纳米生物效应、纳米安全性及评价等研究领域的学术交流，使更多的人开始注意纳米这项新技术的风险和安全性问题。

2. 关于纳米技术的伦理、教育与其他社会议题的研究

在纳米技术的伦理、教育与其他社会议题研究方面，中国学术界与国际差距较大。据中国学术期刊网络出版总库（CNKI）检索，2001～2009年，在伦理与社会议题方面（按篇名和关键词检索：伦理+道德+规范+风险+社会影响+治理），中国研究人员发表的论文不足20篇，大多集中在讨论纳米技术的风险方面。根据Web of Science数据库检索，在1990～2009年，中国在纳米技术伦理与社会方面在SCI、SSCI仅发表了7篇相关论文，居第11位，位于美国（148篇）、英国（28篇）、德国（19篇）、法国（14篇）、瑞士（12篇）、加拿大（10篇）、日本（9篇）、澳大利亚（9篇）、韩国（8篇）和印度（8篇）之后，与中国国际科学论文位居世界第二的地位很不相配[1]。

在纳米技术社会与伦理问题学术交流方面，近年来取得一些进展。在2008年举行的第二届全国生命伦理学年会上，首次把纳米伦理学作为一个专题。2009年1月14～15日，由英国研究理事会举办的中英研讨会“纳米：治理与创新——社会科学和人文学科的任务”（Nano：Regulation & Innovation：the Role of the Social Sciences and Humanities）在北京举行，来自英国专家9名专家和中国10多名专家对纳米科技所面临的多重挑战和人文社会学家的作用进行了深入研讨。2009年11月29～30日，中国自然辩证法研究会科学技术与工程伦理专业委员会与国家纳米研究中心在大连联合举办了“纳米科学技术与伦理”的跨学科学术研讨会，国家纳米科学中心首席科学家、清华大学物理系副主任薛其坤院士，中国科学院大连化学物理研究所包信和院士，中国科学院高能物理研究所赵宇亮研究员等9位从事纳米科学研究的科学家，与国内生命伦理界和工程伦理学界著名的学者邱仁宗研究员和李伯聪教授等从事科学哲学、科学社会学和科技政策等方面研究的10余名学者，共同探讨了纳米科技的广泛应用前景和伦理规则在规避纳米技术风险中的作用。这次研讨会是科学家与人文和社会科学家之间就纳米技术的发展与伦理问题展开的第一次跨学科对

话。这几次学术会议表明，纳米技术的社会和伦理议题的重要意义已经在中国自然科学界和社会科学界形成广泛的共识。

3. 成绩与问题

从纳米安全性问题受到重视，到各种相关会议对这些问题的讨论与交流，以及安全性研究的深入开展，表明中国科学界和社会科学界对纳米技术这一新兴技术的伦理意识和社会责任感正在提高。

但是，关于纳米技术的社会与伦理议题的研究还存在一些需要解决问题：①在纳米技术的宏观政策和学科战略上，社会与伦理议题的地位不高；②虽然中国比较早地开展了纳米技术的安全性研究，并取得了突出的研究成果，但在整体上，尚缺乏一个关于纳米技术相关的安全性研究的战略；③与纳米技术安全性方面的深入研究进行相比，中国在纳米技术相关的伦理、法律和其他社会等议题的研究十分薄弱，与国外差距比较大。

四、关于加强中国纳米技术社会与伦理问题研究的建议

对于21世纪方兴未艾的新兴纳米技术，与国际科学界主导思想一致，中国科学界认为应该负责任地发展纳米技术。正如白春礼院士在2004年主题为“纳米尺度物质的生物效应”的第243次香山科学会议上所指出的，纳米科技的发展不能走20世纪“先发展后治理”的老路。在新世纪，我们需要“科学发展观”的新思想：“在发展纳米技术的同时，同步开展其安全性的研究，使纳米技术有可能成为第一个在其可能产生负面效应之前就已经过认真研究，引起广泛重视，并最终能安全造福人类的新技术。”① 同样，加强伦理和其他社会议题的研究，有助于深入理解纳米技术带来的更广泛的社会影响，更有效促进纳米技术与社会得和谐发展，最大限度造福于人民。

为加强中国纳米技术的社会与伦理问题研究，本文作如下建议。

（1）在国家宏观科技决策与咨询层面，开展关于纳米技术社会与伦理议题的政策咨询研究，为决策提供咨询。

（2）制定国家纳米技术安全性研究的战略，进一步促进纳米技术安全性方面的研究。

（3）在国家纳米技术的学科发展规划中，纳入伦理和其他社会议题的内容，使

---

① 香山科学会议探讨纳米安全性．http://www. cas. cn/jzd/kxhy/jxshyjb/200412/t20041217_ 1690181. shtml［2004-12-17］．

其成为中国纳米技术整体发展的一个有机组成部分。

（4）在科技部、国家自然科学基金委员会以及相关纳米技术研发计划中设立相应的伦理和其他社会问题的研究计划，制定研究议程，开展前沿性和应用性研究，培养研究队伍。

（5）大力向公众宣传科学知识，使公众者真正了解纳米技术、纳米材料及其与生活的关系，充分了解纳米技术的益处和可能的风险；同时，了解和认识公众对纳米技术发展的看法和意见，建立公众参与纳米技术研究与发展的渠道。

参考文献

[1] 侯海燕，龚超，王国豫等．国外纳米技术与伦理研究现状：科学计量分析．大连："纳米科学技术与伦理"学术研讨会．2009.

[2] Public Law 108-153, DEC 3, 2003. www. ostp. gov/galleries/Issues/Nano%20Act%202003. pdf.

[3] UNESCO. The Ethics and politics of Nanotechnology. 2006: 14.

[4] NRC. A Matter of Size: Triennial Review of the National Nanotechnology Initiative. 2006: 73.

[5] Commission of the European Communities. Commission Recommendation on a code of conduct for responsible nanosciences and nanotechnologies research. 2008. 7. 2.

[6] NIA Responsible Nano Code. www. nanotechia. org [2010-1-25].

[7] NSTC. NNI Supplement to the president' 2010 Budget. 2009: 9.

Considerations on Strengthening China's Research on the Social and Ethical Issue in Nanotechnology

Fan Chunliang

(Institute of Policy and Management, CAS)

With the rapid development of nanotechnology, more and more counties pay great attention to the social and ethical issues (SEI) of nanotechnology. This paper firstly elucidates the meaning and content of the SEI of nanotechnology, then discusses the measures with which the developed countries deal with the SEI. Based on the analysis of the current situation of research on the SEI in nanotechnology in China, this paper makes some suggestions for strengthening China's research on the SEI Nanotechnology.

6.4 技术政策的伦理维度

李真真
（中国科学院科技政策与管理科学研究所，中国科学院科技伦理研究中心）

随着科学技术的迅速发展，新技术为社会创造着各种新的机会。在这个过程中，技术与社会的关系也在不同的历史时期获得演进。现时代，当现代技术以其卓越的成就和所具有的风险进入公共视野，现代技术的“公共性”也得以呈现，技术的发展及应用成为公共政策一个重要议题。在技术日益展现其作为一种对人与自然和世界关系的规定性力量的时代，保障技术应用的合理性已经成为技术政策的一个重要内容。由此表明，伦理已经成为技术政策的一个重要维度。

一、技术与社会的关系及其演变

在人类文明早期，不同的文明传统对于技术曾经有着不同的态度或看法。在西方世界里，技术是在古代罗马的政治组织中发展而来的。技术所创造的“奇迹”曾经使人既感到惊奇，又感到不安和恐惧——从事机械制造在西方中世纪常被视为巫术的活动。但是，随着机械的大量使用，其所显示出来的改造自然的力量也不断显现，人们对于机械的不安开始消解，对有“灵性的大地”的膜拜开始让位于机器的神话，手段的更换使人与自然的关系发生改变。

近代以来，随着人与自然二分关系的确立，技术作为一种人与自然能动关系的中介手段而得以展现。在机械自然观的视界，技术成为人改造自然的工具或手段，由此使自然成为技术自我展现的舞台。在这个大舞台上，技术的展现也不断赋予了人对自然进行有目的改造的能动性。

人对自然和世界的主宰地位随着 18 世纪晚期工业革命的到来开始建构。工业革命带来了技术与产业间的紧密联系，进而激发了新的要素技术的涌现及其技术系统的建构。在这个过程中，新型组织——如工业研究实验室等——的出现使技术与产业间的联系得到进一步加强。19 世纪末 20 世纪初，通过工业研究实验室发展出了一种激励技术发明或创新的企业政策，同时，依靠这样一种组织形式，技术的潜能得以更加充分地发挥出来。由此我们看到了一种技术与产业的契约关系：技术由产业因素而塑造；同时技术作为经济的一种外生变量，也会通过为产业发展提供新的机会而得到回报。在这里，技术不是一般意义上的工具，而是一种以实用为目的的知识的组织。技术内涵的延展，使得技术所具有的目的性、系统性和组织性等特征得以更加充分地张扬开来。

自工业革命以来，技术成为引起社会变化的一个因素。这一点可以从技术和社会变化间的密切关系得以解释：技术的变化所带来的新的生产方式，不仅改变了工业的材料和能量，而且改变了劳动的数量和种类，引起了各个供应部门在经济中相对重要性的变化。由技术带来的产业形态和职业结构的变化，打乱并改变了企业和人的原有秩序[1]。当然，这里还应当看到，市场竞争环境对于技术所具有的规定性。

如果将从第一次世界大战至第二次世界大战这一历史时期作为技术一个分水岭，那么大致可以做这样一种表述，此前的技术主要掌握在私人部门或企业的手里，技术在市场竞争环境中得到发展，然而，尽管自19世纪以来，工业国家发展了一种有组织的合作研究，促进了大学与工业的联系，但由于企业的技术一般是独立的工作结果，因而往往会被局限在某一领域之中。而在第一次世界大战的特殊时期里，工业研究实验室为战争服务所取得的令人信服的结果，使得欧美等工业国家开始意识到，这种有组织的工业研究是必不可少的，由此促进了国家对工业研究的支持或投入。这一方式在战后——特别是第二次世界大战以后——得到延续和发展。通过新的制度和政策，国家对技术的发展发挥了引导性的作用。与企业有所不同，由于国家在社会中所具有的特殊功能，它有能力将不同的技术、或不同领域的技术相互联系起来。实践表明，不同的技术或不同领域的技术的相互联系越紧密，在一个领域中的技术创新对其他领域的影响力就会越大。

所以说，国家对技术的重要作用首先在于，对不同领域的技术的综合和对各门技术的协调，与之相关，国家还能够提供企业所无法提供的物质手段。其次，国家对技术的重要作用，还通过把技术——特别是关键技术、尖端技术或战略技术等——与国家利益的紧密联系中而得以更加充分地发挥出来。例如，“冷战”时期的军备竞争曾极大地刺激了尖端技术发展；而“冷战”后的国家间的竞争，实际上就是高科技领域的竞争，作为追求利润最大化的企业来说是难以担当的。再次，国家对技术的重要作用在于，使其能够向社会提供充足的公共产品，而如果要求生产公共产品的费用完全由企业来承担，必然会导致市场机制的扭曲。最后，国家对技术的重要作用还在于，抑制或控制技术的负面后果及其对社会的影响，并且将技术的社会影响控制在社区所能接受的范围之内。上述这些方面体现了国家在促进技术发展和技术管理中的责任，由此也共同构成了国家或政府技术政策的主要内容。

由此我们看到了，技术和国家之间多重的、相互强化的关系，基于这样一种关系，在现代社会里，技术和政治秩序形成了一种同构和重构的关系。

二、对技术合理性的伦理反思

在工业社会中，技术所获得的成功及其力量的展现，激发了人们对于技术现象的兴趣，并且曾经形成了对技术的集体崇拜。但是，当这种适应于工业经济形态的技术发展逻辑演变成世界唯一的技术发展逻辑，实验室技术成为唯一的技术产生方式，由工业文明的消费主义、物质主义和与之相伴的规模经济逻辑所导致的种种后果，引起了人类对于技术应用合理性的伦理思考。

自 20 世纪 60 年代，工业技术因未顾及自然和社会因素的影响而遭到质疑和批判。然而，早期的“绿色运动”先驱者们基于禁欲主义的道德立场，对技术运用及所导致的后果的批判，在世界经济秩序下却显得那么的无力。不管舒马赫所开出的“适用技术”药方具有怎样的启示性意义，在理性经济的驱使下，人类不再可能从开放的市场回到封闭的家园。

随着现代技术以其特有的规定性力量，向社会各个领域和人的实际生活的广泛渗透，技术现象与伦理观念间的冲突也日趋凸显。例如，现代生命科学技术的新进展对有关人类生命意义内涵、生命产生方式和生命延续过程中的代际伦理关系的挑战。不仅如此，技术运用的可选择性也常常使人类面临伦理困境。例如，每当社会需要对技术作出选择时，我们都会看到这样一种情景，对某一具体技术或技术产品，不同背景的群体之间，甚至同一背景的群体内部，所表达的态度或观点都是不一样的。而正是这些问题向传统伦理学的适用范围和解决问题的能力所不断提出的挑战，产生了对应用伦理的社会需求。

应用伦理学是一种全新的道德权衡机制。应用伦理学的产生使伦理学家重新回到了自己时代所提出的道德实践问题上来。正如 B. 詹宁斯所指出的：“在我们的社会生活中，应用伦理学已日益成为进行社会抉择的一种理智力量。借助应用伦理学的研究，道德哲学家们重新在公共生活中占有了地位。”[2]

毋庸置疑，应用伦理学的产生有其学术渊源，但更重要的，它是一系列事件激发的结果。20 世纪 70 年代以来，技术应用导致的诸多问题，如环境污染等，曾经激发了人们的政治努力，而这些政治行动为我们所呈现的是，人们对于一系列技术现象或技术创造的新事实所表现出来的道德关怀。在这个过程中，日益增长的风险意识则进一步加强了人们对伦理的关注。可以说，这一情景为应用伦理学的产生提供了历史的机遇。同时，新技术的涌现及社会应用对伦理学提出的技术合理性的全新挑战，也为伦理学转向技术应用合理化的应用伦理的发展提供了丰富的科学技术资源。所以，“应用伦理学的产生本身是一个‘现代性’的事件”[3]。

所以说，现代技术的发展不仅为应用伦理学产生的提供了历史机遇，而且为应用伦理学发展提供了资源基础。要想对这一现象作出进一步的解释，首先需要对现代技术给予更加深刻的理解。关于现代技术，海德格尔从哲学视角揭示了它的本质：现代技术是一种普遍的、对人与自然和世界的关系加以规定的力量[4]。而富田彻男则从技术转移的视角，剖析了现代技术的本质内涵：一个技术（的发展）实际上包含了要素、材料和系统技术（的发展）。它们不是在同一时期内完成，当某种划时代的要素技术被开发出来，要经过较长的时间才诞生出使用这些要素的技术系统。由于要素技术和系统技术的发展是通过相互作用来完成的，因此，技术系统的完备才是技术发展的重要阶段。如同电视机制造技术，起主要作用的不是要素技术，而是传播体系的技术[5]。

所以，现代技术不是单一性工具或中介性手段，现代技术所延展的系统性，包括“多种原料（零件和要素）、依赖于多种原料的相互综合作用所形成的技术体系，以及巨大的商品流通体系”[5]。而正是这样一种技术，为应用伦理学的产生和发展提供了资源基础。目前，技术应用的合理性常常会面对来自以下几个现实问题的挑战。

（1）技术应用中的责任主体间的正义关系问题。随着科学技术的迅速发展，新技术的涌现不断地为社会创造了新的机会。例如，生物医学科学技术的进步，可以治疗过去所无法治疗的疾病，还可以为所有人获得充足的医疗服务提供必要条件。但是，要想从新技术创造的新机会中获得好处，就会涉及一系列的正义关系问题。例如，生物医学的发展，使医学专业日益分化和专门化，导致主要资源和力量被集中在少数主要城市的高级机构中[1]。关于合理性所涉及的责任主体的正义关系，还可以通过下面的例子来理解：新技术的产生可以为企业提供获取利润的新机会，但企业在从新技术创造的新机会中获得好处时，可能会导致危及公共利益的后果，例如，造成环境的污染或生态的破坏，等等。

（2）技术应用中的风险问题。技术具有双重性已经成为当今社会的共识。如果我们将技术的两面性作为对技术后果的内在性解读，那么，它所强调的是，技术的两面性是内在于技术本身的，是技术的内在结果。例如，转基因作物对环境或生态安全的影响问题，其安全风险是随着这种技术的出现而产生的，而不是因使用方式而导致的。由此我们看到，技术的后果就已经不仅仅是“被谁利用”或“如何利用”的问题了[6]。由于现代技术将经济潜能或商业价值与不确定风险集于一身，而当经济利益与担心风险的人之间发生冲突，或者当遇到冲突性或竞争性的责任时，就会面临伦理困境。

（3）技术选择或决策中伦理冲突问题。当社会需要对某项技术作出抉择的时候，常常会出现各种支持和反对的观点，从而使决策面临困难。这是由于技术和社会已经构成了一个技术、社会、政治和经济等要素组成紧密联系的异质综合体，并且，“技术所具有的无缝之网的特征及其深刻的社会建构品格表明，人们有许多机会在各个阶段对技术（以及社会等）的发展施加影响。”因此，对某项特定技术的支持者和反对者的伦理主张展开研究，就成为讨论技术的一种有价值的方式。[7]

所以说，正是现代技术的发展所不断引发的各种各样问题对传统伦理观念的挑战，赋予了应用伦理学的“现代性”意义。

三、技术政策的伦理考量

在科学技术迅速发展并对社会生活产生日益深刻影响的今天，我们必须对现代技术给予更多的道德或伦理关怀。正由于此，伦理已经成为我们这个时代所关注的主题。这一时代的主题，前所未有地贯穿于技术运用所引发的一系列事件的争论之中，并且随着争论的展开，其焦点也日趋集中于对技术的发展和应用的政治控制或干预的问题上来。在这个背景下，政策——这个曾经明确“抵制伦理推论和价值论述”的领域，也开始将伦理考量纳入到研究或制定的过程中来。

技术政策伦理维度的建构导源于现代社会普遍的风险意识以及风险存在的现实性。这种风险导源于两种不确定性：一是技术的不确定性；二是政策决策和实施中的不确定性。不确定性是风险的动量，或者说，在不确定性的情况下就会产生风险问题。基于这样两种不确定性，“风险”包含了两种含义，可以将其简要地表述为：技术风险和决策风险。

技术风险是技术不确定性的一个结果。关于风险意识的产生或建构，芭芭拉·亚当和约斯特·房龙指出：“风险不仅仅在技术应用的过程中被生产出来，而且在赋予意义的过程中被生产出来，还会因对潜在危害、危险和威胁的技术敏感而被生产出来。”[8]正由于此，风险赋予了技术的复杂性，它使得任何一个由技术或者技术产品所引发的事件都会与经济、政治和文化价值等要素紧密地联系起来，从而使得由不同社会群体——政治家、技术专家、企业家、公众等——所构成的技术共同体对于事件的回应变得矛盾和复杂，进而也加剧了政策决策和实施中的不确定性。“在不确定的情况下，决策者对他们的决策及其产生的后果了解很少。”而当决策者只知道其所做的选择有多大概率可以达到预期目标，但却不能肯定地预测其结果时，就会导致风险问题[9]。

所以，在制定政策的过程中，同样会面临风险问题。由于任何公共政策都是以一定的价值为依据的，因而价值就成为选择决策方案或解决问题的方案的道德基础。由此，政策决策不仅要符合技术的合理性，而且还应当符合伦理的合理性。例如，反对克隆人并不是出于技术上的考虑，而且是因为违反了大多数人的伦理观念。伦理合理性是通过民主的商谈机制来实现的。民主的商谈机制旨在通过民主对话和协商，解决社会生活中涌现的伦理悖论与道德冲突，从而形成道德共识[10]。显然，这是一个应用伦理学的论证过程，即决策参与者基于各自的道德立场，经过民主对话和协商，最终达到道德共识的过程。

政策决策的伦理合理性与决策信用密切相关。由于技术具有不确定性，因而，对于某项特定的技术，人们的态度常常是矛盾和复杂的，由此，在选择决策或解决方案的过程中，不可免地会面临支持者和反对者提出的各种伦理主张。而且技术越高级，人们的情感反应越大，伦理冲突表现得就越激烈。实践表明，对于某项特定的技术，其选择决策方案只有符合社会的伦理道德，才能得到广泛的认可，并且使政策决策具有信用。所以，政府在风险决策中所采取的模式与政策决策的伦理合理性直接相关。

参 考 文 献

[1] E G 梅斯西恩．技术在社会中的作用．科学与哲学，1983，(1)：16，17.

[2] 卢风，肖巍．应用伦理学导论．北京：当代中国出版社，2002：14.

[3] 万俊人．现代公共管理伦理导论．北京：人民出版社，2005：15.

[4] 冈特·绍伊博尔德．海德格尔分析新时代的技术．宋祖良译．北京：中国社会科学出版社，1998：20.

[5] 富田彻田．技术转移与社会文化．北京：商务印书馆，2003：12.

[6] 李真真．社会语境下的生物技术．见：中国科学院．2009 高技术发展报告．北京：科学出版社，2009：242.

[7] 维贝·E 比杰克．技术的社会历史研究．见：希拉·贾撒诺夫．科学技术论手册．盛晓明等译．北京：北京理工大学出版社，2009：184～193.

[8] 芭芭拉·亚当，乌尔里希·贝克，约斯特·房龙．风险社会及其超越：社会理论的关键议题．赵延东，马缨等译．北京：北京出版社，2005.

[9] 詹姆斯·斯通纳．管理学教程．刘学译．北京：华夏出版社，2001.

[10] 甘绍平．应高度重视科技伦理对基础科学研究的指导作用．见：中国科学院．2005 高技术发展报告，北京：科学出版社，2005：141，142.

Ethical dimensions of technology policy

Li Zhenzhen
(Institute of Policy and Management, CAS, Ethics of Science and Technology Research Center, CAS)

When the modern technology entered into the public vision with its outstanding achievements and risk, the "public" of modern technology has been presented. Thereafter technology development and application became an important issue of public policy. Currently, technology showed a kind of relationship between mankind and nature. To guarantee the rationality of technology has been an important element of technology policy. So ethics has become an important dimension of technology policy. Policy-making must not only meet the technical rationality, but also be ethically justified.

第七章 专家论坛

7.1　关于创新型国家建设的若干问题思考

穆荣平　宋河发　任中保
（中国科学院科技政策与管理科学研究所）

2006年，《国家中长期科学和技术发展规划纲要（2006～2020年）》明确提出我国到2020年要进入创新型国家行列的宏伟目标，使创新型国家建设成为政府、企业、学术界共同关注的热点问题。尽管如此，中国创新型国家建设实践仍然缺乏明确的创新型国家建设思路和任务大纲。近年来，我国创新能力显著增强，但是创新活动效率和效益仍然较低，创新发展水平提高缓慢。如何加快创新型国家建设步伐已经成为我国"十二五"经济社会发展规划必须回答的重大问题。本文拟从阐述创新型国家内涵外延出发，分析中国建设创新型国家面临的九大问题挑战，提出中国建设创新型国家基本思路和主要任务。

一、创新型国家的内涵与外延

创新是一个为客户创造新的价值和为企业自身带来经济回报的活动，包括新的或改进的产品、服务、工艺、系统、组织结构和商业模式等的设计、发明、开发及应用等。创新是一个价值创造的复杂过程，包括科学价值、技术价值、文化价值、经济价值和社会价值的创造，涉及科学发现、技术发明、方法创新及其商业化应用与社会推广活动。创新的价值可以是显性价值和隐性价值，也可以是直接性价值和间接性价值。国家创新能力是指一个国家在一定发展环境和条件下，从事科学发现、技术发明、社会文化创新并将创新成果商业化以促进发展的能力，是一个国家整合创新资源并将其转化为财富的能力。国家创新发展水平是指一个国家在创新驱动下所达到的一种发展状态，是创新效率和效益及影响强度的集中体现，既体现了创新促进经济、社会发展的结果，也体现了科学技术和创新能力自身的演进。

创新型国家是指创新成为发展主要驱动力的国家，体现在创新能力强、创新发展水平高两个方面。

国家创新能力强表明创新已经成为国家发展的主要驱动力，不仅表现在创新投入能力强和创新条件好，还表现在创新产出能力强和创新经济社会效益好。创新投入能力强主要指一个国家创新资源的投入能力强，涉及创新人员、创新经费等投入规模大和强度高；创新条件好主要指创新活动所能够依靠的重要基础设施和条件完善，涉及信息、网络和电信等基础设施的规模与分布密度；创新产出能力强主要指创新活动直接产出知识产权的能力强，涉及专利、论文产出规模和效率；创新经济社会效益好主要指创新活动产生的直接与间接经济效益和效率高，涉及可以测度的国内生产总值、能耗和 CO_2 排放总量和强度，以及难以直接度量的管理效能和社会收益等。

国家创新发展水平高表明创新能力长期驱动国家发展已经达到的一种高级状态，表现在工业化、信息化、城市化、教育卫生事业和科技创新 5 个方面都得到高水平发展。国家工业化水平高不仅体现在经济效益好，还体现在经济结构好，涉及重点产业与现代服务业创新发展以及战略性新兴产业培育；国家信息化水平高是国家经济社会发展水平和创新能力共同作用的结果，不仅体现在信息基础设施规模和人均可利用水平高，还体现在信息网络技术在经济社会领域的渗透以及信息化与工业化、城市化、科教文等社会事业发展的融合水平高，涉及电子政务、电子商务、电子社区和网络社会发展；国家城市化水平高是国家经济社会发展水平高的重要标志，不仅体现在人才、技术和资本等创新要素空间集聚程度高，还体现在经济社会发展中资源综合利用水平高；国家教育卫生等社会事业发展水平高是国家人力资源开发利用水平的重要标志，不仅体现在教育事业投入能力强与效率高，还体现在人口健康水平高，既是科学技术和创新的重要需求，也是科学技术和创新成果的体现。

二、中国建设创新型国家面临九大问题挑战

创新型国家建设基本路径是增强国家创新能力，提升国家创新发展水平。近年

来中国创新能力呈加速提升趋势，2006 年国家创新能力指数名列 38 个被监测国家[①]的第 17 位，比 2000 年提升了 11 个位次；但是，创新效力指数不到日本和美国的 1/4，仅名列第 37 位。近年来中国创新发展水平稳定提升，2006 年，中国创新发展指数仅名列 34 个被监测国家[②]的第 32 位，仅高于南非和印度。从增强国家创新能力和提升国家创新发展水平角度看，未来 10 年中国建设创新型国家将面临九大问题挑战[③]。

（1）研究开发人员劳动生产率低。2006 年，中国每万名研究人员发表的 SCI 论文数仅为美国的 21.3%，英国的 10.9%，印度的 23.6%；中国每万名研究人员拥有本国居民发明专利授权量 204.9 件，是韩国的 4.6%，日本的 11.5%，美国的 31.7%。

（2）产业结构优化与升级任务重。2006 年，中国单位能耗 GDP 产出为 4487 美元/亿 BTU[④]，约为美国的 34.3%，韩国的 46.9%；中国单位 CO_2 排放对应的 GDP 为 441.8 美元/吨，是美国的 19.8%，韩国的 25.6%。

（3）发明专利投入产出效率偏低。2006 年，每百万美元研发经费支出对应的本国居民发明专利授权量为 0.7 件，是韩国的 21.4%；每百万美元研发经费支出对应的 PCT 专利申请量是 0.1 件，是韩国的 50.5%。

（4）创新整体经济收益水平偏低。2006 年，中国专有权利使用费和特许费收入综合为 2.05 亿美元，是美国的 0.3%，韩国的 10.0%；中国专有权利使用费和特许费收入与支出的比例为 3.1%，是美国和瑞典的 1.3%，韩国的 7.0%；中国的人均 GDP 为 2027.8 美元，是卢森堡的 2.3%，美国的 4.6%，韩国的 11.1%。

（5）新型工业化水平很低。中国工业规模已名列世界前列，但新型工业化水平与创新型国家相比仍然很低。2007 年，中国人均 GDP 为 2490.0 美元，约为美国、韩国的 5.4% 和 12.5%；中国单位能耗对应 GDP 约为美国的 45.1%，韩国（2006 年）的 53.6%；中国单位 CO_2 排放对应 GDP 还远低于美国、日本、韩国等发达

---

① 样本包括中国、美国、日本、德国、瑞典、英国、法国、以色列、荷兰、芬兰、加拿大、冰岛、卢森堡、新加坡、挪威、澳大利亚、奥地利、爱尔兰、比利时、新西兰、意大利、西班牙、葡萄牙、南非、希腊、匈牙利、韩国、俄罗斯、巴西、印度、墨西哥、斯洛文尼亚、捷克、斯洛伐克、波兰、阿根廷、土耳其和罗马尼亚等 38 个国家。详见：中国科学院创新发展研究中心 . 2009 中国创新发展报告 . 北京：科学出版社，2009.

② 样本包括瑞士、瑞典、挪威、英国、芬兰、荷兰、美国、爱尔兰、日本、法国、奥地利、德国、比利时、加拿大、澳大利亚、韩国、意大利、西班牙、希腊、斯洛文尼亚、葡萄牙、捷克、匈牙利、斯洛伐克、波兰、阿根廷、巴西、墨西哥、俄罗斯、土耳其、罗马尼亚、中国、南非和印度等 34 个国家。详见：中国科学院创新发展研究中心 . 2009 中国创新发展报告 . 北京：科学出版社，2009.

③ 数据来源：中国科学院创新发展研究中心 . 2009. 2009 中国创新发展报告 . 北京：科学出版社 .

④ BTU 为热量单位，$1Btu = 1.05506 \times 10^3$ 焦耳。

国家。

（6）城市化水平较低。中国经济持续高速发展加速了城市化进程，实现了数以亿计的农民向非农产业转移。但是，与主要创新型国家相比，中国城市人口比例、非农产业和服务业从业人员的比例仍然较低。2008 年，中国城市人口比例为 45.7%，美国、英国、德国、法国等创新型国家的城市化率均在 70% 以上；中国第三产业占 GDP 的比例为 40.1%，主要发达国家都在 70% 左右①。

（7）信息化发展水平较低。中国信息化基础设施建设成就举世瞩目，但人均拥有量仍然较低，且东中西部地区间差距巨大。2007 年，中国电话拥有量和宽带订户数均位居世界第一位；互联网用户数和个人电脑拥有量位居世界第二位。但是，中国信息化基础设施建设密度及普及率仍远低于主要创新型国家，电话普及率约为美国和韩国一半，互联网普及率约为美国和韩国的 22%，电脑普及率约为美国的 7.0%，宽带普及率约为美国的 23.2%。北京和上海互联网普及率是中西部地区的 2 倍以上。此外，中国信息化与社会、文化、教育和卫生事业发展融合程度较低，市场空间巨大。

（8）教育卫生事业创新发展水平较低。中国政府教育和公共卫生投入大幅度增加，教育卫生事业发展成效显著，但是与主要创新型国家相比仍然差距较大。2007 年，中国出生人口预期寿命为 73 岁，低于主要创新型国家（78 岁以上）；中国出生婴儿死亡率为 15.3‰，主要创新型国家均在 6‰及以下；中国人均公共教育经费投入 82.4 美元，主要发达国家均在 1000 美元以上，挪威、瑞典、瑞士、芬兰、爱尔兰、比利时、荷兰、英国、美国、奥地利和加拿大均达到了 2000 美元以上。

（9）科技创新投入强度和产出密度较低。中国政府科技创新投入大幅度增加，科技创新能力显著增强。2007 年全社会研发经费和研发人员投入分别位居世界第 4 位和第 2 位，SCI 收录的中国论文位居世界第 5 位，本国居民发明专利授权和 PCT 专利申请分别位居世界第 4 位和第 7 位。但是中国科技创新投入强度和产出密度仍然较低，2007 年，中国人均研发经费支出仅为美国的 3.2%②，韩国的 6.2%；每百万人口中研发人员（全时当量）为芬兰的 14.0%，韩国的 25.9%；每百万人口本国居民发明专利拥有量为韩国的 1.3%，美国的 8.1%；每百万人口 PCT 专利申请量为美国的 2.3%，韩国的 2.8%；专有权利使用费和特许费收入占 GDP 比例约为美国的 2.0%，韩国的 5.3%。

---

① 第三产业占 GDP 比例的数据，中国的数据来源于《中国统计年鉴 2008》，其他国家的数据来源于世界银行 World Development Indicators 数据库。

② 本段文字中，国际比较采用的数据均为 2006 年数据。

三、中国建设创新型国家的基本思路与主要任务

中国建设创新型国家必须以科学发展观为指导，坚持解放思想、与时俱进、深化改革、扩大开放，显著增强国家经济社会可持续稳定发展能力和国际竞争力，走出中国特色创新发展道路。基本思路是以创新驱动发展为目标，以体制机制改革为动力，以增强自主创新能力为主线，着力营造创新友好型市场环境，集聚全球创新资源，激发社会创新活力；着力健全国家创新体系，强化企业创新主体地位，提高创新效率效益；着力统筹经济科技教育发展，超前部署战略先导技术和创新基础设施，提升自主创新能力；着力推进产业结构优化升级，以价值链整合创新链和产业链，构建现代产业体系；着力推进智慧中国建设，加速信息技术向经济社会领域渗透，推动经济社会融合发展；着力推进创新型城市建设试点，打造特色鲜明的大区域创新发展引擎，引领区域发展方式转变。

中国建设创新型国家面临六大任务。

（1）创新领导能力建设。政府领导创新发展能力是创新型国家建设的组织保障。创新型国家建设是一个复杂的多元价值创造过程，包括科学、技术、文化、经济和社会价值的创造，涉及政府各个部门。主要任务包括以下 3 个方面：①健全创新型国家建设的领导组织机构，明确政府各部门分工，提升政府领导创新发展能力；②制订国家自主创新能力建设规划，实施创新能力建设重大工程，系统推进知识创新、技术创新、产业创新、企业创新、社会创新和创新服务体系以及自主创新基础能力建设；③建立创新型国家建设监测体系，定期评估国家创新能力和创新发展水平以及创新政策实施效果，监测创新型国家建设进展，适时调整国家自主创新能力建设规划和创新政策，实现发展方式根本转变，促进经济社会又好又快发展。

（2）科技创新能力建设。科技创新能力建设是创新型国家建设的关键，涉及人才、创新平台、创新网络、财政支持和创新创业发展，目的是缩小中国科技创新能力存在的三大差距①，发挥支撑发展与引领未来的重要作用。主要任务包括以下 5 个方面：①着力培养引进高层次人才。加大重点领域人才引进培养投入力度，着力创造条件发挥高层次人才的领军作用，定期评估高层次人才引进培养工作绩效与政策效果。②着力建设科技基础条件平台体系。科学规划布局建设国家科技基础条件平台体系，引导建设区域大型科学仪器设备协作网，加强评估、监督，推动科技基

① 中国科技创新能力存在三大差距：一是中国与主要创新型国家之间科技创新能力上的差距，二是国内研究机构、高等院校与企业之间科技创新能力上的差距，三是东中西部地区之间科技创新能力上的差距。

础条件平台开放共享。③着力建设全球卓越创新网络和信息港。支持与国际一流研究机构建立合作伙伴关系，把握世界科技革命及战略性新兴产业发展机遇，把握技术引进和市场开拓的主导权。④着力强化国家科技计划的衔接。开展技术预见和路线图研究，发挥国家科技计划系统功能，支持产学研用联合攻关，建设一批有国际竞争力的高等院校、科研院所和创新型企业。⑤着力推进创新创业发展。加快创新型园区集群发展，强化园区孵化衍生功能，加大财税、金融、保险政策对创新创业的支持力度，降低创新创业风险。

（3）现代产业体系构建与创新发展。现代产业体系构建与创新发展是创新型国家建设的核心，涉及重点产业创新发展、战略性新兴产业培育和现代服务业创新发展，主要任务包括以下 3 个方面：①按照创新驱动、绿色增长的原则，制定重点产业技术政策和创新发展规划，组织实施产业自主创新工程，支持企业加大创新能力建设投入力度，培育产业创新集群和有国际影响力的行业龙头企业，推进重点产业升级与结构优化，提升创新资源配置效率和效益。②把握信息网络、生物医药、资源环境和纳米技术等前沿领域发展态势，推进国家重大科技专项和 4 个重大科学研究计划超前部署的资源环境、空天海洋、生物医药和新材料等前沿领域重大项目，加快发展生物医药、节能环保、社会智能信息服务等战略性新兴产业。③围绕重点产业、战略性新兴产业以及城市化发展需求，拓展金融保险业、商务会展业、现代物流业、服务外包业、社会信息服务业、文化创意产业创新发展空间，推进服务业品牌化、国际化方向发展。

（4）社会事业创新和城乡统筹发展。社会事业创新和城乡统筹发展是创新型国家建设的基础，涉及教育、卫生健康、公共安全、城乡统筹和资源节约环境友好型社会建设，主要任务包括以下 6 个方面：①推动教育事业创新发展。转变教育理念，加大财政教育投入力度，普及十二年义务教育。发展低成本网络教育系统，以信息化带动教育现代化，整合全球优质教育资源，扩大优质教育资源惠民范围，培养创新型人才。②推进卫生健康事业创新发展。开发低成本健康技术和产品，完善广覆盖、低成本的公共卫生健康服务体系，建立多元化医疗健康服务体系，促进基本公共卫生服务均等化。③推进体育事业创新发展。以增强人民体质为目标，加快体育场馆和全民健身基础设施建设，创新体育事业与体育产业管理体制机制，以体育产业促体育事业发展。④推进公共安全事业创新发展。突破一批关键核心技术，完善公共安全技术标准体系，着力公共安全技术推广应用和示范，提高公共安全管理和保障水平，带动公共安全技术产业发展。⑤推进资源节约型和环境友好型社会建设。突破一批节能减排、资源综合利用和环境保护领域关键核心技术，提高能源和资源利用效率，发展循环经济和环保产业。⑥推进城乡统筹发展。鼓励人才、技术、资本等创新要素向农村合理流动，加快发展现代农业，引导农村走新型工业化道路，推进城市公共服务向农村延伸，创新城乡统筹发展模式。

（5）智慧中国融合创新发展。智慧中国融合创新发展是创新型国家建设的推进器，涉及经济社会和政府管理，主要任务包括以下 4 个方面：①加快信息化基础设施体系建设。建设覆盖城乡的现代信息基础设施和国际枢纽型信息港以及信息网络安全保障体系，提高信息服务能力和信息安全保障能力。②加速信息化推动政府效能建设。构建电子政务系统平台和电子政务安全保障体系，以电子政务推动政府管理和公共服务现代化，推进服务型、效能型政府建设。③加速信息化推动现代工业化融合创新发展。建设国家级信息化和工业化融合试验区，以信息化促进重点产业结构优化升级，以信息化引领战略性新兴产业和现代服务业创新发展。④加速信息化推动社会事业发展。加速信息技术在社会事业领域渗透与应用，建设智能化社会管理网络体系，推进社会事业信息资源整合共享，提升社会公共服务能力和信息化富民惠民功能。

（6）创新文化制度环境建设。创新文化制度环境建设是创新型国家建设的重要环境保障，涉及政策法律制定和文化载体建设，主要任务包括以下 4 个方面：①制定创新基本法，统领科技进步法、专利法、促进科技成果转化法等相关法律法规，分担创新风险，保障创新者合法权益，激发社会创新活力。②建立创新政策实施效果监测与反馈调整机制，不断完善政策体系，建设创新友好型政策法律制度环境。③完善创新文化环境。建设创新文化载体，宣传“以人为本，创新为民”的核心价值观，尊重人的首创精神，激发人的创造热情，营造鼓励创新、宽容失败的全民创新文化氛围。④提升公众科学素养。统筹文化、教育、科普事业发展，大力弘扬科学精神、传播科学思想、倡导科学方法、普及科学知识，提升全民科学素养，推动建立学习型社会。

Recommendations for Making China be Innovation-driven Nation

Mu Rongping, Song Hefa, Ren Zhongbao

(Institute of Policy and Management, CAS)

The paper consists of three parts. Firstly, the paper defines the concepts such as innovation, innovation-driven nation, national innovation capacity and national innovative development.

Innovation is a complex process of value-creation, including value in science, in technology, in culture, and social & economic value, related to the activities such as scientific discovery, technological innovation, methodology development, social-cultural innovation and related commercialization & social popularization activities. National Innovation Capacity is the ability of a country to conduct scientific discovery, technological innovation, social-cultural innovation and related commercialization activities. In a broad sense, it is the ability to transform innovation resources into fortune, and to promote economic and social development. National Innovation Capacity is determined not only by the size of innovation activity, but also by the efficiency & intensity & density of innovation activity. National innovative development means a development driven by innovation, which concerns the effectiveness, efficiency and efficacy of innovation activities. The level of national innovative development could be influenced by progress in five aspects, namely: the industrialization with more consideration on resource-saving and environment-protecting, the informatization, the urbanization, the education and health, and the science & technology and innovation, which reflects not only the economic and social development driven by innovation, but also the development of science & technology and innovation. The innovation-driven nation is a nation in a development stage when innovation becomes main driving force for national development, a nation with strong innovation capacity, and high level of innovative development.

Secondly, the paper analyzes the 9 challenges in making China be innovation-driven nation, namely: (1) the lower productivity of R&D personnel in China; (2) heavy tasks in upgrading and restructuring industries; (3) lower productivity in invention patents; (4) lower economic performance of innovation; (5) lower level of the industrialization with more consideration on resource-saving and environment-protecting; (6) lower level of the urbanization; (7) lower level of the informatization; (8) lower level of the education and health; (9) lower input intensity and output density of science & technology and innovation.

Thirdly, the paper proposes basic considerations, including: (1) to build innovation-friendly market; (2) to build national innovation system; (3) to integrate the development of S&T and education as well as economy; (4) to upgrade industries by means of integrating the industrial chain and the innovation chain according to the value chain; (5) to build wisdom China so as to synergize social and economic development by promoting the penetration of IT in social and economic areas; (6) to build innovation-driven city so as to transform the pattern of regional development.

Finally, the paper proposes 6 tasks for making China be innovation-driven nation, including: (1) to strengthen the government capacity for making China be innovation-driven nation; (2) to build capacity of S&T and innovation; (3) to develop modern industry system with stronger innovation capacity; (4) to innovate in social undertaking; (5) to synergize innovation both in social and economic development by building wisdom China; (6) to build up innovation culture and institutional environment.

7.2 “十二五”国家重大创新基地建设的基本考虑

高志前　刘　彦
（中国科学技术发展战略研究院）

改革开放以来，我国科技发展面向经济建设，逐步建设了一批支撑研究开发、工程化、技术转移和成果产业化的创新组织，形成了覆盖主要学科和技术领域，从研究与实验、技术开发与工程化、技术转移与创业到产业化的较完整的创新链布局。到2008年，我国共建成国家重点实验室（包括国家实验室和企业国家实验室）264个、野外科学观测台站105个、国家工程技术（研究）中心330个、国家工程实验室105个、企业技术中心575个、科技企业孵化器197个、大学科技园和农业科技园98个、生产力促进中心125个、技术转移示范中心143个、各类产业化基地525个，国家高新区54个。这些创新组织作为集聚创新资源、培养人才、转化成果的重要载体，优化了我国科技资源配置结构，提升了我国自主创新能力，为国家创新体系建设奠定了坚实的基础。

进入21世纪，世界高技术发展迅猛，以知识产权、技术标准为制高点的国际科技竞争成为国家竞争优势的决定性因素。我国现有创新组织的创新能力不足，对国家重大专项和战略性产业发展支撑能力不足，已成为我国自主创新能力发展的瓶颈问题。“十二五”期间，国家必须调整和优化科技资源战略布局，建设一批国家重大创新基地。

一、国家重点实验室的建设路径与问题

国家重点实验室是国家科技创新体系的重要组成部分，主要任务是针对学科发展前沿和国民经济、社会发展及国家安全的重要科技领域和方向，开展创新性研究。我国从20世纪80年代起建设国家重点实验室，到2008年，已建设国家重点实验室212个，分布在化学、数理、地学、生命、信息、材料、工程等主要科技领域，取得了一大批创新成果，成为国家组织高水平基础研究和应用基础研究、聚集和培养优秀科技人才、开展高水平学术交流、科研装备先进的重要创新基地。

2006年，我国国家重点实验室进入了新的发展阶段，呈现两个发展方向：一是

扩大实验室规模；二是提高实验室对国家重大工程及技术装备的支撑能力。

1. 建设国家实验室

2006年，为建设若干队伍强、水平高、学科综合交叉的国家实验室，我国在海洋、航空航天、人口与健康、核能、新能源、先进制造、量子调控、蛋白质研究、农业和轨道交通10个重要方向启动了第三批国家实验室试点筹建工作。国家实验室规模较大，平均人员规模在260人。

2. 建设国家工程实验室

2006年，国家发展和改革委员会发布《关于建设国家工程实验室的指导意见的通知》，启动建设国家工程实验室。国家工程实验室是主要依托骨干企业、转制科研机构建立的产学研相结合的研究开发实体，主要任务是围绕国家重大战略任务、重点工程对技术进步的迫切需求，为突破重大产业结构调整和重点产业发展中的关键技术装备制约，开展重大工程及技术装备的设计和试验验证、产业关键技术攻关和重大新产品开发、重要技术标准的研究制定。

3. 建设企业国家重点实验室

2006年，为提高企业创新能力，科技部启动了企业国家重点实验室建设工作。企业国家重点实验室的主要任务是：瞄准国际高技术前沿，针对产业和行业发展中的重大需求，开展应用基础研究、关键技术和共性技术研究，提高行业技术水平和企业自主创新能力；组织重要技术标准的研究制定；培养高层次科学研究和工程技术人才；加强行业科技合作与交流，推动技术扩散和技术储备等。企业国家重点实验室主要依托转制院所建设。

目前，国家重点实验室发展的主要问题有以下几方面。

（1）规模小。国家重点实验室平均固定人数只有55人，国家实验室的人数大多数也不超过300人。

（2）功能单一。绝大多数的国家重点实验室只从事某一细分技术领域的基础性研究，很少从事跨学科研究和交叉学科研究。

（3）无法人地位。

由于国家重点实验室隶属于依托单位（大学或研究院所、企业），由依托单位建设，因而规模较小。由于规模小，重点实验室功能单一，创新能力弱。由于没有法人地位，重点实验室缺少自主发展的机制。在国家实验室现有发展模式下，难以解决上述问题，必须建立新的机制，建设国家重大创新基地。

二、欧美国家创新基地建设特点

国家创新基地特别是国家重大创新基地是实现国家创新战略目标的组织基础，因而成为各国创新基础能力建设的重点。各国国情不同，创新基地建设模式也各有特色。美国建立了一批大规模、多学科的国家实验室，大型研究基础设施大多建立在国家实验室，形成了创新基地建设的“集中模式”。欧洲研究机构规模相对较小，但通过合作机制和信息网络集成为一个功能强大的创新系统，形成创新基地建设的“集成模式”。

1. 美国集中式创新基地建设模式

美国国家重大创新基地建设较晚，但都有明确的国家战略目标。第二次世界大战期间，美国通过实施“曼哈顿”计划，建立了一批以研究发展战略武器为目标的大型国家实验室，形成了以国家实验室为核心的美国国家科研体系。

美国国家实验室有以下四个特点。

（1）规模巨大。美国大规模国家实验室有 100 多个，主要的国家实验室研究人员都在 2000 人以上，这些大型国家实验室构成了美国国家重大创新基地的主体，成为美国原始性创新的重要来源。

（2）军民两用。美国大型国家实验室最初主要是为研制核武器、导弹等军事装备服务的。20 世纪 80 年代后，国家实验室转向军民两用，开始从事民用电子信息、生物、健康、能源、材料、环境等高技术领域研究。

（3）多学科综合型。美国大型国家实验室下设若干研究所或研究中心，研究领域大多是多学科或跨学科的。

（4）分工合作。例如，世界上功率最大的散裂中子源（SNS）是由美国能源部所属六大实验室共同设计建造的。

美国的国家实验室各自独立，规模巨大，直属国防部或能源部等联邦政府部门。美国以大规模、综合性国家实验室为主体的建设模式可称为“集中式”建设模式，有较强的“任务”色彩，这种建设模式要求国家有强大的经济实力，科技发展领先并自成体系，是国家重大创新基地建设的“大国模式”。

2. 欧洲集成式创新基地建设模式

欧洲在世界上最早建立了科学实验室，如 1871 年创建的卡文迪什实验室、1900 年创建的英国国家物理实验室（NPL）。欧洲的国家实验室及科研机构规模相对较小。例如，德国从事应用基础研究的赫尔姆霍兹联合会有 15 个科研机构，其中

2000 人以上的大型研究机构只有 3 家，最大的研究机构尤利希研究中心（FZJ）下设 39 个研究所和实验室，公费人员 3000 多人，但科研人员也只有 1000 多人。欧洲国家主要通过将若干国家实验室等研究机构联合起来，形成可承担国家重大创新任务的大规模研究基地。联合方式主要有以下 4 种。

（1）共建联合研究组织。例如，法国国家科研中心（CNRS）与其他欧洲国家的研究机构共建了 33 个欧洲联合或协作实验室，与高校和企业共建了 1000 多个联合研究单位。

（2）成立研究机构联合会。例如，德国莱布尼茨科学联合会（WGL）联合了 80 个独立研究机构，员工 12 440 人，其中科研人员 5108 人；马普学会有 80 多个研究机构，12 000 多人；赫尔姆霍兹联合会有 15 个科研机构，17 000 多人。

（3）建立跨国合作研究机构。例如，1954 年欧洲建立的欧洲核子研究中心（CERN），现有 20 个成员国，3000 多名员工，是世界最大的粒子物理研究中心。

（4）发展网络研究组织。20 世纪 80 年代，网络技术的发展应用进一步推动欧洲以电子信息网络为基础发展研究机构间的合作。1983 年，欧共体①启动了“激励”项目，向愿意与成员国同行开展合作的科学家提供资金。到 1992 年的 10 年间，该项目共资助了 2576 对姊妹实验室活动，开展了 3884 项专题研究，为欧洲研究中心建立了良好的合作网络。1985 年，欧共体为实施多学科的生物技术行动计划（BAP），建立了欧洲无墙实验室（ELWW），实现了生物学、生理学、细胞学、膜生物化学、遗传学等多学科的跨国合作研究。到 20 世纪 90 年代初，无墙实验室已有 35 个。

三、国家重大创新基地发展思路

国家重大创新基地主要指具有国际一流科技水平、能承担国家战略任务、引领和支撑全国某一科技领域或产业发展的创新基地。建设国家重大创新基地的目的是：集成国内外创新资源，承担国家战略任务，实现重大创新，支撑战略性新兴产业，振兴重点产业，引领本领域科技和经济发展。因此，国家重大创新基地应同时具有以下特征。

（1）具有从基础研究到技术商业化的创新功能。

（2）具有从事跨学科和交叉学科的综合性研究功能。

（3）具有国际水平的创新能力（承担重大项目能力）。

（4）具有引领本领域科技发展与创新的能力。

---

① 欧洲共同体的简称，是欧盟的前身。

（5）具有强大的技术吸收与技术扩散能力。

（6）具有公益性的技术服务能力。

（7）具有较大的人员规模和人才聚集、培育能力。

（8）具有可持续发展的能力和运行机制。

（9）核心载体应具有独立法人地位。

“十二五”期间，应按国家当前急需发展和未来发展需要等不同需求层次，选择建设国家重大创新基地的战略领域。优先考虑的战略领域如表 1：

表 1 “十二五”国家重大创新基地重点选择领域

序号	国家战略目标	重点发展领域
1	国家重大专项	16 个重大专项领域与产品
2	发展战略性新兴产业	新能源产业、信息网络产业、新材料与智能绿色制造产业、农业和医药产业、海洋产业、地球深部资源产业
3	发展低碳经济	新能源、节能、核电
4	振兴传统产业	电子信息、钢铁、汽车、纺织、有色、轻工、船舶、装备制造、石化、物流
5	保障民生	粮食、住宅
6	实现重大科技突破	前沿科技、交叉科学、融合技术

我国国家重点实验室和工程中心都隶属于大学中的院系，或隶属于研究院所和企业，这种管理体制制约了创新基地的规模扩大、功能提升和成果扩散。因此，必须突破现有创新基地载体的管理体制约束，考虑未来国家重大创新基地的建设路径。

从我国创新基地目前发展条件看，“十二五”国家重大创新基地建设应主要借鉴欧洲“集成式”建设模式，围绕国家战略任务如重大专项、战略性新兴产业、大科学工程等，建设多种模式的国家重大创新基地。

（1）扩展模式。将现有大院大所直接发展、提升为国家重大创新基地。

（2）共同体模式。以一个研究机构为核心载体，将若干相关国家重点实验室、国家工程技术（研究）中心及研究机构组成具有多学科、跨学科研究功能和产业化功能的国家重大创新基地。核心机构不仅是独立法人，而且通过资产关系或联盟关系对基地其他相关研究机构具有一定的管理调控权。

（3）网络模式。以一两个研究机构为平台，通过网络和项目，将若干相关国家重点实验室、国家工程技术（研究）中心及研究机构组成国家重大创新基地。

Basic Consideration on National Major Innovative Bases

Gao Zhiqian, Liu Yan
(Chinese Academy of Science and Technology for Development)

This paper analyzes the development of our country's national key laboratories and points out that although China's innovative organizations have realized entire distribution according to innovation-chain, there still exist several shortages in innovative development ability such as small size, function singularity, non-corporation status of R&D institutes and so on. The paper studies the development of EU and America's labs and R&D institutes, then brings forward that our country should mainly use EU's "integration model" and United State's "central model" for reference and structure a set of major innovative bases based on national key labs and national engineering centers. The paper analyses the function characteristics of national major innovative bases, then gives out suggestion of setting up national major innovative bases which focus on realizing big break-through of science and technology, developing strategic new industries, raising traditional industries, safeguarding energy security and other national demands.

7.3 中国中长期能源战略思考

周大地
(国家发展和改革委员会能源研究所)

一、我国能源发展面临的形势和挑战

1. 世界能源市场趋紧，面临资源和环境的双重压力

当前世界能源结构仍然以化石能源为主，形成石油为首，油、煤、气三分天下，辅以核电和水电的基本格局，世界化石能源资源在较长时期内只能维持低速增长。

世界能源消费格局中发展中国家份额不断上升，我国已经成为世界能源需求最

大增长国。发展中国家难以复制发达国家现有能源消费模式，我国已经没有使用廉价能源的机会。

能源技术发展开始为进入大规模开发利用各种低碳和替代能源进行认真准备时期。世界能源结构有可能在今后几十年内产生重大变化，进入油、气、煤、可再生能源、核能五方鼎立的格局。低碳能源的份额将逐渐加大，煤炭使用将受到更多限制。世界能源利用技术将进一步向高效、清洁、低碳方向快速发展。除了工业能源技术将进一步优化以外，世界的发电效率，洁净程度，电网高效化智能化将有巨大提高。终端用能技术，特别是建筑物用能效率和交通运输能效将出现明显突破。汽车等交通能源可能出现新一代高效低排放技术，超低能耗建筑有可能成为新的主流建筑物，各种电器设备，照明装置都将大幅度提高能效。

2. 我国能源消费高速增长难以为继

进入21世纪以来，我国能源需求呈现超高速增长，2000～2008年，我国能源消费增长速度平均达到8.9%，远远高于同期世界不到2%的增长速度。当前我国能源消费总量距离第一位的美国（约33亿吨标准煤）已经很接近，将很快成为世界第一大能源消费国。如果今后我国的能源消费增长维持2000～2008年的增长速度，则2020年我国将需要79亿吨标准煤，占目前全世界能源消费总量的一半，2030年将达到186亿吨标准煤，是当前全球能源消费总量的约117%。事实证明，如果能源发展仍然把重心放在依照市场需求持续增加供应，今后的能源平衡将更加难以实现，我国的经济发展，包括发展速度和发展结构都必须考虑能源有限增长能力的制约。

3. 全球气候变化对传统能源发展方式提出巨大挑战

控制全球温室气体排放，正在和将更深刻地影响世界能源发展的方向，将成为影响未来我国能源发展的重大因素。哥本哈根决议设定了把21世纪全球温升控制在2℃的目标，还提出要尽可能早地使全球温室气体排放量达到峰值，以后持续下降。实现温升控制在2℃，世界2050年的人均CO_2排放量将只能在2吨左右，大约为目前世界平均水平的一半。只有单位GDP的CO_2排放强度至少下降到目前的1/10，才能保持必要的经济增长。控制和减少温室气体排放，主要靠能源领域的转变。发达国家为了保持技术和经济的竞争力，正在营造全球性新能源技术市场。低碳消费和低碳能源技术的发展将不可避免地成为全球性的发展方向，我国能源发展必须提前做好准备，迎接挑战，争取先机。

我国已经成为世界最大的CO_2排放国，人均碳排放量已经超过世界平均水平，

并且是全球 CO_2 排放增加量最大的国家。我国必须尽可能地减少温室气体排放的增量。除了认真实现 2020 年单位 GDP 温室气体排放强度较 2005 年下降 40% ~45% 的自愿承诺目标以外，还必须考虑在 2030 年左右甚至是更早时候实行能源领域碳排放的零增长，然后开始减少温室气体排放总量。

4. 环境约束要求我国调整能源发展战略

我国环境形势仍然严峻，大气、水、固体废弃物污染治理还处于攻坚阶段，人民对蓝天绿水净土的要求日益迫切。而无节制、粗放型的能源开采与利用方式导致了严重的环境污染、水资源与生态破坏等问题，造成了巨大的环境损失。能源发展必须进一步考虑环境保护和生态文明，除了在能源转换和利用过程中的环境治理应该成为能源可持续发展的重要指标外，还要认真考虑能源开发过程中的各种安全、健康、环境、水资源和生态保护问题，要优先发展环境影响相对较少的能源。

5. 能源供应的对外依存度逐步提高，能源安全问题不容忽视

我国石油消费增量主要依靠进口满足，现在石油的对外依存度已经超过了 50%，今后石油对外依存度还会继续提高。天然气开始加大进口，进口煤炭数量已不容忽视。我国今后还要继续扩大利用国际资源的数量和品种，能源安全问题也必须进一步引起必要的关注。应该充分考虑尽可能通过能源多样化发展，更加注意进口能源的节约和合理替代，同时也要制定相应的能源外交政策，确保我国利用境外能源资源的安全发展。

二、我国中长期能源发展战略

从现在到 2050 年的几十年，是我国能源发展的重要过渡期和转型期。我国必须从现在比较低效、粗放、污染的能源体系，逐步转变为清洁、节约、高效、多元、安全的现代化能源体系，建设一个绿色低碳的能源体系。

2030 年以前是我国能源转型发展的攻坚期。要同时解决形成节能提效机制、加速发展优质能源、突破新型能源技术和经济性难关（包括先进核能、可再生能源等）、化石能源的洁净化利用、石油安全供应、电力系统优化发展等一系列重大发展问题。能源供需将从现在以粗放供给满足过快需求的模式努力向以科学供给满足合理需求的模式转变。

2030 ~2050 年，我国能源供需将基本实现以科学供给满足合理需求的新模式，可以引领高效节约清洁低碳的能源消费和供应发展的潮流，实现可持续的供需平衡。

2050 年后，我国将拥有一个现代化的能源新体系，将进入比较自由的能源可持续发展阶段。

我国今后的科学绿色低碳能源战略将包括以下具体内容。

1. 强化节能优先

科学引导需求，用合理控制能源需求推动科学发展。只有合理控制能源需求总量，才能优化能源供应，节能优先应成为中国能源战略之首。

我国还处在工业化和城市化过程之中，发展方式转变的任务十分艰巨，传统的工业化和城市化惯性对能源消费增长压力很大。但是，我国经济社会发展已经到了必须转变方式的紧要关头，结构调整已经成为经济发展的内在需要。只有我们把发展内需作为主要经济增长动力，同时加强规划，使城市和交通基础设施建设向高效节能方向发展，充分利用已有的高效能源技术，引导合理消费，加强能源管理，我们才可以在大幅度提高广大城乡人民能源服务水平，保持较快经济增长速度的同时，把能源消费增长速度明显降下来。

“十二五”规划应该继续制定不低于 20% 的单位 GDP 能耗下降指标，而且引进能源消费总量控制指标，用适度的能源消费增长，推动结构调整，推动发展方式转变。我国应力争 2020 年能源消费总量控制在 40 亿吨标准煤以内，2020 ~ 2030 年进一步降低能源消费增长速度，2030 年能源消费总量力争控制在 45 亿吨标准煤左右，2050 年将能源消费总量控制在 50 亿 ~ 55 亿吨标准煤；争取 2020 年能源技术效率平均达到国际先进水平，2030 年达到国际领先水平。

节能优先，要合理构建我国的新节约型消费模式。节能优先还要考虑先进技术发展的安排，除了发电和工业能源技术以外，高效交通系统和低耗汽车、超低能耗建筑与相关用能设备的研发和有效推广应用也是重要战略内容。

2. 抓紧基础能源的战略调整

一是要把煤炭发展调整到科学开发和洁净利用的方向。煤炭是我国最重要的基础能源，要抓好煤炭的科学开发，发展煤炭的安全环保和高效生产技术，建设安全高效现代化煤炭工业，加强煤炭的供应基础。要合理控制煤炭产能，通过能源多元化，使 2030 年煤炭比重低于 50%，2050 年比重显著下降。煤炭利用要和高效清洁利用技术发展密切挂钩，2030 年前要高水平地解决常规大气污染问题。

二是把石油供应保障调整到国内稳产，扩大进口，争取替代的综合发展方向。石油是我国能源消费中第二大能源，今后石油消费仍然将持续增加，要在国内继续争取稳步增产的同时，重点解决进一步扩大利用境外资源，同时积极寻求各种合理替代方案。

3. 重点发展绿色支柱能源

我国应将核电、水电、天然气发展成为绿色低碳能源的有力支柱，同时培育其他可再生能源成为新的绿色能源支柱。

一是要把核电发展提高到我国长期重大战略选择地位上来。核能技术成熟，可以保证安全性和洁净性，已经有较强的市场竞争力，可以成为我国的一个绿色能源支柱（2030 年占一次能源 10% 以上）。铀资源经过努力可以不构成对核发展的制约因素，按压水堆—快堆—聚变堆“三步曲”的发展路线图，可以实现核能长期可持续发展。要考虑技术路线为加快速度服务，体制改革为上规模和安全保障服务，坚定不移地把核电搞大搞好。核电发展速度要尽快达到年装机 10 台以上水平。2020 年核电建成规模应该达到 7000 万～8000 万千瓦，2030 达到 2 亿千瓦，2050 年达到 4 亿千瓦以上，届时可望提供 16%～18% 的一次能源。

二是要把天然气发展放到能源结构调整的重点地位上来。天然气是高效清洁和相对低碳的绿色能源，市场需求极其旺盛。我国天然气资源潜力大，可以加快发展和大规模应用，天然气可以较快形成绿色能源支柱，提供 10% 以上的一次能源。要为天然气快速发展创造必要条件，改变天然气发展的附属地位，统一对煤层气开发的资源和基础设施管理。2020 年国内天然气要达到 2000 亿米^3，2030 年国内天然气（含煤层气）要达到 3000 亿米^3 以上。同时要加大进口力度，使天然气的实际供应量 2020 年达到 3000 亿方以上，2030 年达到 4000 亿～5000 亿米^3。届时天然气可望达到一次能源的 10% 以上（11%～14%）。

三是 2030 年前把水电作为可再生能源发展的第一重点，有效提高可再生能源在一次能源中的比重。2030 年仅水电就可以占一次能源的 10% 以上，可以形成另一个绿色能源支柱。我国水电技术成熟先进，经济性好，要继续推动水电，特别是大中型水电工程建设。水电早建成比晚建成好，有序发展也要快速发展，要想方设法使我国丰富的水力资源充分得到应用。2020 年水电应该达到 3 亿千瓦以上，2030 年 4 亿千瓦以上，2050 年达到 4.5 亿～5 亿千瓦，届时水电可以提供 10% 左右的一次能源。

四是扶持发展其他可再生能源，力争尽早使风电、太阳能及生物质能等其他可再生能源成为新的绿色能源支柱。

2020 年前要重点提高风电的经济效益以及显著降低太阳能利用成本，解决非连续电力和大规模利用的并网技术问题，发展适应这些可再生能源发展的电网技术、储能和用能方式，使其具备大规模市场化应用的条件。当前扶持的重点仍然要放在自主知识产权、先进技术创新和先进制造能力培养以及规模应用示范等方面。一旦具备条件，就可以加快扩大规模应用。应争取在2020年前使风电和太阳能从有限补充或后备能源成为具备充分技术经济条件的新绿色支柱能源，并开始大规模应用。

要因地制宜充分发展各种生物质能源利用技术，在“不与人争粮、不与粮争地、不与牲畜争饲料”的前提下，争取扩大可应用的生物质资源，发展生物质液体燃料和其他商品能源。

三、我国能源发展展望

2030年以后，我国将引领高效清洁能效技术发展的潮流，在能源消费领域领先开拓新型高效消费模式；高效低碳交通模式优化基本成型，形成先进高效运输体系；建筑物能效水平和科学合理消费模式为国际做出示范，民用能源服务水平进一步提高，能源消费总量控制在50～55亿吨标准煤以内。

在供应端，煤炭产业基本完成安全高效现代化改造，产量适度收缩，高效低碳洁净利用达到世界领先水平。石油、天然气等进入低增长或保产阶段，非常规油气资源可能正式成为油气开发主要组成部分，我国成功处理好和平可靠利用境外资源问题，水电大规模开发阶段也基本完成。

2030年以后，核电仍然是能源增长和发展的重点，将进入新一代技术包括先进三代和增殖反应堆规模发展阶段，核电规模继续扩大。风电资源将得到比较充分的开发，太阳能已经大规模应用，生物质资源得到充分利用，可再生能源成为重要的绿色能源支柱之一。分布式能源系统和先进电网技术已经解决非连续电源的有效利用问题。替代石油的液体燃料有长足发展，非水可再生能源将成为占一次能源15%以上的绿色能源支柱。

2050年我国能源将全面多元化，新增能源全部实现可持续可再生。碳氢燃料的替代能源和相关技术形成长期接替保障，例如，天然气水合物规模开发，可再生能源液体燃料替代等。煤炭比例可望降低到30%～35%，油气占近30%，非化石能源占到近40%（核能15%，水10%，其他可再生能源15%）。如果能源需求总量可以控制到50亿吨标准煤，非化石能源的比例还可以明显上升，碳排放总量比2030年明显下降。

致谢：本文参考了中国工程院2030～2050年能源战略研究的初步成果，特此致谢。

Strategic Thinking on the National Medium and Long Term Energy Development in China

Zhou Dadi
(Energy Research Institute of National Development and Reform Commission of China)

This paper reviews the status qua and main challenge faced by energy development of China, and summarizes the suggested energy development strategy up to 2050 for China.

Although traditional fossil energy may keep increase for longer time, while the developing countries can't copy the energy consumption pattern of developed countries. Low carbon energy future is under development. Current high speed energy expansion in China is unsustainable. Global warming becomes main driving force for a new energy era. China has to explore new approach of energy development. Domestic environmental protection will lead to clean energy future as well.

The next 20-year is the crucial period for China to transform current low efficient and coal based energy system into a sustainable, low carbon and green energy system. Coal will be still a basic energy for China, while a modern, safe and high productive coal mining sector should be developed. Clean coal technology will become prerequisite for coal utilization in the future. Energy mix of China will be changed, and coal share will be decrease continuously.

Energy conservation and high efficiency will become number one priority of energy strategy for China. Energy intensity should be significantly decreased and total energy demand should be limited on a reasonable level in the future. Besides of development of high efficiency energy technology, consumption pattern and behavior change is necessary.

Nuclear power, hydro power, and natural gas will become main energy resources to be expanded rapidly in the coming decades. By 2030, these cleaner energy will become major contributors of energy supply. Other renewable energy, including wind power, solar energy, and biomass will be supported by policy, and become the forth stem of clean and low carbon energy in later time, and become one of major contributors for a sustainable energy system.

From 2030 to 2050, China will have developed an advanced, leading clean energy and sustainable energy system, with well developed energy conservation regulation and social performance system, and a clean, low carbon, diversified energy supply system.

7.4 我国加快发展电驱动汽车产业的战略思考

王秉刚
（国家“863”计划节能与新能源汽车重大项目咨询专家组）

一、发展电驱动汽车产业的重大战略意义

能量利用效率高、温室气体排放少是电驱动汽车的突出特点。在应对全球气候变化、发展低碳经济的大背景下，世界上主要国家都制定了以电驱动汽车为主的新能源汽车发展计划。美国奥巴马政府计划投入 1500 亿美元支持以电驱动汽车为主的新能源技术创新，其中 20 亿元用来支持先进动力电池的研发。日本认为“谁控制了电池，谁就控制了电驱动汽车”，政府安排在 2007～2011 年投入 210 亿日元用于与电池有关的基础研究，计划在 2020 年将“下一代汽车”数量发展到 1350 万辆。2008 年底，德国提出“未来 10 年普及 100 万辆纯电驱动汽车和插电式混合动力汽车”的目标。2009 年初，英国公布了消减碳排放的 5 年计划，其中安排 2.5 亿英镑支持电驱动汽车研发与产业化。同时，世界各大汽车厂商也都积极投入电驱动汽车的研发，制订相应的发展战略与计划。

1. 有效缓解能源供给压力

随着经济快速发展与人民生活水平快速提升，汽车大踏步地进入普通老百姓家庭。2009 年我国汽车保有量已经达到 6962 万辆。但按汽车人均普及率计算，我国每千人仅为 54 辆，远落后于全球平均水平（每千人 140 辆）。如果按欧洲普及率的一半，即每千人 300 辆计算，总保有量就将达到 4.5 亿辆。据石油部门专家估计，2020 年我国国内的石油年产量可达到 1.8 亿吨，进口 2.7 亿吨，共计 4.5 亿吨。如果其中的 2/3 用作汽车燃料，可炼成燃油约 2 亿吨。目前欧洲每辆汽车年消耗燃油 1.5 吨，日本为 1 吨，我国为 2.2 吨。按最低水平 1 吨计算，4.5 亿辆车需要 4.5 亿吨燃油，我国汽车燃油将存在 2.5 亿吨的巨大缺口。因此，如果依赖石油，我国将不可能实现汽车普及的梦想。

电的生产方式多样，除了煤发电外，我国正在大力发展核电、水电、风电、太阳能光伏发电、生物质和废弃有机物发电等新能源。电力部门预测，我国2020年和2030年发电量将分别达到75 000亿千瓦时和105 000亿千瓦时。若纯电驱动（包括插电式）汽车2020年和2030年保有量分别达到3000万辆和2亿辆，按每辆年耗电4000千瓦时测算，则年耗电量约为1200亿千瓦时和8000亿千瓦时，分别占发电总量的1.6%和7.6%。电驱动汽车耗电只占电力供应总量的一小部分。而且电驱动汽车多数在夜间充电，可平衡电网的峰谷差，能有效提高电网的效率，因此不需要增加相应数量的发电能力。

2. 有效降低温室气体排放

由于发电过程效率较高和电驱动汽车使用环节的零排放，电驱动汽车的能量转换效率与温室气体排放列各类燃料与驱动技术中的最低位置。表1列出了几种典型的车用燃料与驱动技术的温室气体排放估算数据。如果考虑其他发电方式如核电和可再生能源发电，其碳排放将更低。同时，现代化的大型发电厂能最有效地提高能源利用效率，最具条件采用 CO_2 集中存储技术解决碳排放问题。随着水力、风力、太阳能、生物质能发电比例的增长，电驱动汽车降低 CO_2 排放的作用更加凸显。随着我国经济的快速增长，我国面临的资源与排放问题比任何国家都要严峻。可以说，发展电驱动汽车是汽车工业解决能源与环境问题的根本途径。

表1 各种典型车用燃料与驱动技术的能量转换效率与温室气体排放 （单位：克/千米）

路径	WTT	TTW	WTW
煤－甲醇－点燃式发动机汽车	375.3	138.7	514
煤－二甲醚－压燃式发动机汽车	376.3	123.7	500
煤－合成柴油－压燃式汽车	270	135	405
煤－电－电驱动汽车	143	0	143
汽油－点燃式汽车	63.3	159	222.3
柴油－压燃式汽车	62.9	159	221.9

注：WTT指矿井到燃料箱；TTW指燃料箱到车轮；WTW指矿井到车轮。

数据来源：中国汽车技术研究中心的研究报告。

3. 实现汽车工业自主发展

改革开放以来，我国汽车工业取得了长足发展，但同时也为引进国外先进技术与追赶国际先进水平付出了巨大的代价，至今仍与世界先进水平存在较大差距。当前，电驱动汽车已成为国际主要汽车企业动力系统创新战略的重要内容，世界主要汽车生产国家正在下大功夫开发电驱动汽车技术。尤其是日本，他们不但在混合动力汽车技术上遥遥领先，而且也已在纯电驱动汽车与燃料电池汽车开发上处于世界领先地位。日本正在制订雄心勃勃的新一代动力电池计划，其目标是到2030年将电池的能量密度提高7倍，成本降至原成本的1/40。

近年来在国家科技计划引导下，我国在电驱动汽车的研发上取得了可喜的进展，某些方面已跻身国际先进行列。但总体而言，我国核心技术和产业化水平与先进国家仍存在较大差距。在电驱动汽车引发的巨大技术变革、产业变革机遇面前，我国绝不能错过。我国在继续快速提升传统汽车产业自主研发能力的同时，应大力加强电驱动汽车的技术创新和产业化工作，争取占据有利位置，改变汽车工业在技术上依赖外国的被动状况，并建立起一个新兴产业。

二、电驱动汽车技术发展现状

电驱动汽车主要包括三类：纯电动（含插电式混合动力）汽车、混合动力汽车和燃料电池汽车，媒体或许多文件也将之称为“节能与新能源汽车”或简称“新能源汽车”。从使用的燃料上看，多数混合动力汽车使用的还是传统燃料，严格意义上说不属于“新能源”汽车，属于“节能”汽车更准确；电驱动汽车使用的电也不是“新”的能源。但从技术特征上看，三类汽车都要用到动力电池、驱动电机和相应的动力系统控制技术，因此统称为“电驱动汽车”更贴切一些。

1. 纯电驱动汽车

纯电动汽车能够从根本上摆脱汽车对石油的依赖，实现使用过程零排放，大幅度降低碳排放。只有普及纯电动汽车才能实现我国普通百姓普遍享受现代汽车文明的理想，也将带动一个崭新产业的发展，会对提升我国汽车产业的自主创新能力、带动经济发展和交通结构调整产生根本性的影响。由于锂离子动力电池技术的快速进步，人们广泛看好纯电动汽车的应用前景，插电式混合动力汽车在美国等主要汽车市场国家已受到高度重视。但纯电动汽车关键核心技术创新、产品性价比提高和配套体系完善仍然面临许多挑战。可以预见，在未来3~5年内，纯电动汽车仍将处于起步阶段。

2. 混合动力汽车

混合动力汽车已率先实现了商业化，以日本为代表的混合动力汽车已经具备了与传统汽车相竞争的实力。混合动力技术可适用于各种燃料，包括汽油、柴油、天然气、液化石油气、氢燃料电池等。由于我国城镇普遍存在交通拥堵现象，混合动力汽车能较好显现出节油效果。随着生产规模的扩大，混合动力技术的成本将逐步降低。国际汽车界普遍认为，混合动力技术将普遍应用到各种传统汽车上，并伴随燃油汽车的存在而不断发展与提高。人们有理由期待，乘用车的平均油耗在不久的将来将降低到 3 ~4 升/百公里。除插电式混合动力汽车外，混合动力汽车不需建设新的基础设施，不需改变人们的使用习惯，只要技术成熟、成本合理就可以进入市场。此外，混合动力汽车的零部件产业多数与电动汽车相同，这也将为纯电动汽车发展提供有利的条件。

3. 氢燃料电池汽车

与纯电动汽车不同，燃料电池汽车尤其是采用液态储氢方式电池汽车的续驶里程可与燃油汽车相当。因此，国际上仍认为氢燃料电池汽车是未来替代燃油汽车的重要方向之一。目前，氢燃料电池汽车推广应用的主要困难是氢供给和燃料电池价格。燃料电池的成本与生产规模有很大关系，如果燃料电池汽车能够大批量应用，其成本将会显著降低。而找到能够大量廉价生产氢的途径还是科学家和产业界尚未解决的一大难题。这方面一旦突破，氢燃料电池汽车必将迎来崭新的局面。人们预期未来汽车结束石化能源年代时，电驱动汽车和氢燃料电池汽车将同时成为主要形式。电驱动汽车更多承担短途道路交通任务，氢燃料电池更多承担长途道路交通任务。

三、我国发展电驱动汽车的机遇和挑战

1. 战略机遇

我国发展电驱动汽车具有良好的基础。一是汽车工业有较好的技术积累。改革开放以来，我国的汽车工业取得了长足进步，不但产量世界第一，而且也在技术研发能力上有了显著进步，为电驱动汽车的发展奠定了重要的经济技术基础。二是电驱动汽车发展得到政策大力支持。我国设立了国家“节能与新能源汽车”重

大项目。在该项目引领下，我国电驱动汽车研发工作已取得初步成绩，某些领域已居世界先进水平。三是电池工业发展迅速。在手机、笔记本电脑、电动自行车工业的带动下，我国电池产业得到了快速发展，产量居世界第一，技术水平居世界先进行列。预计 2010 年我国车用镍氢动力电池和锂离子动力电池年生产能力将分别达到 3.6 亿瓦·时和 40 亿瓦·时以上。四是具有明显的资源优势。我国在锂离子电池、永磁电机等电驱动汽车关键零部件的核心材料方面具有资源优势。我国已探明储量的锂资源居世界第二位，稀土资源居世界第一位。五是具有明显的市场和成本优势。我国正处于城市化、工业化快速发展时期，汽车市场需求量巨大且多元化。同时，我国电驱动汽车具有相对成本优势。以锂离子动力电池价格为例，目前我国的价格为 3 ~4 元/瓦·时，远低于美国、欧盟、日本的 10 元/瓦·时的价格。六是电力供应充分。我国电力工业快速发展，未来电力供应会相对盈余，可保证电驱动汽车大规模发展的用电需求。

近年来，党中央与国务院高度重视新能源和电驱动汽车的发展，将新能源汽车作为后金融危机时期重点发展的战略性新兴产业之一，先后出台了《汽车产业振兴规划》、《关于开展节能与新能源汽车示范推广试点工作的通知》、《汽车产业调整和振兴规划》等一系列政策，鼓励和支持电驱动汽车的创新和发展。同时，我国目前正在实施的 20 个新能源汽车示范试点城市工作，将极大推动电驱动汽车技术研发和产业化进程。

2. 严峻挑战

我国发展电驱动汽车产业还面临不少挑战。一是关键核心技术与发达国家差距较大。我国汽车工业与相关产业的总体技术基础与国际先进国家仍存在明显差距，在新能源汽车发动机、控制系统和高容量长寿命快速充放电电池等相关零部件技术方面尚不具备竞争力，核心技术知识产权掌握不足。二是电池成本仍然较高。动力电池的性能与价格仍是国内外电驱动汽车发展的主要“瓶颈”，电池的能量密度、功率密度和安全性仍要继续提高，尤其是电池的成本需大幅度降低，这些目标能否实现，将直接影响电驱动车普及目标的实现。三是较高的充电设施投入。推广应用纯电驱动汽车需要有便捷的充电设施与服务，我国在这方面还缺乏经验。在最近开展的一次用户调查中，“充电是否方便”为用户关注度最高的问题。我国城市住房以楼房为主，停车已经十分困难。如何建立便利的充电网络将成为能否推广电驱动车的另一瓶颈，而建立便利高效地充电网络需要大量的资金投入。四是传统习惯制约发展。目前的电池价格与能量密度只能支持设计续驶里程较短的电驱动汽车，而每次充电还需要数小时。已经习惯几分钟加一次油便可以行驶数百公里的消费者能否接受需要每天充电的电驱动汽车，家庭只有一辆电驱动车的消费者如何实现长途出行，都是需要解决的问题。五是电驱动汽车车速较低的，其普及可能对现有交通体系造成一定影响和冲击。

我们必须认真研究上述问题和挑战，研究和制定切实可行的目标与政策措施，并通过试验示范，实际验证和积累经验，加快实现电驱动汽车的发展。

四、我国发展电驱动汽车的政策建议

1. 长远谋划，分步推进

（1）将“十二五”作为起步期。在此阶段鼓励企业加快混合动力汽车研发和市场投放，使各类混合动力汽车产量占汽车产量的比例达到10%～20%，相关零部件形成产业化规模。完成纯电动汽车基本技术路径选择与相关标准制定，开发出在技术与经济上具有竞争力的各类电动汽车产品，电池、电机等关键零部件形成几个规模化生产基地。在全国若干城市和地区建立充电系统，开展电驱动汽车规模化推广应用示范试点，总示范规模达到3万～5万辆。在1～2个城市开展小规模燃料电池汽车车队示范运行。

（2）将“十三五”作为发展期。这一时期的发展目标是：混合动力汽车产品趋于成熟，具备市场竞争力，各类混合动力汽车占汽车产量的比例达到50%左右；纯电动汽车开始大规模示范应用，电驱动汽车的产量占汽车总产量的10%～20%；基本解决燃料电池汽车及氢制取技术成本等问题。

（3）将2020年以后作为普及期。混合动力技术普遍为内燃机汽车应用，随着电池技术突破及产业化规模实现，纯电动汽车具备与内燃机汽车的竞争力，根据能源供给情况电驱动汽车保有量接近总量50%以上；燃料电池汽车开始实际应用；我国形成具有国际竞争力的电驱动汽车产业。

2. 规划引导，自主发展

（1）建议由国务院组织各有关部委共同制定国家电驱动汽车发展规划纲要，并制定电驱动汽车产业发展政策。建立电驱动汽车发展部门联动机制，发挥各部委协同作用，落实规划纲要和产业政策，支持电驱动汽车产业的发展。

（2）加快电驱动汽车关键核心技术的研发。引导各级政府、高校、科研院所和企业、社会力量，以企业为技术创新的主体，强化产学研合作，集中突破电驱动汽车关键核心技术和部件。

（3）设立国家电池技术创新专项。加强以企业为主体的产学研合作，对现有电池技术进行提升，实现锂电池隔膜、正负极材料、电解质、控制元器件的国产化，大幅度提高性能，降低成本；以科研院所高校为主体，联合企业，开展新一代电池先导研究和前瞻研究，力争在 5 ~ 10 年内研究出具有自主知识产权和良好市场应用前景的高性能、低成本电池。

3. 示范先导，政策激励

（1）搞好试点示范工作。加快推进 20 个城市的试点示范，并选择其中有条件的几个城市开展私人购买使用纯电驱动汽车的规模化示范，建立便捷的充电系统，为在全国逐步扩大示范范围创造经验。

（2）制定和实施鼓励支持电驱动汽车产业化的财税政策。加快落实各项鼓励和支持电驱动汽车产业化的财政政策和税收优惠政策，包括对电驱动汽车企业和关键核心部件生产企业产业化补贴政策，对购买使用电驱动汽车的消费者的财政补贴和减免消费税政策，对建立充电网络的电力部门的补贴政策。

Strategic Consideration on Development of the Electric Vehicle Industry

Wang Binggang

(Advisory Expert Group of the Energy Conservation and New Energy Vehicle Project of the National High Technology Research and Development Program)

Eectric vehicle is the most important development direction of the Vehicle industry now. Developing electric vehicle and forming a new industry can lighten tension of energy supply, reduce CO_2 emission effectively, and can provide a good opportunity of indigenous innovation for China's vehicle industry. Now, China has many advantages and a strategic opportunity to develop the electric vehicle industry, but has still many deficiencies and challenges. So, in order to develop the electric vehicle industry quickly and healthily, it is necessary to strenth R&D activity of the key technology and parts, accelerate test and demonstration, set down and implement financial subsidy and tax deduction policies.

7.5 我国发展低碳经济的思路与对策

姜克隽
（国家发展和改革委员会宏观经济研究院能源研究所）

一、国际低碳经济兴起与实现途径

低碳经济是指能够实现低碳排放的社会经济体系。低碳排放有不同的定义，一种定义是指全球实现一个较低升温目标下的排放水平。目前讨论较多的是2100～2150年升温控制在2℃目标下的排放水平，以及在这种全球排放水平下本国或本区域的低碳排放水平。尽管目前世界各国对于减排幅度仍有许多分歧，但不久将可能会进入以合作为主调的阶段。各国开始充分认识到减排的经济价值以及实现升温控制目标的必要性，将更多根据自身情况进行最大努力的减排。因此，可以在全球升温控制目标的需求下确定低碳经济的排放目标，这个目标可以是中期的，也可以是长期的[1,2]。

国际上提出的低碳概念基本上是指在某一个时间达到的较低温室气体排放。日本政府于2008年7月公布了2050年实现80%的温室气体减排目标。一些城市如伦敦、巴黎、芝加哥、哥本哈根等也提出了未来减排目标。为此，一些国家还提出针对气候变化和实现低碳排放的政策，如美国、英国等针对气候变化的法律，北欧国家的碳税政策，涉及国家发展规划、标准、补贴、新技术投入政策和节能政策与可再生能源发展政策等。我国正在实施的各种节能减排对策，和气候变化减缓对策是基本保持一致的。

目前，国际上在全球减排路径、国家减排情景、低碳发展对策和目标等方面已有许多相关研究，一些国家公布了实现大规模减排的路线图和行动方案，目的是全球一起实现升温控制目标。发展中国家应该在保持自身可持续发展前提下，尽自己可能实现低碳排放。从长期来讲，发展中国家的低碳控制目标应支持全球最终将气候变化维持在一个较低水平的目标，即实现2009年提出的2100年升温控制目标。

近年来，国内有关低碳社会、低碳经济框架模式和中国发展对策[3～6]以及低碳经济发展政策如碳税征收政策研究等[7～10]已经引起广泛关注。研究表明，实现低碳经济的途径主要包括：①将经济调整到一个低能耗的高效产业结构状态；②全面实现用能技术的先进化，通过多种政策措施普及先进高效用能技术；③全面和科学发展可再生能源与核电，提高可再生能源和核电在一次能源中的比重，使之占据重要位置；④全民参与，改变生活方式，寻求低碳排放的消费方式；⑤发展低碳农业，扩大森林覆盖，加强管理。

中国发展低碳经济的途径主要包括：①优化产业结构，控制高耗能工业发展，减少和控制高耗能产品出口；②争取在2025年左右使中国工业的能源技术效率达到当时世界先进水平；③大力发展实用的可再生能源技术，如风力发电、水电要得到大规模普及，光热发电、光伏发电技术要接近商业利用和示范；④大力发展核电，特别是第三代、第四代先进核电技术；⑤大范围提高公众低碳意识，使低碳生活方式成为普遍行为。由此可见，发展低碳经济的途径与中国正在进行的节能减排努力是很一致的[11]。因此，低碳经济并非一个全新的、额外的发展方式，而是现在经济发展方式内涵的扩大和深化。

低碳经济是未来世界经济社会发展的一种新趋势和大趋势，必然会带来国际贸易条件、国际市场、国际技术竞争格局的一系列变化。欧盟已经明确把低碳经济作为未来发展的方向。2009年底在泰国举行的联合国气候变化会议指出，我们应当逐渐过渡到低碳经济模式，提倡低碳生活方式。根据《京都议定书》达成的基本共识，所有国家都有应对气候变化和减排温室气体的义务和责任，发达国家比发展中国家更有义务和责任。很多发达国家表示愿意在完成自己减排目标的基础上，支持和帮助发展中国家发展低碳经济，应对气候变化。中国推行低碳经济面临着国际低碳合作和支持的机遇，同时也面临严峻的挑战。

二、我国低碳技术路线图

根据国家发展和改革委员会能源研究所（简称能源所）IPAC模型组的研究结论[12]，中国有可能在未来明显控制温室气体的排放增长速度，进而有可能实现在2030年达到CO_2排放峰值，2050年大幅度减排，从而实现成为低碳经济、低碳社会和促进全球气候变化减缓的目标。

低碳经济的未来是可能实现多种社会发展目标的未来，与联合国千年发展目标和中国经济发展三步走总体目标、可持续发展目标、建设创新型国家目标都是一致的，因此实现低碳经济的额外投入并不大。我国近期可以通过实行节能减排政策、可再生能源政策和新能源发展政策，实现单位GDP能耗降低20%。通过大量采用先进技术，中国可能在2020～2030年达到全球最高的能源效率。

根据能源所的低碳情景研究，未来我国要实现强化低碳情景，必须要在一些重大技术和应用上取得突破[13,14]。表1给出了中国实现低碳发展所必需的关键重大技术，同时也给出了这些技术发展的路线图。图1则给出了技术发展路线图的示例，其中给出了一部分技术的路线图。

表1　中国实现低碳发展的关键技术种类

序号	部门	技术	描述	备注
1	工业技术	高效设备	先进高效锅炉、窑炉，高效工艺设备，高效电机，余热回收技术	大量市场化，但需要新型先进技术
2		新型水泥、钢铁制造技术		
3		CCS	水泥、钢铁、化工行业	
4	交通	超高效柴油汽车	先进柴油混合动力	
5		先进电动汽车		
6		燃料电池汽车		
7		高效飞机	30%以上能效提高	
8		生物燃料飞机		
9	建筑	超高效空调	COP＞7	
10		发光二极管（LED）照明		
11		户用可再生能源	太阳光伏/风能/热水器/采暖	
12		热泵		已经成熟
13		高绝热建筑		已经成熟
14		高效电器		2020年之前成熟
15	发电	IGCC/多联产	效率大于55%	
16		IGCC/燃料电池	效率大于60%	
17		陆地风电		已经成熟
18		近海风力田		2020年前成熟
19		太阳光伏发电		
20		太阳能热发电		
21		先进核电技术		
22		先进NGCC	效率大于65%	
23		生物质能IGCC		
24		CCS		

续表

序号	部门	技术	描述	备注
25	替代燃料	纤维素乙醇		
26		生物柴油	汽车、船舶、飞机	
27	电网	智能电网		
28	循环利用技术		可回收建材，低耗材	

注：CCS：碳捕捉与存储；NGCC：天然气联合循环；IGCC：煤气化联合循环发电；COP：制冷效率参数。

实现低碳排放的核心是节能技术、可再生能源技术和核电技术的创新与产业化。超高效家用电器如超高效电冰箱、发光二极管（LED）电视、超高效空调等工业节能技术效率进一步提高，以及发电成本近期呈明显下降趋势的风电、光伏发电技术的应用，为未来提高节能水平和可再生能源利用水平提供了保证。最近数据表明，中国现在主要行业新增技术装备已经处于国际领先地位，许多先进技术已经国产化，技术和成本已具有竞争性。

技术节能是节能的重要方面，即由于技术效率提高而产生的产品尤其是工业产品单耗下降，以及包括交通、建筑用能等在内的单位服务能耗下降。目前大量先进节能技术已在市场上出现，但价格仍然较高，一些技术处在示范阶段并已具备市场化大规模利用前景。在低碳、节约优先情景中要着重考虑普及利用这些技术，同时考虑这些先进技术未来成本下降的情况。在节约优先情景中，要考虑对先进节能技术的倾斜性投入及其可行性。采用先进技术的能源工业投入要少于基准情景，全社会能源花费比节能情景仅有微小增长，所以节能情景中技术投入是可行而且必要的。

中国目前在先进燃煤发电技术、水泥窑外分解窑技术、高炉技术、干熄焦、高炉顶压发电技术、转炉负能炼钢技术、浮法玻璃熔炼技术、有色金属冶炼技术等方面接近发达国家水平，在成本上具有明显优势。由于长期实施节能减排政策，我国已经在主要高耗能工业的技术研发和装备制造方面取得长足进展，主要工业行业的
明显变小。这些进展为我国在未来实现低碳排放奠定
欧洲一些国家相比，中国发展低碳经济的成本较低，
机组的成本比普通的火力发电成本会更低一些，奠定
势。中国近几年经济发展快速，研究开发投入增长很
新和产业化奠定了重要物质基础。

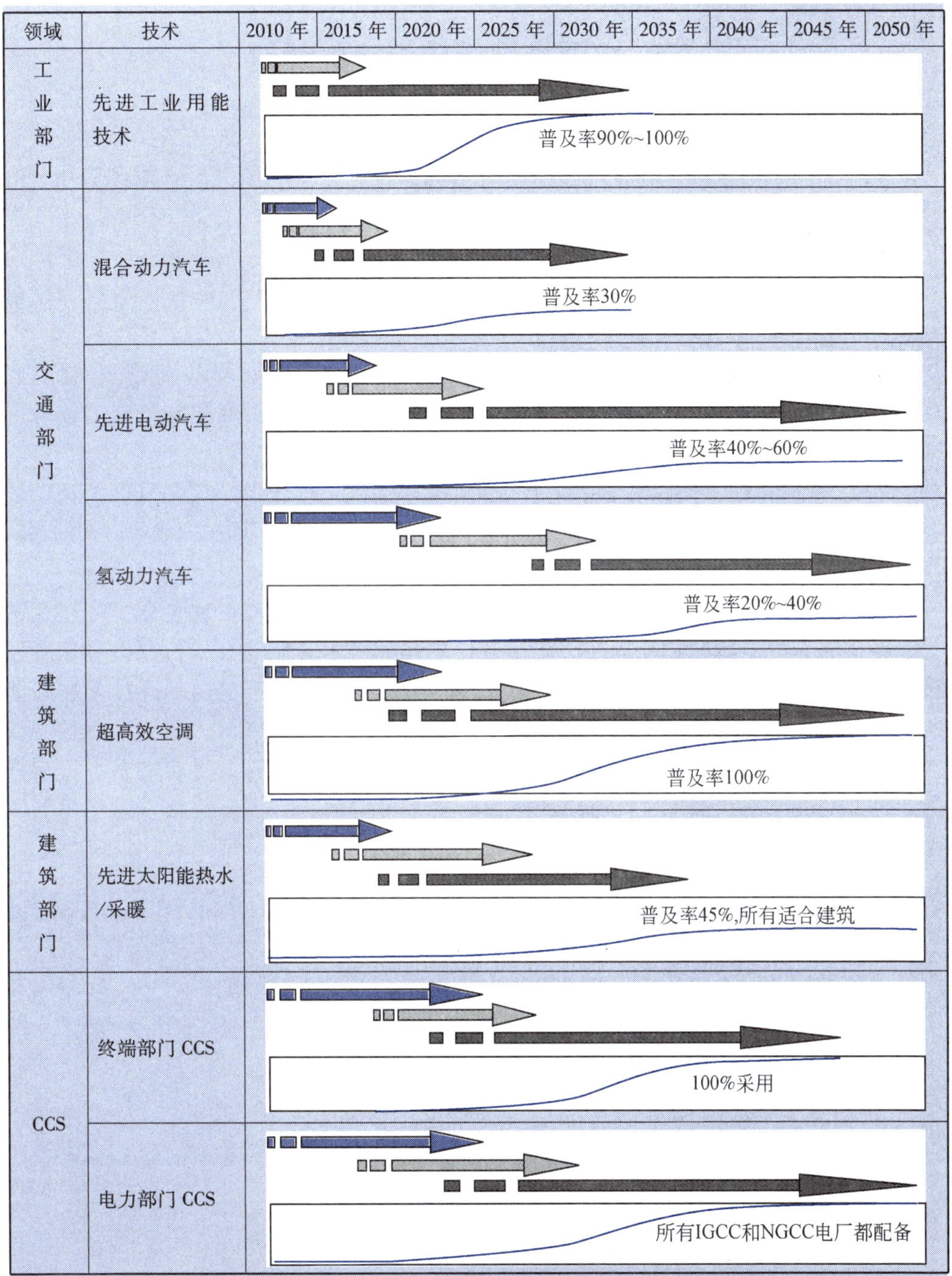

图1 低碳技术发展路线示意图

三、中国发展低碳经济的对策

根据预测，在2030年之前，即使是最低的能源发展情景，中国各个行业减排任务仍然非常艰巨。中国需要采取多种政策措施促进新技术的研究、开发和应用，寻求政策和技术的最优组合，实现减排目标。

（1）制定低碳经济发展规划。以保障经济发展为核心，以促进可持续发展为根本出发点，制定低碳经济发展目标和政策体系并纳入国民经济和社会事业发展规划。

（2）制定低碳经济发展政策。制定低碳产业政策和碳税政策以及鼓励低碳与能效市场发展的相关政策，建立新技术相关标准和准入机制，颁布更加严格的能源效率标准、低碳商品标准，促进低碳产业发展。

（3）加大低碳技术创新力度。加大研发投入力度，推进低碳能源发展和高碳能源低碳化利用的核心技术研发，加快节能技术研发和创新及其在发电、工业节能、节能型消费品、交通运输和建筑节能领域实施和推广应用。

（4）加强全球气候变化领域国际科技合作。参与全球气候变化论坛，阐述我国低碳经济主张，争取国际社会广泛支持；建立国际学术交流与合作机制，利用气候变化国际合作多种合作机制及其他多边和双边合作机制，提升国内低碳技术创新能力，支撑低碳产业发展。

（5）提高公众保护全球气候意识。引导居民消费结构改善及社会消费方式多样化，建立有助于减少温室气体排放的生活方式和消费模式，提高公众全球气候保护意识。

参 考 文 献

[1] 姜克隽．低碳社会在中国：机遇与挑战．中国改革，2008，(6)：17～19.
[2] 姜克隽．低碳社会，我们的未来．绿叶，2008，(10)：20～29.
[3] 姜克隽，胡秀莲，庄幸等．中国2050年的能源需求与 CO_2 排放情景．气候变化研究进展，2008，(5)：296～302.
[4] 庄贵阳．低碳经济引领世界经济发展方向．世界环境，2008，(02)：34～36.

[5] 潘家华．怎样发展中国的低碳经济．绿叶，2009，(5)：20～27.

[6] 王毅．中国低碳道路的战略取向与政策保障．绿叶，2009，(5)：28～32.

[7] 贾康．中国开征碳税问题研究．财科所研究报告，2009.

[8] 王金南，严刚，姜克隽等．应对气候变化的中国碳税政策研究．中国环境科学，2009，(1)：29～32.

[9] 高鹏飞，陈文颖．碳税与碳排放．清华大学学报（自然科学版)，2002，(10)：178～180.

[10] 姜克隽，胡秀莲，邓义祥等．实施碳税效果和相关因素分析．见：2050中国能源和碳排放报告．北京：科学出版社，2009.

[11] Jiang Kejun. Energy efficiency improvement in China: Significant progress for the 11th five year plan. Energy Efficiency, 2009 (2): 401～409.

[12] 姜克隽，胡秀莲，庄幸等．中国2050年的能源需求与CO_2排放情景．见：2050中国能源和碳排放报告．北京：科学出版社，2009：753～819.

[13] 姜克隽，胡秀莲，庄幸，等．中国2050年的低碳发展情景和技术路线图．见：王毅．中国至2050能源科技发展路线图．北京：科学出版社，2009：218～265.

[14] Jiang Kejun, Liu Qiang, Zhuang Xing, et al. Technology roadmap for low-carbon society in China. Renewable Energy Journal, 2009. 28 (11): 323～327.

Ideas and Countermeasures for Development of the Low CarbonEconomy in China

Jiang Kejun

(Energy Research Institute of National Development and Reform Commission of China)

The development of the low carbon economy is becoming a mainstream development direction right now. We need clear ideas and framework for the design of China's low carbon economy future. The paper presents a technology roadmap with 27 key technologies based on the scenario analysis with a view to realize the low carbon economy development and to reach the emission reduction up to 2050 in China. China will have many opportunities to make the emission of CO_2 be stable after 2020 without large increase, and have deep reduction after 2030 if these key technologies are fully adopted. The paper finally points out five countermeasures for developing low carbon economy in China, namely: (1) to make national plan for low carbon economy development; (2) to make policies for low carbon economy development; (3) to promote technology innovation for low carbon economy; (4) to strengthen the global cooperation on science and technology in the fields of global climate changes; and (5) to enhance public consciousness for protecting global climate.

7.6 关于我国发展物联网若干战略问题的思考

封松林[1,3] 叶甜春[2,3]

（[1] 中国科学院上海高等研究院（筹）/中国科学院上海微系统与信息技术研究所，[2] 中国物联网研究发展中心（筹）/中国科学院微电子研究所，[3] 中国科学院微系统研究与发展中心）

2009 年，世界经济陷入衰退的泥潭，其表象是金融行业过度创新引起国际金融秩序紊乱，其本质却是实体经济滞后于虚拟经济发展。为摆脱金融危机，实现经济持续发展，世界主要国家均将培育新的经济增长点作为“治病良方”。与 Internet 类似，物联网在生产生活中具有极强的渗透性，具备发展成为新经济增长点的巨大潜能，全球迅速掀起了“物联网”发展热潮。

一、物联网概念的演进

回顾发展历程，物联网大致经历了传感网研究、传感网与物联网融合、物联网概念扩展深化三个阶段。

（1）第一阶段：传感网（Sensor Networks）研究。早期的传感网可追溯到第二次世界大战时期的英国雷达网络，以及“冷战”时期的声监测系统。1998 年，美国国防部先进研究计划局（DAPAR）启动了传感器信息技术（Sensor Information Technology）项目，拉开了现代传感网研究的序幕。传感网通常是由大规模随机分布的传感器节点（端机）、基站以及信息监控中心构成的信息系统，根据需求和传感对象变化，通过动态自组织方式协同地感知和采集网络分布区域的各种对象的信息，用于决策支持和监控。

（2）第二阶段：传感网与物联网融合。1999 年，麻省理工学院自动标识中心（MIT Auto-ID Center）提出了物联网（The Internet of Things）概念：通过射频识别标签等信息传感设备，把所有物品与 Internet 连接起来，实现智能化识别和管理。2005 年，国际电信联盟（ITU）发布年度技术报告指出：“物联网”通信时代即将来临，信息与通信技术的目标已经从任何时间、任何地点连接任何人，发展到连接任何物品的阶段，而万物的连接就形成了物联网。2006 年，美国国家科学基金会

（NSF）开始把数字物理系统（Cyber Physical Systems）定为重要的研究领域。数字物理系统是计算机驱动的数字世界和物理世界交互的网络系统，该系统通过传感器和执行器将数字系统连接到物理世界，具有关键的监视和控制功能。

（3）第三阶段：物联网概念扩展深化。2009 年，物联网迎来发展热潮。1 月 28 日，美国 IBM 公司总裁彭明盛在奥巴马就任美国总统后与美国工商业领袖举行了一次“圆桌会议”，再次提出“智慧地球”这一概念，建议新政府投资新一代的智慧型基础设施，得到了奥巴马总统的积极回应。2009 年 8 月，温家宝总理考察中国科学院无锡高新微纳传感网工程技术研发中心，要求尽快建立中国的传感信息中心，或者叫“感知中国”中心。中美两国领导人的表态被媒体广为报道，发展物联网被各方提到空前的高度。传感、通信、网络、处理等各领域都从自己的角度去理解和阐述“物联网”概念，其内涵远远超出以往的定义。目前公众所说的物联网就是带有传感/标识器的智能感知信息网络系统，涵盖了当初的物联网、传感网和数字物理系统等概念。

二、物联网的特点

（1）学科综合性强。物联网是连接数字世界和物理世界的桥梁，通过互联网、云计算和网络应用，使信息的产生、获取、传输、存储、处理形成有机的全过程。物联网技术涉及计算机、半导体、网络、通信、光学、微机械、化学、生物、航天、医学、农业等众多学科领域，发展物联网将对相关学科发展起到极强的带动作用。

（2）产业链条长。一方面，发展物联网将加快信息材料、器件、软件等的创新速度，使信息产业迎来新一轮的发展高潮，大大拓展信息产业发展空间。另一方面，发展物联网将带动传感器产业、芯片业、设备制造业、软件业、系统集成业、网络运营业，以及内容提供和服务产业等诸多产业发展，带来大量的创业发展空间。

（3）渗透范围广。物联网将物理基础设施和 IT 基础设施整合为一体，将使全球信息化进程发展重要转折，即从“数字化”阶段向“智能化”阶段迈进。物联网将大大加快信息化进程，拓展信息化领域，其各种应用将快速渗透到经济、社会、安全等各个方面，并极大地提高社会生产效率。

三、物联网发展面临的主要问题

温家宝总理在无锡发表关于物联网的讲话后，中央和地方都采取了一系列的举措，形成了大干快上物联网的热潮。然而，物联网产业化发展仍然面临巨大挑战。

（1）物联网概念不统一。目前各地物联网产业蜂拥而上，但不同部门、地方以及不同专业的学者对物联网都有各自不同的理解，有的过于宽泛，有的过于狭窄，致使产业政策难以到位。

（2）许多关键技术尚待攻克。由于物联网具有学科综合性强、产业链条长的特点，其发展与众多产业息息相关，需要突破大量关键核心技术。特别需要指出的是，没有形成统一的标准体系和成熟的商业模式，是制约物联网产业发展的关键要素。

（3）前段研究缺乏有效组织。由于物联网的综合和交叉特性，基础和核心技术研究渠道多、工作分散凌乱，不能形成系统的解决方案，难以给产业发展提供有效支撑。国内从事物联网研究的大学、科研机构数量众多，但研究工作缺乏战略性和系统性，要么侧重基础理论，与应用需求较远，要么侧重具体工程，与中小型企业同质化。

（4）产业化缺乏顶层设计。作为新概念、新技术、新产业，国家尚没有发展物联网的系统谋划，各地方发展物联网有趋同的倾向，缺乏差异化发展战略，迫切需要成立高级别官产学研联盟，组织引导，在发展中探索物联网产业化道路。

（5）龙头企业匮乏。由于物联网产业处于发展初期，行业内的企业规模均不大，综合集成国内科研院所和高等院校研究成果的能力不足，难以有效引导产业发展方向和技术开发方向。此外，龙头企业匮乏致使产业上下游资源无法有效整合，难以形成较为完成的产业链。

四、发展物联网产业的建议

（1）坚持走中国特色产业发展道路。首先，充分利用产业政策，在充分竞争领域，扫清物联网技术渗透障碍，鼓励民营资本进入，造就一大批科技型中小企业群。其次，以走低成本信息化道路为突破口，选取若干与可持续发展、资源、安全、新媒体等相关行业为切入点，开展核心技术攻关和技术集成研发，通过技术示范探索适合国情的发展路径。再次，在节能、降耗、绿色、低碳等涉及国家发展战略领域，开展感知、控制、网络、系统技术研究，增强物联网产业发展的技术储备。

（2）坚持军民融合的发展策略。在物联网产业发展初期，要坚持政府主导、市场运作的发展策略，以满足军用需求为主带动民用市场的开拓。民用市场的开拓以应急安全、环境监控、政府综合信息网为切入点，逐步在电力、石油、环境、能源等领域应用，注重不同应用平台的建设以及相关增值服务的开发。在发展物联网过程中，一定要坚持应用牵引，结合中国国情发展适合我国发展水平的低成本、绿色、开放平台、高可靠的物联网，走一条有中国特色、能带动国内核心技术企业发展的低成本信息化道路。

（3）坚持标准研制先导的技术发展策略。目前，我国在国际标准制定方面已经获得有分量的发言权。未来，我国应坚持以应用为导向，开发具有自主知识产权的核心技术，制订我国相关的协议标准。同时，利用巨大的市场影响力提高我国在国际标准竞争中的筹码，通过广泛开展国际合作，使国际标准制定向有利于我国物联网发展的方向进行。

（4）坚持政策扶持与产业发展同步的策略。为满足国际竞争和产业发展需要，国家应及时根据不同应用特点为物联网划出专用或共用的频率资源。为鼓励产业发展，国家应给予物联网产业类似软件产业、集成电路产业的相关优惠政策。为促进产业规模发展、集群发展，国家应统筹布局产业基地和产业链建设，因地制宜地引导地方发展物联网产业。

Strategic Consideration on the Development of the Internet of Things/Sensor Networks

Feng Songlin[1,3] Ye Tianchun[2,3]

([1] Shanghai Institute of Microsystem and Information Technology, CAS;

[2]The Institute of Microelectronics, CAS;

[3]Center for microsystems research and development, CAS)

The authors retrospect the evolutionary progression of the Internet of things (IoT), and point out that the IoT is just an Information Network System with sensor/ID tags in the public concept to realize intelligence perception and management. The authors also discuss the characteristics, strategic demand and function of the IoT, and the key problems needed to be solved. They propose a series of proposals for the development of the IoT.